高等职业教育智能光电技术应用专业群产教融合新形态教材
高等职业教育智能光电技术应用专业群现场工程师新型活页式教材

PCB设计实战教程

——基于国产软件和器件

主　编　陈启健

副主编　肖俊芳　冯众保

主　审　莫志宏

西南交通大学出版社
·成　都·

图书在版编目（CIP）数据

PCB 设计实战教程：基于国产软件和器件 / 陈启健主编. --成都 ：西南交通大学出版社，2024. 8.

ISBN 978-7-5774-0036-5

Ⅰ. TN410.2

中国国家版本馆 CIP 数据核字第 2024PW7281 号

PCB Sheji Shizhan Jiaocheng——Jiyu Guochan Ruanjian he Qijian

PCB 设计实战教程——基于国产软件和器件

策划编辑 / 李芳芳　李华宇　余崇波

主　编 / 陈启健

责任编辑 / 余崇波

封面设计 / 吴　兵

西南交通大学出版社出版发行

（四川省成都市金牛区二环路北一段 111 号西南交通大学创新大厦 21 楼　610031）

营销部电话：028-87600564　　028-87600533

网址：http://www.xnjdcbs.com

印刷：四川玖艺呈现印刷有限公司

成品尺寸　185 mm × 260 mm

印张　14.75　　字数　370 千

版次　2024 年 8 月第 1 版　　印次　2024 年 8 月第 1 次

书号　ISBN 978-7-5774-0036-5

定价　44.00 元

课件咨询电话：028-81435775

图书如有印装质量问题　本社负责退换

前　言

本书为高等职业教育产教融合新形态教材、现场工程师新型活页式教材，系成都职业技术学院中国特色高水平专业群产教融合项目建设成果之一。本书共分为两篇，即实战篇和知识篇。实战篇包含三个项目实例：首先让学习者利用现成元件绘制常规电路原理图和单层板 PCB 版图，实现快捷入门；然后以 8 位国产单片机最小系统设计直插元件的二层 PCB 板，逐渐加深难度、广度，最后，以 STM32 开发板设计贴片元件的四层 PCB 板，实现教学的循序渐进。知识篇分为 7 个模块，涵盖 PCB 设计基础知识、编辑器准备工作、元件符号绘制、原理图设计、元件封装绘制、PCB 版图布局、后期处理及综合设置等内容。本书采取工单式教学设计，取材于生活和企业实际项目，有助于引导学生掌握关键知识点和培养关键技能，适合高等职业教育电子类专业学生使用。

本书具有以下特色：

（1）校企合作开发成果。教材编写得到一线专家的指导，融入了他们大量的宝贵经验；项目选材贴合实际，增加了实用性和趣味性。

（2）线上线下互相融合。关键部分提供操作视频，学习者可以通过扫描二维码进行重点学习。

（3）半工单式教学设计。实战篇是项目需求引导，知识篇可供按需查询和学习。在项目中根据工作需要设计工单和对应问题。学生在完成工单和回答问题的过程中，通过开展 PCB 绘制的学习与设计制作来完成项目任务，同时实现关键知识的学习以及相关能力的掌握，达到教学目的。

（4）选用国产自主 PCB 设计软件，优先选择国产元件，以“润物细无声”的方式融入课程思政元素。本书立足自主工具软件和自主芯片开展专业教学，借助这天然的课程思政素材，让学生在实践中认识到我国工业技术的成就，潜移默化地培养学生的自信心、自强精神和爱国情感。

（5）以实战为主，引导学生做出实际印制电路板。以实战促进学习，克服了传统教材只设计不进行打板制作实战的缺陷。

（6）学习难度层次分明。电路复杂度从简单电路到较复杂电路，PCB 设计从现成元件到自己绘制元件，从直插元件到贴片元件，从手动绘制元件到向导绘制元件，从单层板、二层板到多层板；从“像”到“是”，再到“好”，要求逐渐增加，难度逐级增大。

本书由成都职业技术学院陈启健担任主编，成都职业技术学院肖俊芳和中电科航空电子有限公司高级工程师冯众保担任副主编。本书的完成得益于成都职业技术学院各级领导和电子信息工程学院同事们的支持与帮助。感谢嘉立创 EDA 高校教育经理莫志宏先生及其专家团队的鼎力支持和指导。鉴于编者的知识和能力有限，书中难免有不足之处，敬请各位读者将您宝贵的意见或建议发到邮箱 iccqj@qq.com，以便再版时修订、完善。

编　者

2024 年 6 月

扫一扫获取数字资源

目 录

ABC

实 战 篇

项目一 单层 PCB 在线便捷设计实战项目

——智慧照明控制电路 002

任务一 项目前期分析与准备 003

任务二 项目实施与进程监督 009

任务三 项目后期处理 011

项目二 直插元件双层 PCB 设计实战项目

——8 位微控制器（STC12C5A60S2）开发板电路 014

任务一 项目前期分析与准备 015

任务二 项目实施与进程监督 021

任务三 项目后期处理 025

项目三 贴片元件多层 PCB 设计实战项目

——32 位微控制器（HC32F460）开发板电路 028

任务一 项目前期分析与准备 029

任务二 项目实施与进程监督 031

任务三 项目后期处理 034

知 识 篇

模块一　PCB 设计基础知识 …… 038

模块二　编辑器准备工作 …… 052

模块三　元件符号绘制 …… 059

模块四　原理图设计 …… 073

模块五　元件封装绘制 …… 113

模块六　PCB 版图布局 …… 129

模块七　后期处理及综合设置 …… 201

参考文献 …… 230

实战篇

项目一 单层 PCB 在线便捷设计实战项目
——智慧照明控制电路

知识目标

（1）初步掌握元器件符号及其封装特点。
（2）理解目标电路总体组成及工作原理。
（3）掌握原理图绘制基本方法。
（4）掌握 PCB 布局基本方法。
（5）了解国内外相关工具和软件的特点。

能力目标

（1）能认识元器件符号及其插件封装。
（2）能分析电路模块的基本功能。
（3）能运用在线元件绘制原理图。
（4）能运用在线元件封装绘制单层印制电路板。

素质目标

（1）能通过自学、团队讨论完成知识学习。
（2）能在团队组织活动中广泛征求队员意见、共同做出决策。
（3）能遵守团队纪律要求，服从团队共同决议。
（4）能组织队员完成自己部门任务，协调解决其中问题和矛盾，形成共同进步的学习氛围。
（5）能正确认识、比较认识国内外软件的局限，深刻认识到自主化的重要性。
（6）能精益求精地追求更好的设计。

任务一　项目前期分析与准备

根据给定的智慧照明电路图（见图 1.1.1），登录嘉立创 EDA 在线编辑器，使用在线元件，设计原理图和 PCB（Printed Circuit Board，印制电路板）。本次设计任务为单层 PCB，在原来电路上设计直流 5 V 电源插座，并选择直插封装，也可以选择贴片封装。

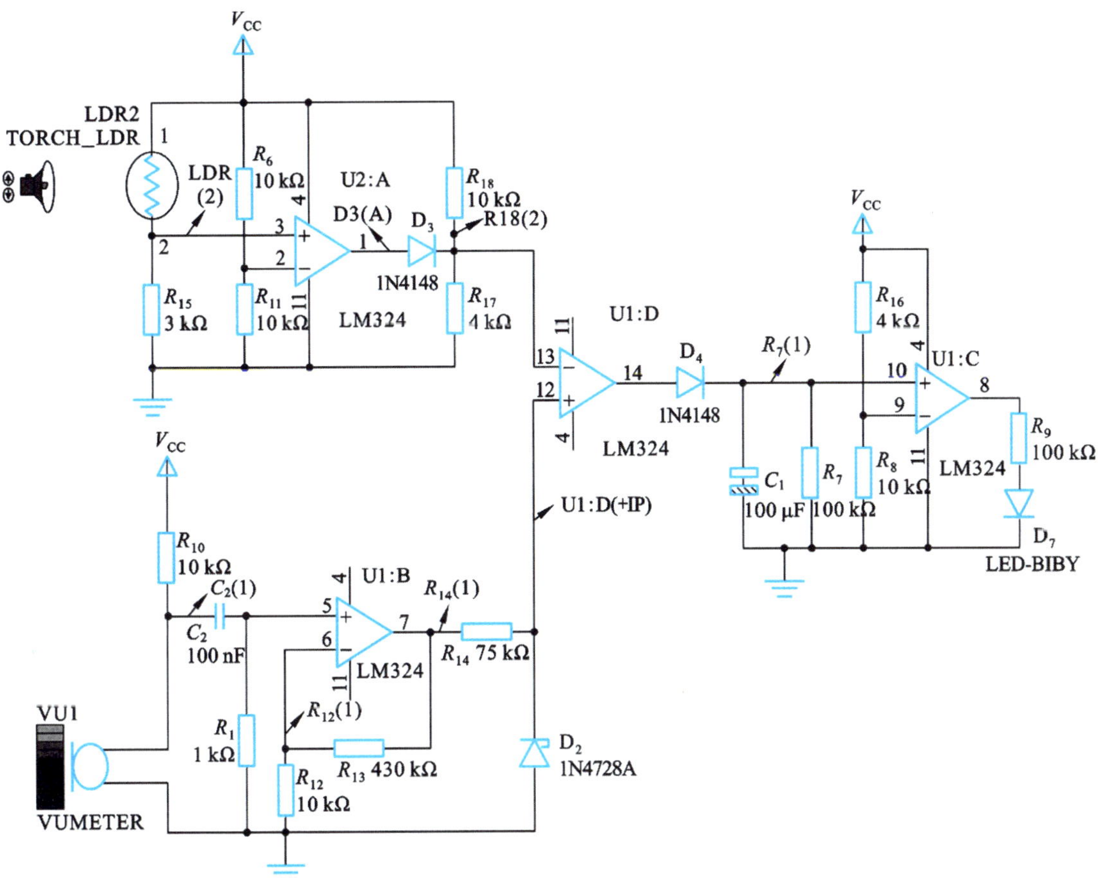

图 1.1.1　智慧照明控制电路仿真原理图

任务要求：

（1）读懂电路图。

（2）分析各个器件的种类、封装和性能等。本次设计可以选择直插封装，也可以选择贴片封装。

（3）初步分析所需知识。

（4）使用嘉立创 EDA 在线设计单层 PCB。

（5）在原来电路上设计直流电源 5 V 插座。

一、任务分工

步骤 1：组建项目团队（2 ~ 4 人即可），将具体分工填入表 1.1.1。

表 1.1.1　团队分工

团队名称			
轮值职务	姓名	任　务	备注
轮值项目主管		总体工作：组织各分管组长完成各项工作，确保项目完成。 分管工作：督促各组长完成组织知识学习、电路设计、答辩等各个环节，按工程进度要求完成任务	
轮值设计 1 部组长		分管工作：组织所有成员完成元件符号、原理图设计	
轮值设计 2 部组长		分管工作：组织所有成员完成元件封装、PCB 设计	
轮值质检部组长		分管工作：协助轮值项目主管组织相关理论知识学习、质检、资料完成、知识总结、答辩。记录相关活动信息	

注：团队任一成员在自己负责部门担任负责人，同时在其他部门作为成员，受该部门负责人领导，承担对应分解任务。

步骤 2：将团队计划填入表 1.1.2。

表 1.1.2　团队计划

目标时间	目标任务	责任人	完成情况

注：根据工作进展填写本表，无须一次性完成填写。若有多余单元格则空着，若不够可贴纸补上。

步骤 3：将任务规划与总结填入表 1.1.3。

表 1.1.3　任务规划与进度表

目标任务	计划完成时间、方法	涉及知识、技能总结	完成情况

注：根据工作进展填写本表，无须一次性完成填写。若有多余单元格则空着，若不够可贴纸补上。

二、任务解析

步骤 1：任务分析。

思考下面问题，分析电路模块。

（1）根据表格提示进行分析，目标系统电路模块由哪些元件组成？

（2）上述电路模块的作用分别是什么？

（3）这些电路模块在安装、检修、电学性能和使用方面各有什么特点？有无特殊要求？并填入表 1.1.4。

表 1.1.4 电路模块分析

电路模块名称	组成元件	安装、检修、电学性能和使用方面特点	PCB 设计要求
光信号采集电路			
声音信号采集电路			
决策电路			
延时控制电路			
照明驱动电路			

注：根据工作进展填写本表，无须一次性完成填写。若有多余则空着，若不够可贴纸补上。

步骤 2：列出元件清单，填写表 1.1.5。

表 1.1.5　元件清单列表

序号	元件名称（类型相同且封装相同的元件列在一起）	类型	封装	封装绘制要求	布局要求
1					
2					
3					
4					
5					
6					
7					
8					
9					
10					
11					
12					
13					
14					
15					
16					
17					
18					
19					
20					

注：根据工作进展填写本表，无须一次性完成填写。若有多余单元格则空着，若不够可贴纸补上。

三、前期准备及知识学习

步骤 1：PCB 设计基础知识学习。
自学本书知识篇，完成知识学习与准备。

步骤 2：PCB 设计基本步骤。

基于现成的在线元件库，思考用嘉立创 EDA 进行 PCB 设计需要哪些步骤？将各步骤内容填入表 1.1.6。

表 1.1.6　在线 PCB 设计步骤

序号	步骤名称	说明
1		
2		
3		
4		
5		

注：若单元格不够填写，可自行追加。

步骤 3：账号注册与登录。

打开嘉立创 EDA 主页，根据提示进行注册。若已经注册过，则可以直接登录。

步骤 4：进入原理图绘制界面。

点击嘉立创 EDA 主页的“在线使用嘉立创 EDA”，进入嘉立创 EDA 在线编辑器界面。新建工程 New Project_1，如图 1.1.2 所示，保存后再双击左侧导航栏“Schematic”，即可进入原理图绘制界面。

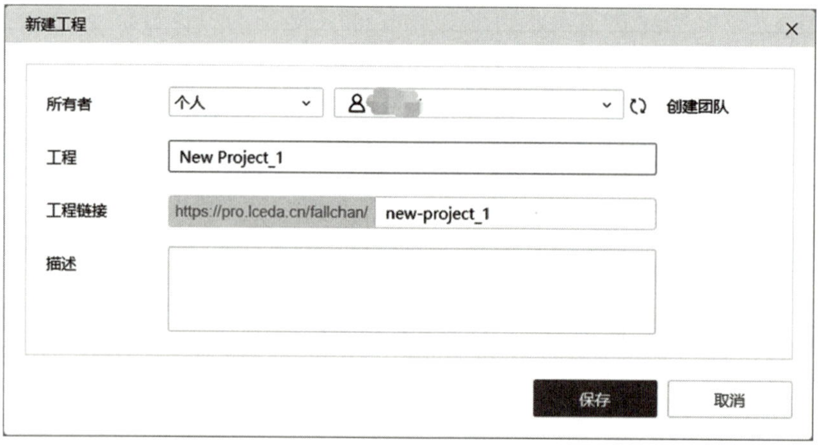

图 1.1.2　新建工程

任务二　项目实施与进程监督

一、原理图在线绘制

原理图主要体现电路的逻辑关系。原理图设计有两种风格：其一，明显地展现出电路的供电、信号输入、信号处理和输出等逻辑关系；其二，对电路各个模块之间进行切割，使其更加明确地体现“模块化”。不过，不管是哪一种，都要求电路的电气连接正确、每个元件都有正确的封装。具体做法是先摆放元器件，再连线。

步骤 1：在线元件放置。

根据任务分析元件清单，搜索相关元件。嘉立创 EDA 提供本地和线上元件库。在网络连接的条件下，搜索引擎支持立创商城和嘉立创 EDA 双引擎，当其中一个引擎不符合搜索期望时，可进行切换。立创商城引擎只能搜索系统库的器件。

当找到适合自己需要的器件后，点击“放置”即可进入原理图界面。在原理图界面找到合适位置，单击鼠标左键，即可将所选器件放置上去。

步骤 2：原理图连线。

点击菜单“放置/导线（W）”，或点击工具栏的 符号，或按下快捷键“Alt + W”放置导线。此时需注意与“放置/折线（L）”的区别。

二、在线 PCB 布局（Layout）

步骤 1：设计规则，并进行设计规则检查（DRC）。

思考：为什么要进行规则 DRC？

思考：检查后错误和警告后，你是怎么处理的？

步骤 2：原理图到 PCB 转换。

步骤 3：绘制板框。

手动绘制长宽合适的矩形板框。在原理图绘制过程中，可以估计板框大小，并调整板框尺寸。

步骤 4：元件布局。

选择元件，根据所学知识，把元件放在合适的位置，同时注意保持合适的距离。

思考：电源插头、LM324、LED 放置在什么位置合适？

____

____

____

步骤 5：单层 PCB 走线。

元件之间所有的连线都在顶层走线，实现单层走线。必要时，修改原理图连线。

思考：单层走线有什么缺点？有什么优点？

____

____

____

步骤 6：PCB 输出（本项目可选做）。

布线完成后，进行一次设计规则检查。

任务三　项目后期处理

一、任务评估与竣工

步骤 1：根据表 1.1.7 进行项目初级检查。

表 1.1.7　检查初级项目

评估	内容	是否满足
元件符号	引脚方向正确	
	引脚编号正确	
	引脚名称正确	
	大小合适、标识完备	
原理图	图纸规范、整齐、内容完整	
	原理图布局逻辑清晰，信号流向顺畅，网络标识易懂	
	模块化设计时，各个模块之间的逻辑关系清晰	
	模块标注相关电源功耗计算，标注关键元器件参数，电源部分注明输入输出，EMC 测试标准	
	电路连接正确，原理图没有掉线、错连	
	确认产品安装方式，确认产品是否需要接地	
	导线宽度与电流大小相符合	
元件封装	依据数据手册，引脚编号正确	
	依据数据手册，引脚间距正确	
	依据数据手册和实际需要，引脚宽度合理	
	依据数据手册和实际需要，引脚长度合理	
	标识完备	
PCB 布局	顶层、中间层和底层功能分配合理	
	是否存在影响共模干扰电流的布局	
	电源位置设计合理	
	高低频电路部分的处理	
	出线口位置合理	
	走线规范	
	不存在其他问题	

各功能类别的说明如表 1.1.8 所示。

表 1.1.8　功能类别说明

功能类别	解决的问题
元器件间距	准确地检测焊盘间距，避免相互干涉
器件到边缘	准确地检测器件到板边的距离，避免组装时撞坏器件
元器件丝印	准确地识别器件相关的字符，避免因字符位号错误导致贴错元器件
引脚数差异	准确地检查焊盘的引脚数，避免导致采购的元器件不能焊接
位号长度	检查位号长度，避免 SMT 机器识别不了
贴片引脚	准确地检测焊盘接触引脚的面积，避免影响焊接
通孔引脚	准确地检测通孔引脚的孔大小、属性数量，避免采购的元器件无法使用
按压引脚	准确地检测按压引脚的孔大小、属性数量，避免采购的元器件无法使用
Chip 焊盘	准确地检测 Chip 焊盘的大小，避免焊接不良
焊盘连线	准确地识别焊盘是否没有连线，避免开路的问题发生
Mark（基准）点数	准确地检查板内是否有 Mark 点，Mark 点个数，避免影响贴片
Marker 分析	准确地检测 Mark 点周围的物体，是否会影响 Mark 点识别

二、任务总结反思

进行任务总结和反思，并填写表 1.1.9 ~ 表 1.1.11。

表 1.1.9　自我评价

评价项目		是　否
1. 别人说话时，我认真倾听		□ □
2. 我提出了自己的想法及本项目相关信息		□ □
3. 我不懂时进行了求助（最终懂了没）		□ □
4. 我分享了我的学习心得及我懂得的与本学习项目相关的知识		□ □
5. 在本学习项目汇报时我是发言人或进行了补充发言		□ □
我学到（懂）的知识、技能、素质		
我做得好的方面		
我还能做得更好的方面		

表 1.1.10　对所在小组评价

评价项目		是　否
1. 是否进行了课内外计划安排		□　□
2. 是否按计划进行了相应的学习活动		□　□
3. 是否记录了每一位组员的建议		□　□
4. 是否共同解决出现的问题		□　□
我们组做得最好的或创新的方面		
我们组还能做到更好的方面		

表 1.1.11　教师评价与建议

评价项目		好	中	待改进
1. 态度（对待学习的态度、合作态度、精神面貌）		□	□	□
2. 过程（学习过程、完成任务过程）		□	□	□
3. 结果（提交任务结果）		□	□	□
4. 创新能力		□	□	□
5. 创业价值		□	□	□
对学生的后续学习的建议				

项目二 直插元件双层 PCB 设计实战项目
——8 位微控制器（STC12C5A60S2）开发板电路

知识目标

（1）掌握直插封装的特点。
（2）理解目标电路总体组成及工作原理。
（3）掌握原理图绘制基本方法。
（4）掌握 PCB 布局基本方法。
（5）了解国内外相关工具/软件的特点。

能力目标

（1）能根据元件数据手册绘制直插封装。
（2）能分析电路模块基本功能。
（3）能自己绘制的元件符号和直插封装。
（4）能运用自己的元件库绘制双层印制电路板。
（5）能运用相关知识，初步优化 PCB 电路板布局和进行优劣分析。

素质目标

（1）能在团队组织活动中广泛征求队员意见、共同做出决策。
（2）能遵守团队纪律要求，服从团队共同决议。
（3）能组织队员完成自己部门任务，协调解决其中问题和矛盾，形成共同进步学习氛围。
（4）能较全面地认识国内外软件的优点和局限性、深刻认识到自主化的重要性。
（5）能精益求精地追求更好的设计。

任务一　项目前期分析与准备

任务要求：

（1）自己绘制独立元件符号和对应的直插封装。有余力的可以在完成直插封装的基础上，绘制贴片封装。

（2）根据芯片的数据手册，能同时手绘芯片的直插封装和利用向导自动绘制直插封装。

（3）要求所绘制 PCB 为二层板。

（4）运用默认规则设计，进行设计规则检查。

（5）运用相关知识，初步优化 PCB 设计。

（6）结合实际需求，对电源、I/O 口等自行添加插槽、插针等扩展接口。

一、任务分工

步骤 1：组建项目团队（2 ~ 4 人即可），将具体分工填入表 1.2.1。

表 1.2.1　项目团队

团队名称			
轮值职务	姓名	任务	备注
轮值项目主管		总体工作：组织各分管组长完成各项工作，确保项目完成。 分管工作：敦促各组长完成组织知识学习、电路设计、答辩等各个环节按工程进度要求完成任务	
轮值设计 1 部组长		分管工作：组织所有成员完成元件符号、原理图设计	
轮值设计 2 部组长		分管工作：组织所有成员完成元件封装、PCB 布局	
轮值质检部组长		分管工作：协助轮值项目主管组织相关理论知识学习、质检、资料完成、知识总结、答辩。记录相关活动信息	

注：团队任一成员在自己负责部门担任负责人，同时在其他部门作为成员，受该部门负责人同学领导，承担对应分解任务。

步骤 2：将团队计划填入表 1.2.2。

表 1.2.2 团队计划

目标时间	目标任务	责任人	完成情况

步骤 3：将任务规划与总结填入表 1.2.3。

表 1.2.3 任务规划与总结

目标任务	计划完成时间、方法	涉及知识、技能总结	完成情况

二、任务解读、分析

根据下面给定的 8 位国产单片机最小电路图（见图 1.2.1），结合元件数据手册直插封装信息，绘制元件符号和封装，根据实际需要设计原理图和双层 PCB。

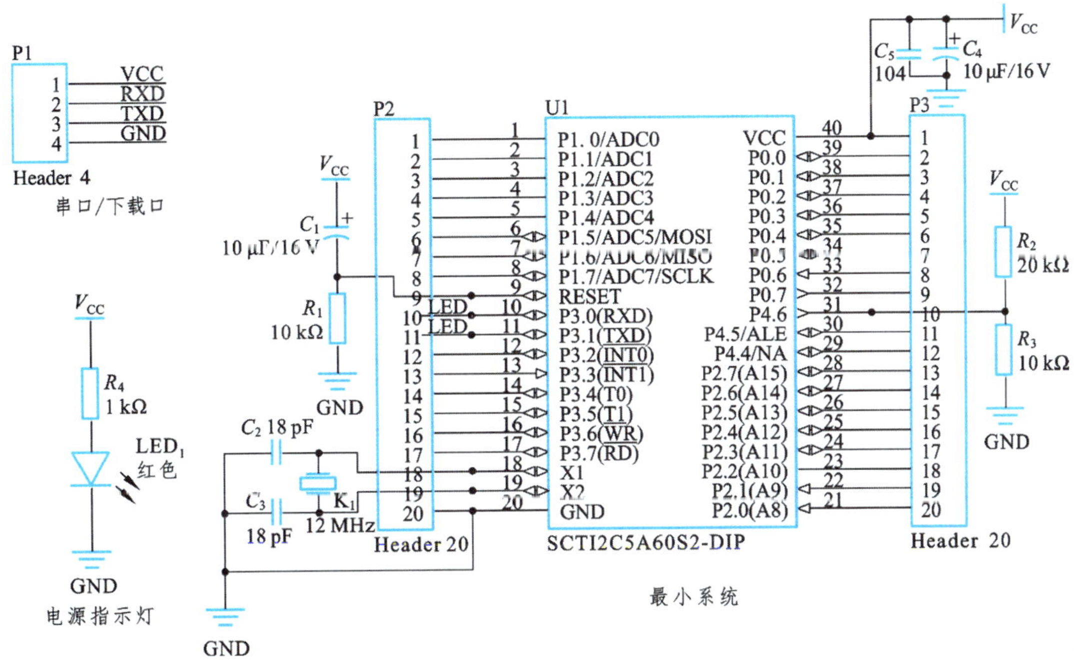

图 1.2.1　8 位微控制器（STC12C5A60S2）开发板电路图（部分）

步骤 1：任务分析。

思考下面问题，分析电路模块。

（1）单片机最小系统包括哪些电路模块？

（2）各电路模块的作用分别是什么？

（3）这些电路模块在安装、检修、电学性能和使用方面各有什么特点？有无特殊要求？请填入填写表 1.2.4。

表 1.2.4 电路模块分析

电路模块名称	安装、检修、电学性能和使用方面特点	PCB 设计要求
主控芯片		
电源电路		
________电路		
________电路		
________电路		

步骤 2：查询资料。

了解 STC12C5A60S2 相关信息。

（1）STC12C5A60S2 芯片性能情况，该系列芯片怎么命名的？

____

____

____

（2）简介该芯片公司情况。

____

____

____

（3）我国 MCU 市场的主要供应商情况。

____

____

____

步骤 3：列出元件清单，填写表 1.2.5。

表 1.2.5　元件清单列表

序号	元件名称（类型相同且封装相同的元件列在一起）	类型	封装	封装绘制要求	布局要求
1					
2					
3					
4					
5					
6					
7					
8					
9					
10					
11					
12					
13					
14					
15					
16					
17					
18					
19					
20					

注：表格可自行减少/添加单元格。

三、工具准备：客户端软件安装与设置

步骤 1：下载嘉立创 EDA 客户端安装程序，按照教程进行安装、激活及登录。

步骤 2：设置运行模式。

思考运行模式有几种设置途径？

步骤 3：三种模式对比。

简述三种模式的优缺点？

步骤 4：存放路径设置。

新建工程的默认存放路径在哪里设置？只能支持设置一个工程存放路径吗？

步骤 5：新建或打开工程。

新建的工程信息放置在哪几个文件里？文件格式是什么？

任务二　项目实施与进程监督

一、手动绘制简单分立元件符号

根据总体任务，实现典型元件手动绘制，如电阻、电容、晶振、51 芯片等元件符号。

步骤 1：符号库及其设置。

如果是第一次绘元件符号，则需要创建元件库。在开始页点击“新建元件库”按钮。

步骤 2：手动绘制分立元件符号。

根据任务内容，绘制所有元件的符号。

步骤 3：基于符号向导进行芯片绘制。

（1）利用符号向导，完成 8 位微控制器符号绘制。

注意：根据现有器件的封装，选择需要创建符号的类型。

（2）尝试运用引脚管理器等工具，填写好相应的引脚数量，设置引脚的间距。

注意：引脚间距不可设置太小，否则生成符号时，会导致引脚名重叠。

引脚编号可以按从左到右或从上到下方向生成。两者区别在于引脚的生成序号位置不同。

步骤 4：完成下面的思考题。

（1）获取元件规格书，得到符号样式和引脚信息，获取元件规格书有哪些途径？

____

____

____

（2）引脚的哪些信息是系统固定的，不可更改吗？

____

____

____

（3）元件图形和引脚哪一个是必不可少的？哪一个是电路图连线的关键因素？

____

____

____

（4）绘制元件引脚的快捷键是什么？引脚的哪一头连接（朝向）器件？

____

（5）关联元件封装时，将封装和符号引脚一一对应起来，其依据是引脚名称还是编号？

（6）在左侧属性面板设置符号的名称和位号值，哪一个在原理图中表达元件具体品名？

二、直插封装绘制

步骤 1：手动绘制分立元件封装。
根据任务内容，绘制所有元件的符号。

步骤 2：基于向导进行芯片封装绘制。
利用符号向导，完成 8 位微控制器符号绘制。
注意：根据现有器件的封装，选择需要创建符号的类型。

三、开发板原理图绘制

步骤 1：原理图布局。

步骤 2：放置元件。

步骤 3：连线。
对照图 1.2.1，仔细将对应引脚连线。

步骤 4：元件自动编号。
尝试使用自动编号给原理图中所有元件进行重新编号。

四、PCB 二层版图绘制

步骤 1：把画好的图导入 PCB 中。

步骤 2：PCB 版图布局。

步骤 3：PCB 版图边框绘制。
根据元件所占空间，设计 PCB 版图边框形状和尺寸。

步骤 4：PCB 版图走线，如图 1.2.2 所示。

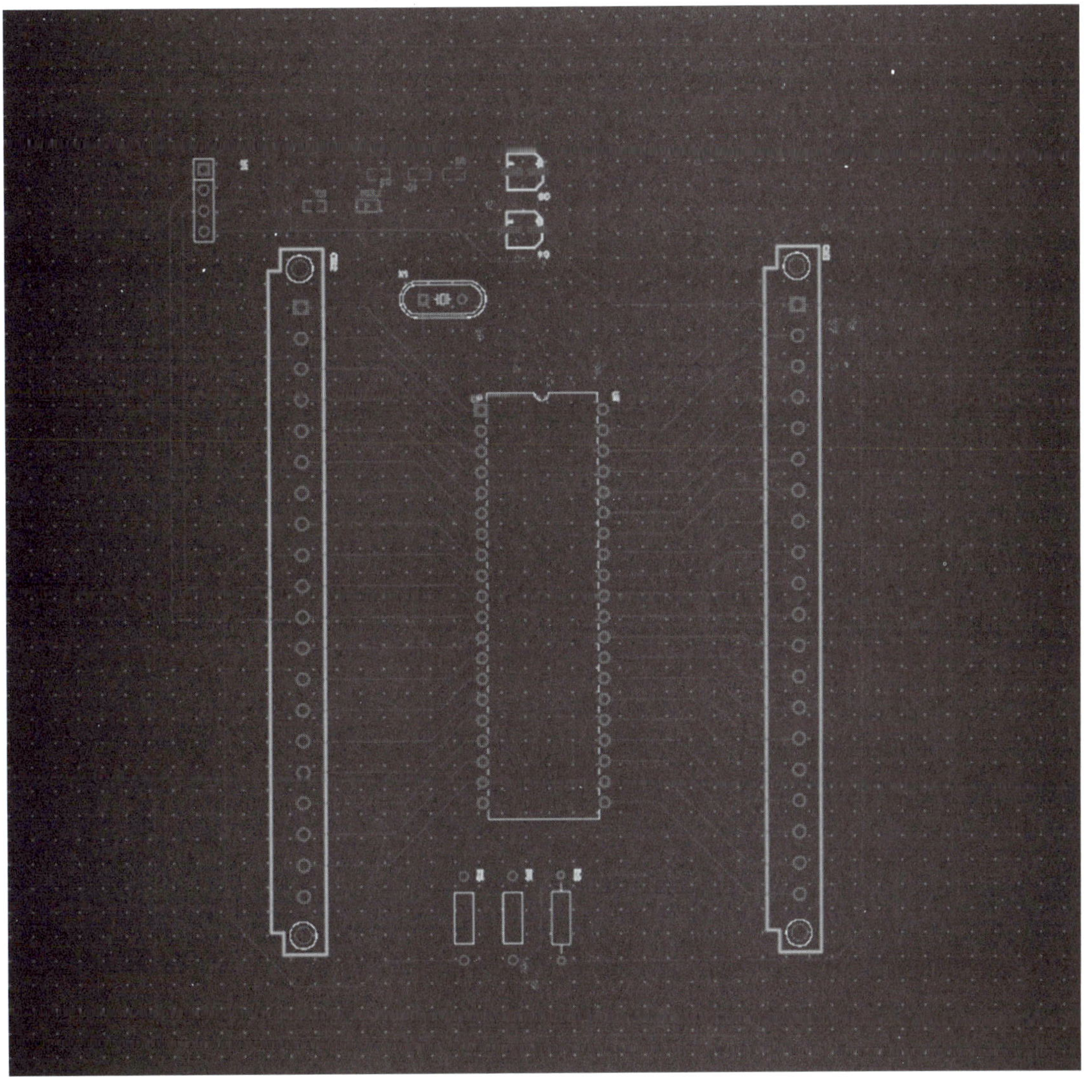

图 1.2.2　PCB 版图

步骤 5：开始进行排版，排版完后如图 1.2.3 所示。

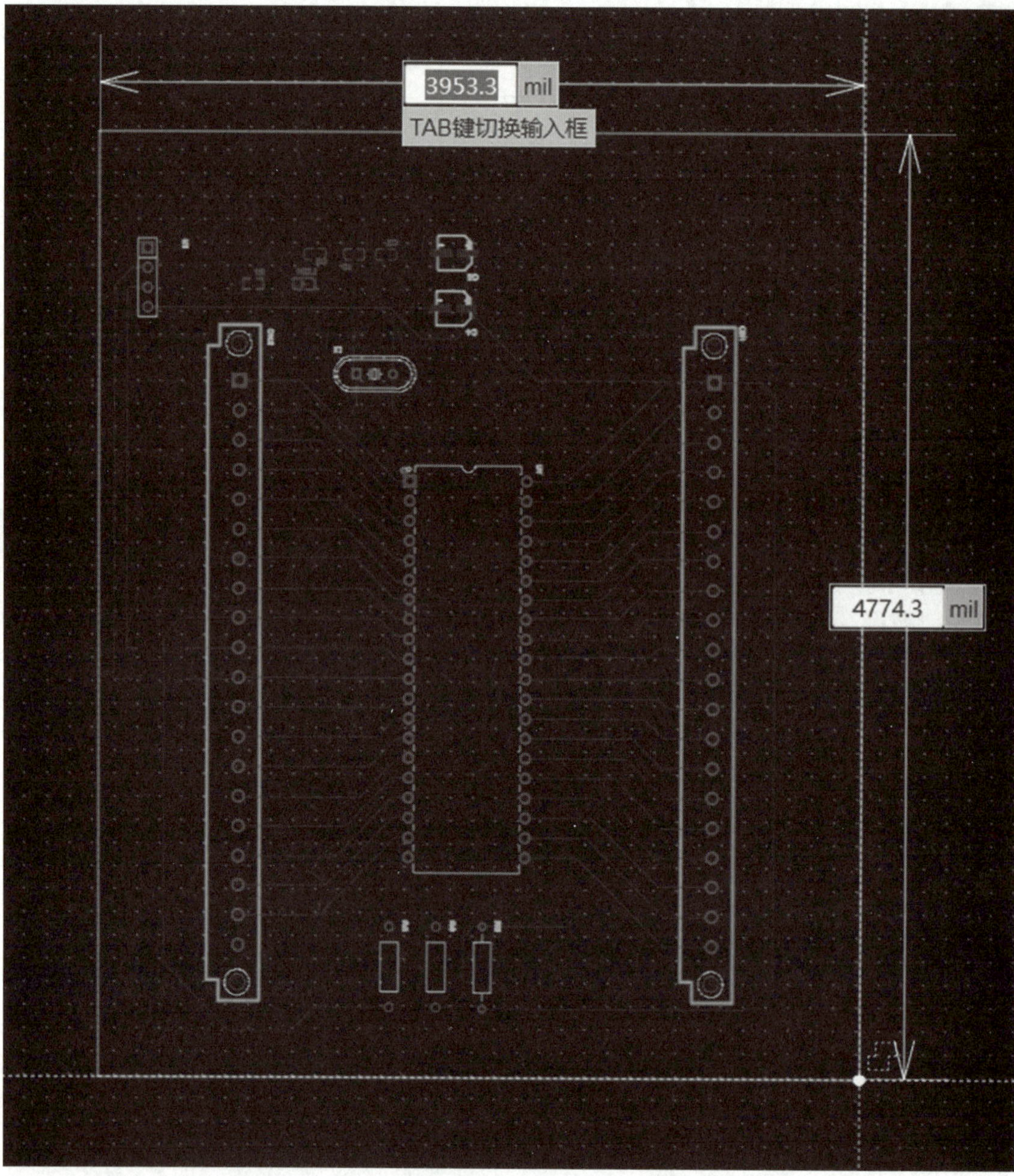

图 1.2.3　排版结果

步骤 6：铺铜。

排版结束以后，则需要开始铺铜。只需选中整个电路板，设置所有选项默认即可。

步骤 7：获得 3D 模型的样式。

任务三　项目后期处理

一、输出打印下单

任务要求：在前述工作完成后，输出对应资料，使用“嘉立创下单助手”，进行 PCB 板印制下单。

思考下面的问题

（1）绘制好 PCB 后，如果要下单印制 PCB 板，还需要做哪几步工作？

（2）什么是 BOM？其作用是什么？怎样导出 BOM？BOM 有哪些内容？怎样设置 BOM？

（3）Gerber 的作用是什么？怎样导出 Gerber？

二、任务评估与竣工

根据表 1.2.6 进行工单检查。

表 1.2.6　检查工单

评估	内　容	是否满足
元件符号	引脚方向正确	
	引脚编号正确	
	引脚名称正确	
	大小合适、标识完备	
原理图	图纸规范、整齐、内容完整	
	原理图布局逻辑清晰，信号流向顺畅，网络标识易懂	
	模块化设计时，各个模块之间的逻辑关系清晰	
	模块标注相关电源功耗计算，标注关键元器件参数，电源部分注明输入输出，EMC 测试标准	
	电路连接正确，原理图没有掉线、错连	
	确认产品安装方式，确认产品是否需要接地	
	导线宽度与电流大小相符合	

续表

评估	内容	是否满足
元件封装	依据数据手册，引脚编号正确	
	依据数据手册，引脚间距正确	
	依据数据手册和实际需要，引脚宽度合理	
	依据数据手册和实际需要，引脚长度合理	
	标识完备	
PCB 布局	顶层、中间层和底层功能分配合理	
	是否存在影响共模干扰电流的布局	
	电源位置设计合理	
	高低频电路部分的处理	
	出线口位置合理	
	走线规范	
	不存在其他问题	

三、任务总结反思

步骤 1：反思总结。

（1）你在本次 PCB 设计的整个过程中做了哪几步骤工作？

（2）原理图绘制的前提是需要备有元器件符号？你是怎么获取的？

（3）你在原理图绘制的过程中遇到了什么困难？怎么解决的？有什么知识、经验、教训吗？

（4）在 PCB 布局的过程中遇到了什么困难？怎么解决的？有什么知识、经验、教训吗？

（5）经过本次学习，获得的其他知识或技能有哪些？

步骤 2：工作评价，填写表 1.2.7 ~ 表 1.2.9。

表 1.2.7　自我评价

评价项目	是　否
1. 别人说话时，我认真倾听	□　□
2. 我提出了自己的想法及本项目相关信息	□　□
3. 我不懂时进行了求助（最终懂了没）	□　□
4. 我分享了我的学习心得及我懂得的与本学习项目相关的知识	□　□
5. 在本学习项目汇报时我是发言人或进行了补充发言	□　□
我学到的知识、技能、素质	
我做得好的方面	
我还能做得更好的方面	

表 1.2.8　对所在小组评价

评价项目	是　否
1. 是否进行了课内外计划安排	□　□
2. 是否按计划进行了相应的学习活动	□　□
3. 是否记录了每一位组员的建议	□　□
4. 是否共同解决出现的问题	□　□
我们组做得最好的或创新的方面	
我们组还能做到更好的方面	

表 1.2.9　教师评价与建议

评价项目	好	中	待改进
1. 态度（对待学习的态度、合作态度、精神面貌）	□	□	□
2. 过程（学习过程、完成任务过程）	□	□	□
3. 结果（提交任务结果）	□	□	□
4. 创新能力	□	□	□
5. 创业价值	□	□	□
对学生的后续学习的建议			

项目三 贴片元件多层 PCB 设计实战项目

——32 位微控制器（HC32F460）开发板电路

知识目标

（1）掌握贴片封装的特点。
（2）理解目标电路的总体组成及工作原理。
（3）掌握原理图绘制的基本方法。
（4）掌握 PCB 布局的基本方法。

能力目标

（1）能根据元件数据手册绘制直插封装。
（2）能分析电路模块基本功能。
（3）能自己绘制的元件符号和贴片封装。
（4）能运用自己的元件库绘制多层印制电路板。
（5）能运用规则设计提高效率和设计质量。
（6）能运用相关知识，优化 PCB 电路板布局，并进行优劣分析。

素质目标

（1）能在团队组织活动中广泛征求队员意见，共同做出决策。
（2）能遵守团队纪律要求，服从团队共同决议。
（3）能组织队员完成自己部门任务，协调解决其中问题和矛盾，形成共同进步的学习氛围。
（4）能较全面地认识国内外软件的优点和局限性，提出合乎实际需要的改进建议。
（5）能精益求精地追求更好的设计。

任务一　项目前期分析与准备

一、任务解读

根据 HC32F460 产品说明书，搭建并绘制最小系统原理图和多层印制电路板图。32 位微控制器（HC32F460）开发板电路（部分）电路如图 1.3.1 所示。

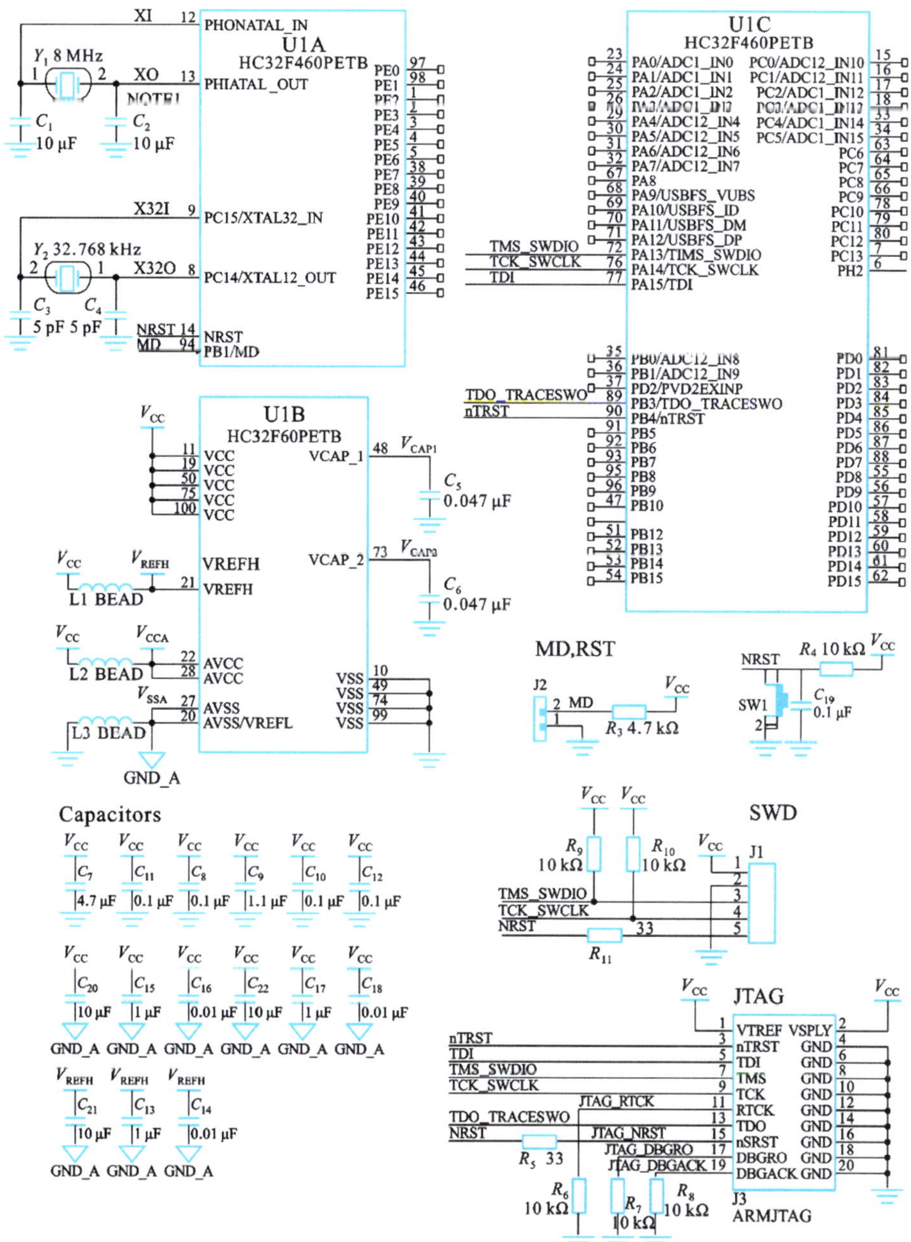

图 1.3.1　32 位微控制器（HC32F460）开发板电路（部分）

任务要求：

（1）自己绘制独立元件符号和对应的贴片封装。

（2）根据数据手册，芯片能同时手绘贴片封装和利用向导自动绘制贴片封装。

（3）所绘制 PCB 至少 4 层。

（4）运用规则设计提高设计效率。

（5）运用相关知识优化 PCB 设计。

（6）结合实际需求对电源、I/O 口等自行添加插槽、插针等扩展接口。

二、任务分析

（1）HC32F460 芯片性能情况，该系列芯片怎么命名的？

（2）简述该芯片公司情况。

（3）简要分析 32 位微控制器在中国市场的主要供应商情况。

任务二　项目实施与进程监督

一、基于高级符号向导方式绘制贴片元件符号

（1）利用符号向导，完成 32 位微控制器符号绘制。

（2）注意根据现有元器件的封装，选择需要创建符号的类型。

（3）尝试用分部件方式绘制 32 位微控制器符号。

特别说明：高级符号向导器用于快速创建 IC 类型芯片的符号，对符号的类型没有区分，只需要用户在模板中填写相应的数据，系统就能按照填写的数据生成符号。

二、原理图绘制

步骤 1：原理图分区绘制。

如图 1.3.2 所示，根据不同电路模块布置，使用不同分区方式绘制原理图。

步骤 2：原理图设置。

三、元件封装绘制

步骤 1：绘制独立元件的贴片封装。

步骤 2：根据任务清单，完成二极管、电容等独立元件的贴片封装的手动绘制。

步骤 3：芯片的贴片封装的绘制。

步骤 4：根据任务清单及数据手册，完成芯片的贴片封装手动绘制、向导自动绘制。

四、PCB 版图布局

使用规则设置，进行快速布局。

结合知识篇的“PCB 布局一般注意事项”，实现 PCB 版图较优质布局。

思考：你在哪些设计中反映了这些注意点？

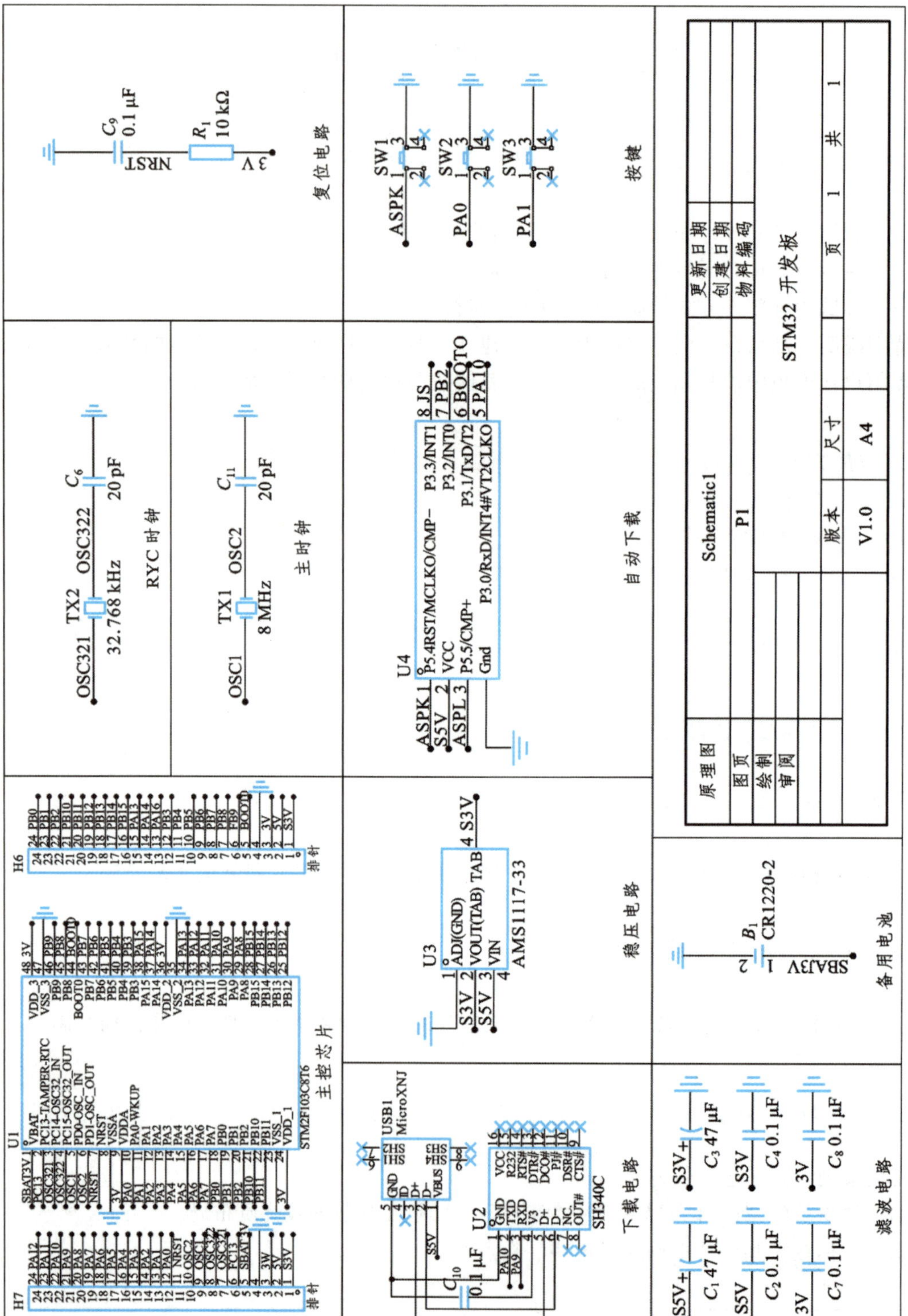
复位电路
按键
RYC 时钟
主时钟
自动下载
主控芯片
稳压电路
下载电路
滤波电路
备用电池
STM32F103C8T6
AMS1117-33
SH340C
USB1 MicroXNJ
CR1220-2
32.768 kHz
8 MHz
原理图
Schematic1
图页
P1
绘制
审阅
更新日期
创建日期
物料编码
STM32 开发板
版本
V1.0
尺寸
A4
页 1 共 1

图 1.3.2　分区原理图

任务三　项目后期处理

一、输出打印下单

要求检查无误后，完成 PCB 板打印。

思考：在打印前的检查过程中，你发现什么问题？

____

____

____

思考：在打印过程中，厂家给你反馈了哪些问题？

____

____

____

二、任务评估与竣工

根据表 1.3.1 进行工单检查。

表 1.3.1　检查工单

评估	内　容	是否满足
元件符号	引脚方向正确	
	引脚编号正确	
	引脚名称正确	
	大小合适、标识完备	
原理图	图纸规范、整齐、内容完整	
	原理图布局逻辑清晰，信号流向顺畅，网络标识易懂	
	模块化设计时，各个模块之间的逻辑关系清晰	
	模块标注相关电源功耗计算，标注关键元器件参数，电源部分注明输入输出，EMC 测试标准	
	电路连接正确，原理图没有掉线、错连	
	确认产品安装方式，确认产品是否需要接地	
	导线宽度与电流大小相符合	
元件封装	依据数据手册，引脚编号正确	
	依据数据手册，引脚间距正确	
	依据数据手册和实际需要，引脚宽度合理	
	依据数据手册和实际需要，引脚长度合理	
	标识完备	

续表

评估	内　容	是否满足
PCB 布局	顶层、中间层和底层功能分配合理	
	是否存在影响共模干扰电流的布局	
	电源位置设计合理	
	高低频电路部分的处理	
	出线口位置合理	
	走线规范	
	不存在其他问题	

三、任务总结反思

步骤 1：总结本次学习到的其他知识或技能。

____

____

____

____

步骤 2：工作评价，填写表 1.3.2 ~ 表 1.3.4。

表 1.3.2　自我评价

评价项目		是　否
1. 别人说话时，我认真倾听		□　□
2. 我提出了自己的想法及本项目相关信息		□　□
3. 我不懂时进行了求助（最终懂了没）		□　□
4. 我分享了我的学习心得及我懂得的与本学习项目相关的知识		□　□
5. 在本学习项目汇报时我是发言人或进行了补充发言		□　□
我学到的知识、技能、素质		
我做得好的方面		
我还能做得更好的方面		

表 1.3.3　对所在小组评价

评价项目	是　否
1. 是否进行了课内外计划安排	□ □
2. 是否按计划进行了相应的学习活动	□ □
3. 是否记录了每一位组员的建议	□ □
4. 是否共同解决出现的问题	□ □
我们组做得最好的或创新的方面	
我们组还能做到更好的方面	

表 1.3.4　教师评价与建议

评价项目	好	中	待改进
1. 态度（对待学习的态度、合作态度、精神面貌）	□	□	□
2. 过程（学习过程、完成任务过程）	□	□	□
3. 结果（提交任务结果）	□	□	□
4. 创新能力	□	□	□
5. 创业价值	□	□	□
对学生的后续学习的建议			

知识篇

模块一 PCB 设计基础知识

一、PCB 设计基础概念

PCB（Printed Circuit Board），中文名称为印制电路板，又称印刷电路板、印刷线路板，是重要的电子部件，支撑并连接电子元器件，从而获得连接稳固、性能可靠的电路。

印制电路板设计中常用到电路原理图（Schematic）和 PCB 版图（PCB Layout）两种图形表示方式，二者在设计过程中具有不同的目的和功能。电路原理图主要用于表示电路的原理和连接关系，展示各个元件之间的逻辑关系和电路功能。而 PCB 版图用于将电路原理图中的元件和电路连接转化为实际的物理布局，包括元件位置、导线布线和电路层次结构等。电路原理图通常为抽象的符号表示，用于描述电路的逻辑结构和信号传输，可以简化和表示复杂的功能；而 PCB 版图是具体的物理表示，显示了实际元件的尺寸、引脚连接和布线路径等。电路原理图主要用于电路设计阶段，帮助设计师理解和分析电路功能，进行原理验证和电路优化；PCB 版图主要用于电路的物理实现，用于制造和组装电路板。电路原理图是设计 PCB 版图的基础，二者相辅相成，通过电路原理图可以传达电路的功能需求和连接关系；PCB 版图是电路原理图的具体实现和转化，将电路原理图中的元件布局、走线和层次结构等转化为实际的物理布局。

元件符号是元件的功能类别、连接关系及输入输出引脚定义的表征，如表达电阻、电容等种类，引脚名称和属性等。通过对元件符号的连线，就构成了原理图。

元件封装是指元件在电路板平面上焊接所需的形状和尺寸大小，也就是焊盘的形状和大小。通过对元件封装的布局和布线，就构成了 PCB 版图。

二、PCB 设计一般流程

一般 PCB 基本设计（分立平台）流程为：自绘元件符号→原理图绘图→自绘元件封装→PCB 布局→输出数据，下单印制，如图 2.1.1 所示。而融合平台步骤更少，如图 2.1.2 所示。

元件符号主要体现其种类和引脚情况。元件封装主要表达引脚对应电路板上焊盘的形状、尺寸等。

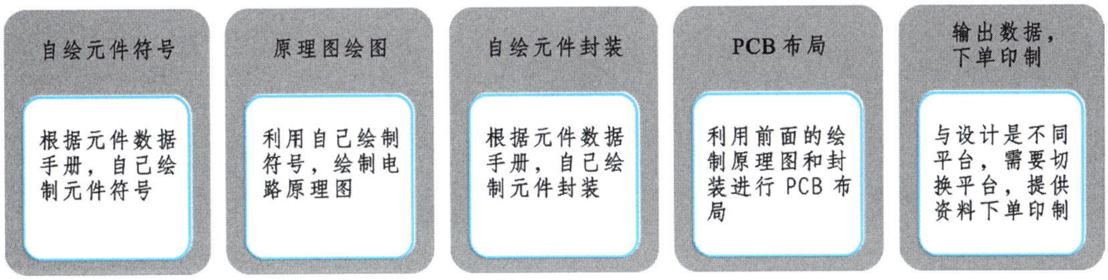

图 2.1.1　PCB 设计与印制一般流程（分立平台）

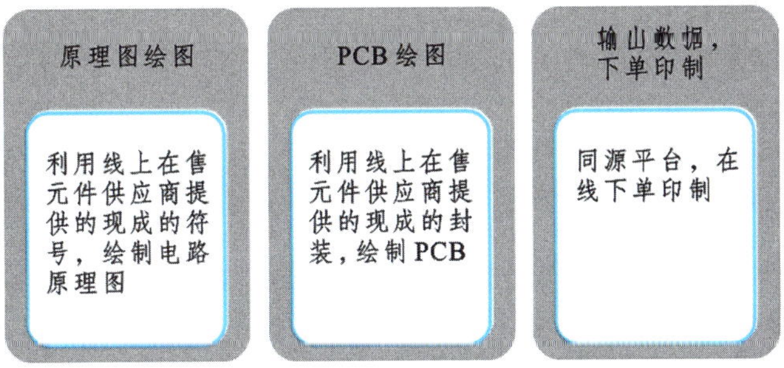

图 2.1.2　嘉立创 EDA 在线 PCB 设计与印制流程（融合平台）

布线是整个 PCB 设计中最重要的工序，将直接影响 PCB 板的性能。在 PCB 设计过程中，布线一般有三方面的要求：一是完备连通，不能出现飞线，这是 PCB 设计的基本要求；二是符合实际需求和美观，满足生产者、检修者的测试和维修，不能给使用者带来不便，而且视觉上应达到布线整齐划一，不能纵横交错、毫无章法；三是满足电器性能的要求，这是衡量一块印刷电路板是否合格的标准。在布通之后，应认真调整布线，使其能达到最佳的电学性能，这也是 PCB 设计的最高要求。

三、元件封装及其设计尺寸的一般处理

1. 无管脚延伸型 SMD 贴片封装设计

图 2.1.3 给出了无管脚延伸型 SMD 贴片封装尺寸数据，给出数据的定义说明如下：

① *A*——元件的实体长度；

② *X*——PCB 封装焊盘宽度；

③ *H*——元件的可焊接高度；

④ *Y*——PCB 封装焊盘长度；

⑤ *T*——元件的可焊接长度；

⑥ *S*——两个焊盘之间的间距；

⑦ *W*——元件的可焊接宽度。

注：*A*、*T*、*W* 均取数据手册推荐的平均值。

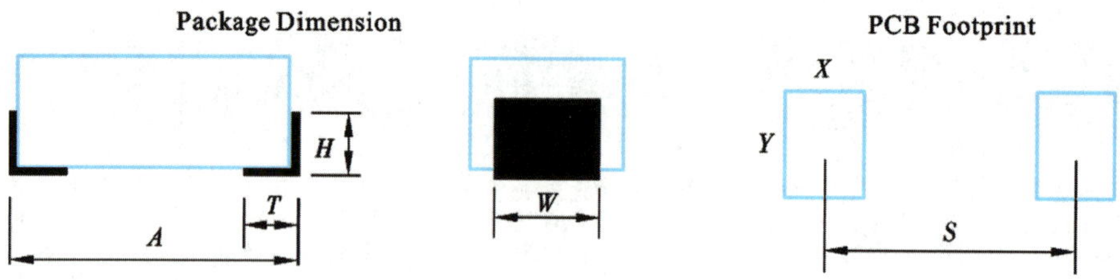

图 2.1.3　无管脚延伸型 SMD 贴片封装

2. 翼形管脚型 SMD 贴片封装设计

图 2.1.4 给出了翼形管脚型 SMD 贴片封装尺寸数据，给出数据的定义说明如下：

① A——元件的实体长度；

② X——PCB 封装焊盘宽度；

③ T——元件管脚的可焊接长度；

④ Y——PCB 封装焊盘长度；

⑤ W——元件管脚宽度；

⑥ S——两个焊盘之间的间距。

注：A、T、W 均取数据手册推荐的平均值。

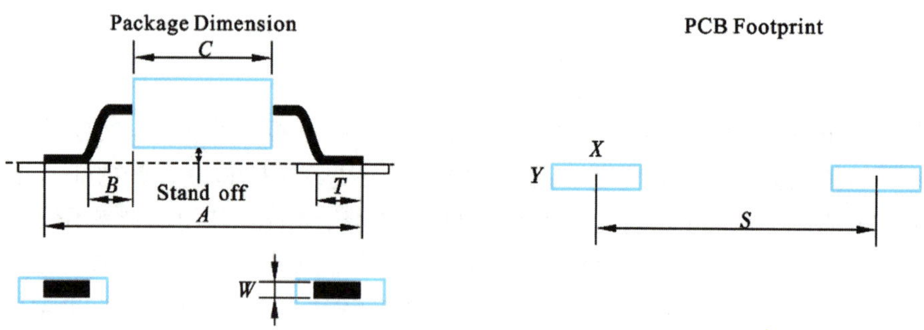

图 2.1.4　翼形管脚型 SMD 贴片封装

同时定义：

① T_1——T 尺寸的外侧补偿常数，取值范围为 0.1 ~ 0.3 mm；

② T_2——T 尺寸的内侧补偿常数，取值范围为 0.1 ~ 0.3 mm；

③ W_1——W 尺寸的侧边补偿常数，取值范围为 0 ~ 0.2 mm。注意满足“3W”原则。

通过实践经验并结合数据手册参数得出以下经验公式：

$$X = T_1 + T + T_2$$

$$Y = W_1 + W + W_1$$

$$S = A + T_1 + T_1 - X$$

3. J 形管脚型 SMD 贴片封装设计

图 2.1.5 给出了 J 形管脚型 SMD 贴片封装尺寸数据，给出数据的定义说明如下：

① A——元件的实体长度；

② X——PCB 封装焊盘宽度；
③ D——元件管脚中心间距；
④ Y——PCB 封装焊盘长度；
⑤ W——元件管脚宽度；
⑥ S——两个焊盘之间的间距。
注：A、D、W 均取数据手册推荐的平均值。
同时定义：
① T——元件管脚的可焊接长度；
② T_1——T 尺寸的外侧补偿常数，取值范围为 0.2 ~ 0.6 mm；
③ T_2——T 尺寸的内侧补偿常数，取值范围为 0.2 ~ 0.6 mm；
④ W_1——W 尺寸的侧边补偿常数，取值范围为 0 ~ 0.2 mm。
通过实践经验并结合数据手册参数得出以下经验公式：

$$T = (A - D)/2$$

$$X = T_1 + T + T_2$$

$$Y = W_1 + W + W_1$$

$$S = A + T_1 + T_1 - X$$

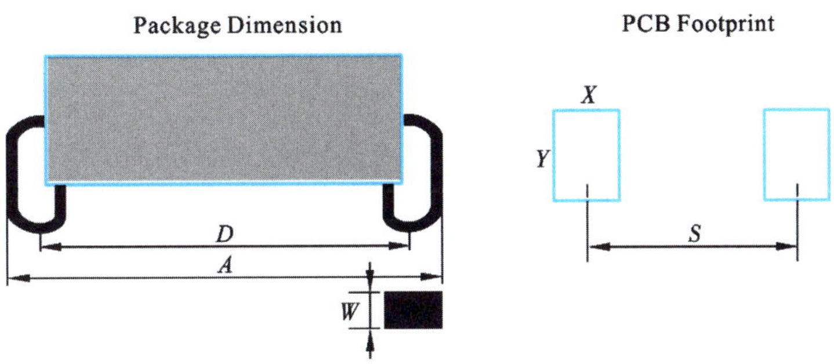

图 2.1.5　J 形管脚型 SMD 贴片封装

4. BGA 类型 SMD 贴片封装设计

常见 BGA 类型 SMD 贴片封装模型如图 2.1.6 所示。此类封装可以根据 BGA 的 Pitch 间距（相邻焊球中心之间的距离）来进行常数的添加补偿，如表 2.1.1 所示。

表 2.1.1　BGA 类型 SMD 贴片封装的 Pitch 间距

Pitch 间距/mm	焊盘直径/mm		Pitch 间距/mm	焊盘直径/mm	
	最小	最大		最小	最大
1.50	0.55	0.6	0.75	0.35	0.375
1.27	0.55	0.60	0.65	0.275	0.3
1.00	0.45	0.50（0.48）	0.50	0.225	0.25
0.80	0.375	0.40	0.40	0.17	0.2

图 2.1.6　BGA 类型 SMD 贴片封装

5. 圆柱式管脚型 SMD 贴片封装

圆柱式管脚型 SMD 贴片封装如图 2.1.7 所示，其尺寸数据公式可以参考无管脚延伸型 SMD 贴片封装的经验公式。

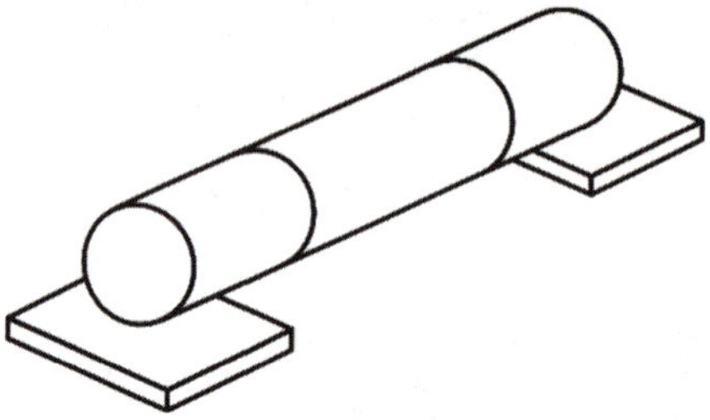

图 2.1.7　圆柱式管脚型 SMD 贴片封装

四、PCB 层的概念

不同 PCB 版图设计软件，对层有不同的定义或分工，但大同小异。按照空间划分为顶层、内层和底层。按照功能划分为铜箔层、信号层、电源层、接地层、内层、阻焊层、组装层、边框层、机械层、文档层、飞线层、孔层、多层、错误层、丝印层、锡膏层、钻孔层。广义（物理上）的顶层按照功能划分实际上包含顶层铜箔层（狭义的顶层）、丝印层、阻焊层、助焊层等。底层和内层部分类似。嘉立创 EDA 对图层定义大致与常规定义一致，部分略有不同，如图 2.1.8 所示。

1. 顶层与底层

狭义的顶层与底层是指 PCB 板子顶面和底面的铜箔层，用于信号走线。

顶层/顶铜箔层（Top Layer/Top Copper Layer）是最上面的层，也被称为顶铜箔层。在这一层上，设计和布局电路的电源正极线路、信号线路、接地线路和焊盘等。在顶层焊盘的同一侧放置贴片元件或在另一侧放置插件元件。

底层/底铜箔层（Bottom Layer/Bottom Copper Layer）是最下面的层，也被称为底铜箔层。类似于顶层，底层也用于布局和设计电路的元件、连接线和焊盘。在底层焊盘的同一侧放置贴片元件，或在另一侧放置插件元件。

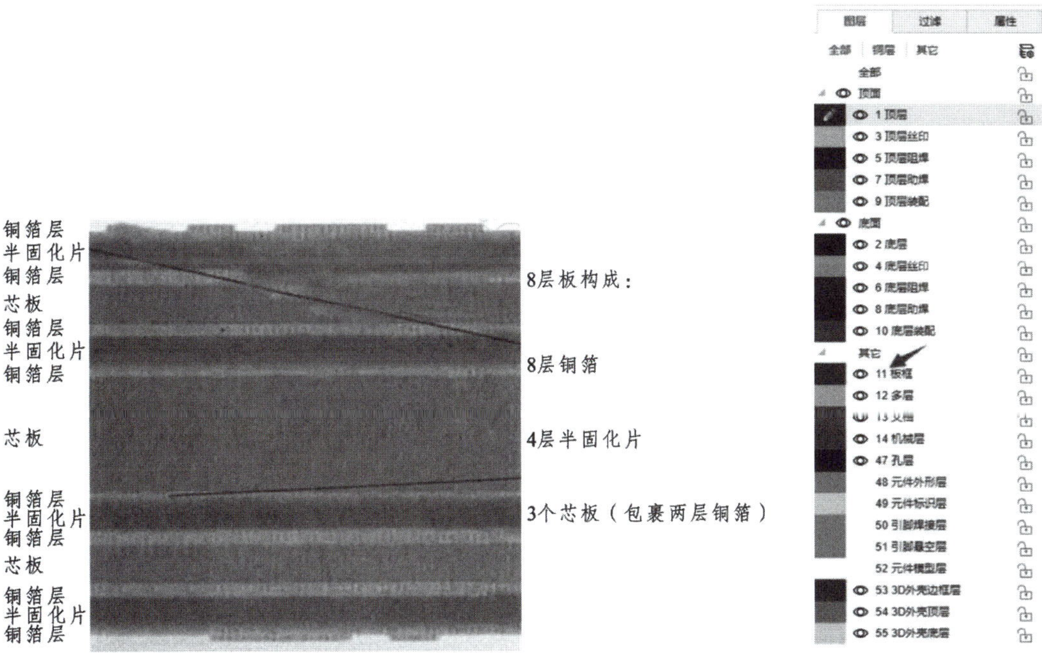

（a）多层板构成　　（b）嘉立创EDA图层展示

图 2.1.8　电路板实际构成与图层展示

2. 信号层（Signal Layer）

信号层是 PCB 中用于传输电子信号的层。它可以是顶层、底层或内层之一。信号层上布线的主要功能是传输信号，包括数据、电源、时钟等。中间信号层可多达几十层。

3. 电源层（Power Plane）

电源层是专门用于提供电源连接的层。它通常是一层内层或底层，用来提供稳定的电源分布和地电平。电源层可以通过铜填充或具有广泛的电源/地铺铜区域来提供低阻抗的电源连接。

4. 接地层（Ground Plane）

接地层与电源层类似，但主要用于提供地连接。它在 PCB 上创建一个低阻抗的地引脚或地面平面，以降低信号干扰和提供良好的地回路。

5. 内层（Inner Layer）

内层是位于顶层和底层之间的层。一个双面 PCB 通常具有一层内层，而多层 PCB 则可能有多个内层。在内层上，可以通过电镀孔连接顶层和底层，从而实现跨层的电路连通性。内层可以设置为内部电源/接地层或内部信号层。

6. 阻焊层（Solder Mask Layer）

阻焊层是板子的顶层和底层盖油层，一般是绿油。该层不沾锡膏，是保护性涂层，覆盖在铜层上方。它的主要功能是阻止不需要的焊接，防止在焊接时相邻焊接点的多余焊锡短路。阻焊层将铜膜导线覆盖住，防止在空气中氧化腐蚀和帮助控制焊接过程中的焊料流动。该层属于负片绘制方式，当有导线或者区域不需要盖绿油则在对应的位置进行绘制，PCB 生成后这些区域将没有绿油覆盖，方便上锡等操作，该动作一般被称为开窗。

7. 组装层（AssemblyLayer）

组装层是用于组装电子组件的层，通常位于顶层，其中标记了元件的位置、封装类型和焊盘信息，以作为组装和焊接的指导。

8. 边框层

边框层是板子形状定义层，定义板子的实际大小，板厂会根据这个外形生产板子。

9. 顶层装配层/底层装配层

顶层装配层/底层装配层是元器件的简化轮廓，用于产品装配和维修，对 PCB 板制作没有影响。

10. 机械层

机械层用于记录 PCB 设计时在机械层的信息，仅做记录信息用。生产时默认不采用该层的形状进行制造，一些板厂在使用 AD 文件生产时会使用机械层做边框。当使用 Gerber 文件在嘉立创生产，该层仅做文字标识用，如工艺参数、V 割路径标识等。该层不影响板子的边框形状。如果机械层有闭合的导线，在生产板子的时候会优先使用机械层作为板子形状，如果没有机械层的外框才会使用 GKO 作为边框（AD 文件的历史影响），需要在设计的时候注意机械层的使用情况。

11. 文档层

与机械层类似，可以用于设计相关信息的记录和查看。但该层通常在编辑器使用，生成在 Gerber 文件里，与制造生产无关。

12. 飞线层

飞线层用于 PCB 网络飞线的显示，不是物理意义上的层，为了方便使用和设置颜色，故放置在层管理器进行配置。

13. 孔层

与飞线层类似，孔层不是物理意义上的层，只做通孔（非金属化孔）的显示和颜色配置用。

14. 多层

与飞线层类似，多层用于金属化孔的显示和颜色配置。当焊盘层属性为多层时，它将连接每个铜箔层，包括内层。

15. 错误层

与飞线层类似，错误层用于 DRC（设计规则错误）的错误标识显示和颜色配置。

16. 丝印层（Silkscreen Layer）

丝印层也分为顶层丝印层和底层丝印层，是印在 PCB 板的白色字符层。丝印层不涉及电气连接，是在电路的安装和维修等工作时，为方便识别，在印刷板的上下两表面印刷上所需要的标志图案、文字代号等，如元件标号、标称值、元件管脚、元件外廓形状、厂家标志、生产日期、警示和警告信息、装配指导等。

17. 锡膏防护层（或助焊层、钢网层）

锡膏防护层简称锡膏层，分为顶层锡膏层和底层锡膏层，也称为正片工艺时的助焊层。该层用于给贴片焊盘制造钢网时，帮助焊接和决定上锡膏的区域大小。如果 PCB 板不需要贴片，那么这个层对生产没有影响。

18. 钻孔层

钻孔层有以下作用：

（1）电气连接和信号传输。钻孔层允许在 PCB 板的不同层之间建立电气连接和进行信号传输。

（2）组件安装和焊接。钻孔层用于标记和确定组件的安装位置。

（3）热管理。通过在钻孔层上钻孔并添加散热设备（如铜插针或散热片），可以实现热量在 PCB 板中的传递和分散。

（4）机械附件。钻孔层可用于安装 PCB 板上的机械附件，包括螺丝孔、安装孔、定位销孔等。

19. 元件外形层

元件实物的外形层用于绘制元件外形，方便封装尺寸和实物尺寸的对比。

20. 元件标识层

元件实物的标识层可以添加元件的特殊标识，如正负极、极性点等。

21. 引脚焊接层

元件实物的引脚焊接层用于封装焊盘尺寸和实物引脚尺寸的对比。

22. 引脚悬空层

元件实物的引脚悬空层用于封装焊盘尺寸和实物引脚悬空部分尺寸的对比。

23. 3D 外壳边框层

3D 外壳边框层是绘制 3D 外壳时外壳的边框所在层。

24. 3D 外壳顶层/3D 外壳底层

3D 外壳的顶层或底层，可以绘制挖槽、实体等图元。

25. 自定义层

自定义层一般用于额外的信息记录，作用和文档层、机械层、装配层类似，不直接用于生产。

五、PCB 设计特殊部分操作

1. 设计规则检查（DRC）

设计规则检查（Design Rule Check，DRC）重点规避开路、短路类的重大设计缺陷，检查的同时遵循 PCB 版图设计质量控制流程与方法。

DRC 包含多种类别，只要是设计规则广义上都可以称为 DRC。然而一般来说，在后端设计的 DRC 就特指 PV（Physical Verification，物理验证）的 DRC。

检查内容包括：

（1）线与线、线与元件焊盘、线与导通孔、元件焊盘与导通孔、导通孔与导通孔之间的距离是否合理，是否满足生产要求。

（2）电源线和地线的宽度是否合适，电源与地线之间是否紧耦合（低的波阻抗），在 PCB 中是否还有能让地线加宽的地方。

（3）对于关键的信号线是否采取了最佳措施，如长度最短、加保护线、输入线及输出线被明显地分开。

（4）模拟电路和数字电路部分是否有各自独立的地线。

（5）后加入 PCB 中的图形（如图标、标注）是否会造成信号短路。

（6）对一些不理想的线形进行修改。

（7）在 PCB 上是否加有工艺线，阻焊是否符合生产工艺的要求，阻焊尺寸是否合适，字符标志是否压在器件焊盘上，以免影响电装质量。

（8）电源地层的外框边缘是否缩小，如电源地层的铜箔露出板外容易造成短路。

2. 扇出（Fanout）

如图 2.1.9 所示，在 PCB 布局中，扇出（Fanout）是指将 BGA（球栅阵列）等高密度封装器件的引脚焊盘通过导线连接到过孔（Via），以实现信号层间切换或内层布线的关键操作。

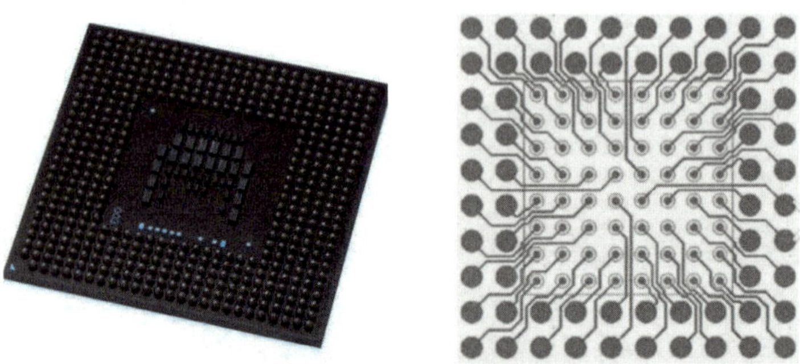

图 2.1.9　BGA 引脚焊盘扇出

3. 包地（GND）

包地是指把某些信号线（如晶振 XTAL_IN 和 XTAL_OUT）和接地铺铜面隔离开，这样任何一方不会干扰对方。操作方法是从 GND 引脚引出一条铜箔线，把敏感部分（如时钟电路）完全包围起来，并在铜线中间插入一定量的过孔，防止被包围的对象与外界互相产生干扰。

4. 挖空处理

在进行 PCB 绘制后对板子正、反面进行覆铜操作时，如果定位孔边界与覆铜边界距离过近，那么当拧螺丝时，容易使得螺丝和覆铜层短接，使得覆铜部分暴露出来而产生隐患。针对这种情况的处理方法是增大彼此的间距，即在螺丝定位孔周围挖一个更大的圆，将覆铜层去掉，使得覆铜层和螺丝定位孔的间距足够大。

5. 禁止区域设置

禁止区域设置操作步骤：选择菜单→放置→禁止区域→矩形（或圆形、多边形）。“轮廓对象”选项中，“类型”为“禁止区域”；“图层”为“多层”；“禁止选项”为“铺铜”，如图 2.1.10 所示。

图 2.1.10 包地线禁止铺铜设置

6. 铺铜（先包地，再设置禁止区域）

铺铜是指在 PCB 电气层将无布线区域闲置的空间用固体铜填充。铺铜是 PCB 版图设计的一个重要的环节，作用包括：① 在数字电路中存在大量尖峰脉冲电流，大面积的 GND 铺铜可降低地线阻抗；② 在工艺上铺铜有助于保证电镀效果；③ 对于布线较少的 PCB 板层铺铜，有助于保持不变形；④ 铺铜能提高 PCB 的散热能力，减少形变，提高 PCB 制造质量。铺铜包括电源层铺铜、接地层铺铜和信号走线层空闲区域铺铜。

以下情况下不宜铺铜：

（1）高频信号线路。对于高频信号线路，铺铜可能会引入额外的电容和电感，影响信号的传输性能。在高频电路中，通常需要控制地线的走线方式，减小地线的回流路径，而不是过度铺铜。例如，铺铜会导致天线部分信号受影响：在天线部分周围区域铺铜容易导致弱信号采集的信号受到比较大的干扰；天线信号对于放大电路参数设置非常严格，铺铜的阻抗会影响放大电路的性能。所以天线部分的周围区域一般不铺铜。

（2）高密度线路板。对于密度较高的线路板，过度铺铜可能会导致线路之间的短路或者接地问题，影响电路的正常工作。在设计高密度线路板时，需要谨慎设计铺铜结构，确保线路之间有足够的间距和绝缘，避免出现问题。

（3）散热过快，焊接困难的情况。如果对元器件的管脚进行铺铜全覆盖，可能会导致散热过快，从而使得拆焊和返修变得困难。由于铜的导热率很高，因此不管是手工焊接还是回流焊，在焊接时铜面都会迅速导热，而致使烙铁等温度流失，对焊接产生影响，因此设计上尽量采用“十字花”焊盘减少热量散发，方便焊接。

（4）特殊环境要求。在一些特殊的环境中，如高温、高湿、腐蚀性环境等，铜箔可能会受到损坏或腐蚀，从而影响 PCB 板的性能和可靠性。在这种情况下，需要根据具体的环境要求选择合适的材料和处理方式，而不是过度铺铜。

（5）特殊层次的板。对于柔性电路板、刚柔结合板等特殊层次的板，需要根据具体的要求和设计规范进行铺铜设计，避免过度铺铜导致的柔性层或刚柔结合层的问题。

综上所述，在 PCB 版图设计中，需要根据具体的电路要求、环境要求和特殊应用场景，选择适当的铺铜与不铺铜。

对于模拟电路，铺铜所形成的地线环路反而会引起电磁耦合干扰（高频电路例外）。

操作步骤：选择菜单→放置→铺铜区域→矩形（或圆形、多边形）。可在板框线外围开始画铺铜区域（包含板框线），也可以自动只铺铜在板框内部。“轮廓对象”的设置如图 2.1.11 所示，“类型”为“铺铜区域”，“图层”为“顶层”或“底层”；“网络”为“底层”；“填充样式”为“全填充”（45 充或 90 充网格）；“保留孤岛”为“否”；“制造优化”为“是”。

图 2.1.11　铺铜设置

六、PCB 布局一般注意事项

1. 应用功能实用性原则

为方便使用，PCB 布局要从使用者角度进行设计，满足产品的实用性和便利性等要求。

2. 应用场景适用性原则

1）适应于生产环境

从生产者角度考虑如下内容：方便安装、检修；尺寸符合整体设备的装配要求；遵循“先大后小，先难后易”的布置原则，优先布局重要的单元电路和核心元器件；根据结构图设置板框尺寸，布置安装孔和接插件，给器件赋予不可移动属性。关键的信号应预留测试点，以方便生产和维修检测。

2）适应于应用场景

如果有抗震、抗潮湿、抗特定腐蚀等特殊要求，需要特别处理。

3. 信号适应性原则

1）确保电磁兼容（EMC）或避免电磁干扰（EMI）

（1）通过优化信号层的布局，设计者可以在一定程度上改善 PCB 的电磁兼容性。例如，通过合理的地网设计和阻抗控制，可以最小化射频干扰和噪声。信号层的隔离电磁干扰可以通过两个地层或者“一层电源 + 一层地”的方式进行隔离。

（2）分离模拟和数字走线，保持高电压、大电流信号与低电压、弱信号分开。

（3）去耦电容布局靠近 IC 的电源管脚，使回路最短。

（4）禁止布线区域距离 PCB 板边和安装孔周围有规定的距离，电源线和信号线宽度有最小要求，正常过孔不低于 30 mil（0.75 mm）。

2）电气连接原则

（1）连线精减。在一般电路板布线过程中，尽量寻求最短的路径，要精减，尽量不拐弯，能不换层就不换层。

（2）一般情况下，首先应对电源线和地线进行布线，以保证电路板的电气性能。在条件允许的范围内，尽量加宽电源、地线宽度，最好是地线比电源线宽，它们的关系是：地线＞电源线＞信号线，通常信号线宽为 0.2 ~ 0.3 mm，最细宽度可达 0.05 ~ 0.07 mm，电源线一般为 1.2 ~ 2.5 mm。对数字电路的 PCB 可以用宽的地线组成一个回路，即构成 个地网来使用（模拟电路的地线则不能这样使用）。

（3）避免直角和锐角布线。拐角可以等效为传输线上的容性负载，减缓上升时间。阻抗不连续会造成信号反射。直角尖端会因尖端放电等产生电磁干扰（EMI）。所以尽可能采用类似于 135°的钝角折线布线，不可使用 90°或更小角度的折线，以减小高频信号的辐射（要求高的线还要用双弧线）

（4）预先对要求比较严格的线（如高频线）进行布线，输入端与输出端的边线应避免相邻平行，以免产生反射干扰。必要时应加地线隔离，两相邻层的布线要互相垂直，平行容易产生寄生耦合。

（5）振荡器外壳接地，时钟线要尽量短，且不能杂乱无章。时钟振荡电路下面、特殊高速逻辑电路部分要加大地的面积，而不应该走其他信号线，以使周围电场趋近于零。

（6）任何信号线都不要形成环路，如不可避免，环路应尽量小；信号线的过孔要尽量少；关键的线尽量短而粗，并在两边加上保护地。

（7）通过扁平电缆传送敏感信号和噪声场带信号时，要用“地线-信号-地线”的方式引出。

（8）差分走线。抗干扰能力强、有效抑制 EMI、时序定位精确。差分走线的一般要求是等长和等距。等长为了保证差分信号时刻保持极性相反，减少共模分量。等距主要为了保证两者差分阻抗一致减少反射。

（9）蛇形线等长。为了保证信号有足够的保持时间，或者减小同组信号之间的时间偏移，不得不进行绕线。

（10）圆滑走线。导线焊盘之间为了避免出现类似直角走线的尖角，可以采用补泪滴的方法解决。

（11）数字模拟分开。模拟电路抗干扰能力极弱，二者相隔越远越好，甚至可以在 PCB 的不同面。如果要求二者共地，则要通过单点接地方式连在电源地上。

（12）“3W” 原则。若线的中心间隔在 3 倍线宽（3W）以上，信号之间的干扰会减少 65%~70%，满足 10 倍以上的信号之间干扰会减少约 98%。

（13）“20H” 原则。*H* 为电源和地之间的内侧间距，电源层内缩 20*H* 的长度，可以将 70%的电场限制在接地层边沿内，内缩 100*H* 就可以把 98%的电场限制在边沿内，如图 2.1.12 所示。

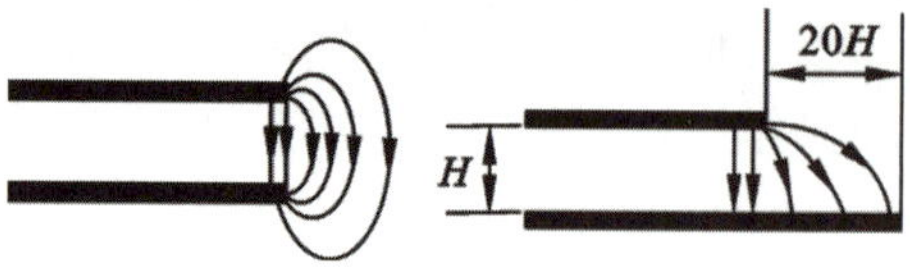

图 2.1.12 “20H” 原则

（14）原理图布线完成后，应对布线进行优化；同时，经初步网络检查和 DRC 检查无误后，对未布线区域进行地线填充，用大面积铜层作地线用，在印制板上把没被用上的地方都与地相连接作为地线用；也可做成多层板，电源、地线各占用一层。

3）安全载流二原则

（1）铜箔承载电流同时受限于铜箔的厚度和宽度，如表 2.1.2 所示。

表 2.1.2 表铜箔承载电流

编号	导线铜箔厚度 35 μm		导线铜箔厚度 50 μm		导线铜箔厚度 70 μm	
1	宽度/mm	电流/A	宽度/mm	电流/A	宽度/mm	电流/A
2	0.15	0.2	0.15	0.5	0.15	0.7
3	0.2	0.55	0.2	0.7	0.2	0.9
4	0.3	0.8	0.3	0.1	0.3	1.3
5	0.5	1.35	0.5	1.7	0.5	2
6	0.8	2	0.8	2.4	0.8	2.8
7	1	2.3	1	2.6	1	3.2

注意，焊盘宽度应该比线宽尺寸大。

（2）过孔承载电流如表 2.1.3 所示，过孔相当于卷成柱状的铜箔，孔径大小（周长）相当于展开成平面铜箔的宽度。

表 2.1.3　表过孔承载电流

编号	铜箔厚度 35 μm，允许温升 10 °C		铜箔厚度 50 μm，允许温升 10 °C	
	过孔孔径大小/mm	电流/A	过孔孔径大小/mm	电流/A
1	0.2	0.41	0.2	0.68
2	0.25	0.484	0.25	0.805
3	0.3	0.505	0.3	0.84
4	0.35	0.505	0.35	0.84
5	0.4	0.595	0.4	0.991
6	0.5	0.595	0.5	0.991

模块二 编辑器准备工作

嘉立创 EDA 为板级 EDA 设计软件，能通过计算机辅助完成电路原理图、印刷电路板文件等的绘制、制作、仿真设计，具有浏览器编辑器和客户端两种使用模式。进入之后，两种模式的使用几乎没有差别。嘉立创 EDA 提出了“器件 = 符号 + 封装 + 3D 模型 + 属性”的器件概念，只允许放置器件在原理图/PCB 画布中，同时加强了库的复用。

一、账号注册与登录

1. 账号注册、登录

要免费使用嘉立创 EDA 在线编辑器的前提是注册成为会员。注册会员也是免费的。

申请注册会员的方法是：打开浏览器，进入嘉立创 EDA 主页，右上角“登录/注册”，点击“注册”进入注册界面，根据提示填写账号名、密码进行注册。

2. 登录

已经完成注册的就可以直接登录。

二、浏览器编辑器模式的使用

先打开嘉立创 EDA 主页，点击“嘉立创 EDA 编辑器”，点击选择网页的“标准版”或“专业版”绘图，即可进入对应版本编辑器。浏览器编辑器模式的优点是不需要软件安装，不依赖于特定电脑，随时随地打开浏览器即可使用；缺点是离不开网络。

三、客户端模式的使用

客户端模式需要安装本地程序，其优点是不依赖于网络。客户端的 Windows 版本可能因计算机系统兼容性问题，出现安装后启动界面为白屏、没有加载编辑器，或者加载速度慢的情况，如果遇到加载界面白屏，需要关闭防火墙再试，或者联系技术支持人员查看。Linux 和 Mac 版本也需要按照下载后的压缩包提示进行安装。

1. 客户端模式下载与安装

点击嘉立创 EDA 首页右下角“立即下载”，即可进入客户端软件的下载页面。根据自己操作系统即可下载并安装客户端。

2. 激活方式

激活的方式有两种：复制激活码或加载激活文件。

首先，进入获取激活文件和激活码的界面，如图 2.2.1 所示。复制激活码方式可以点击“一键复制”，也可以全选文本框的激活码，然后复制，到安装软件上粘贴。

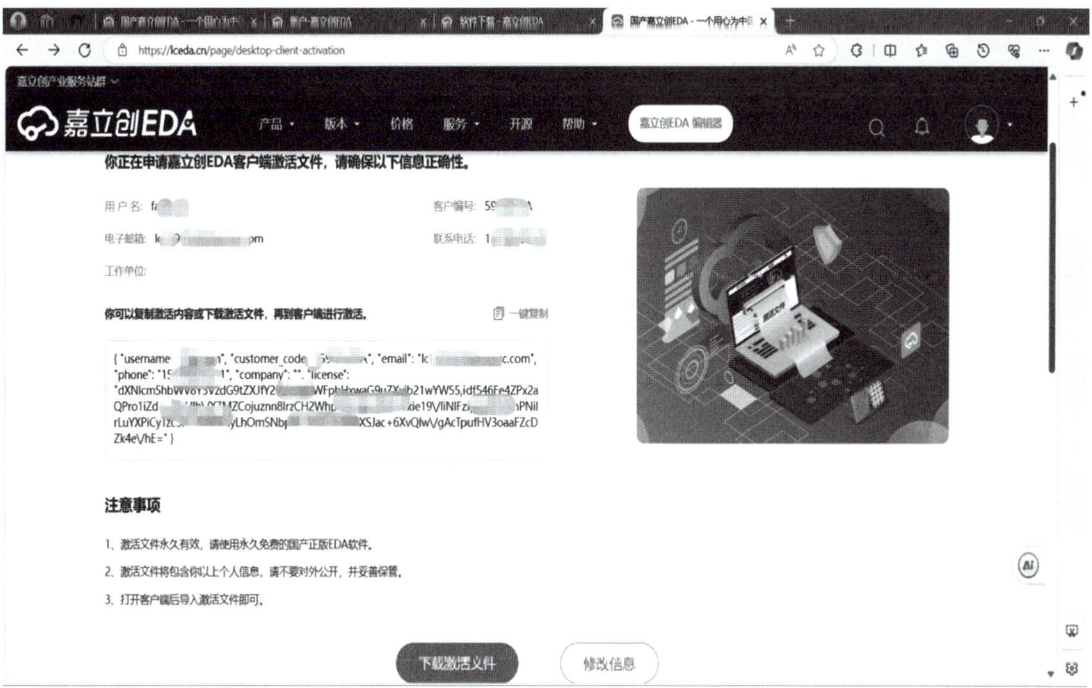

图 2.2.1　激活文件和激活码获取界面

第一次打开客户端会窗口提示需要激活，把下载的激活文件导入或者粘贴激活码内容进去即可。

激活后，激活文件会存放在数据存储目录：此电脑/Documents/LCEDA-Pro，可通过查看设置的默认工程存放路径找到。手动删除激活文件则会移除激活状态。

四、嘉立创 EDA 开始页的使用

1. 开始页界面

如图 2.2.2 所示，开始页有菜单栏、导航栏和快捷工具按钮栏。

图 2.2.2　嘉立创 EDA 开始页界面

2. 设置菜单\快捷开始工具按键

1）设置菜单

设置内容包括设置系统、原理图/符号、PCB/封装、面板/面板库、常用字体、图纸、属性、快捷键、顶部工具栏、保存和客户端的模式等使用偏好。如图 2.2.3 所示，界面说明如下：

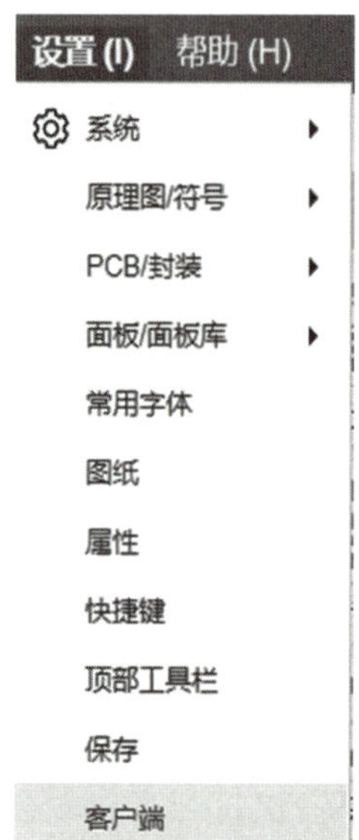

图 2.2.3　设置菜单

① 系统：设置使用偏好，如鼠标操作、库管理等。

② 原理图/符号：绘制原理图/符号的使用习惯。

③ PCB/封装：对原理图图纸颜色主题进行设置。

④ 面板/面板库：网格设置、主题等选择。

⑤ 常用字体：经常使用的字体。

⑥ 图纸：设置图纸规格选择等参数、填写工程图纸标题栏相关信息。

⑦ 属性：画布显示哪些属性的设置。

⑧ 快捷键：自定义快捷键。

⑨ 顶部工具栏：自定义顶部工具栏组成。

⑩ 保存：自动保存等设置。

⑪ 客户端：在线或离线运行模式选择。

2）右键菜单

以在开始页操作右键菜单，或者在打开文档后，在顶部菜单文字处打开右键菜单。右键菜单包括后退、前进、重新加载、放大、缩小、重置、全屏、新开编辑器窗口、客户端设置、官方网站、使用教程、立创社区、开发者工具等命令。

① 前进/后退：当在客户端打开了其他网页，可以使用这个前进后退进行返回上一页或者下一页。

② 重新加载：重新加载当前编辑器或者页面。

③ 放大/缩小/重置/全屏：缩放客户端界面大小。

④ 新开编辑器窗口：可以打开多个编辑器，此时可以分别打开不同的工程，进行文档和元件的相互复制粘贴；分别打开工程的原理图和 PCB，可以进行相互定位和 PCB 导入更新。

⑤ 客户端设置：打开客户端的设置对话框。

⑥ 开发者工具：打开后可以查看控制台 Console 是否有报错，如果编辑器运行出错可以把 Console 的报错信息（红色内容）截图发给技术支持，再按“F12”键关闭开发者工具。

3. 运行模式说明

1）三种模式介绍

（1）全在线模式：需要联网使用，需要登录，支持团队协作。数据全部存储在云端服务器。支持自动备份在线工程在本地，编辑器会根据设置的备份间隔把工程压缩包备份在该文件夹下。

（2）全离线模式：不需要登录，库和工程都存在本地，不支持协作，不支持使用云端系统库。内置数以万计的常用的系统库。

（3）半离线模式：不需要登录，个人的库和工程都存储在本地，支持使用在线云端系统库，支持设置库路径，支持添加多个库路径，不支持协作。推荐使用该模式。

2）设置运行模式

导入激活文件后即可打开客户端界面，如图 2.2.4 所示，点击右上角的齿轮图标或开始页“快速开始”栏的“设置”图标来设置运行模式。同时，可以设置新建工程的默认存放路径，或添加多个工程存放路径。

图 2.2.4　运行模式及路径设置

4. 团队协作设置

嘉立创 EDA 是一个适合团队协作的平台，可进行工程成员添加、工程成员权限管理设置。操作步骤如下：

点击编辑右上角个人账户头像，进入工程管理界面，如图 2.2.5 所示。

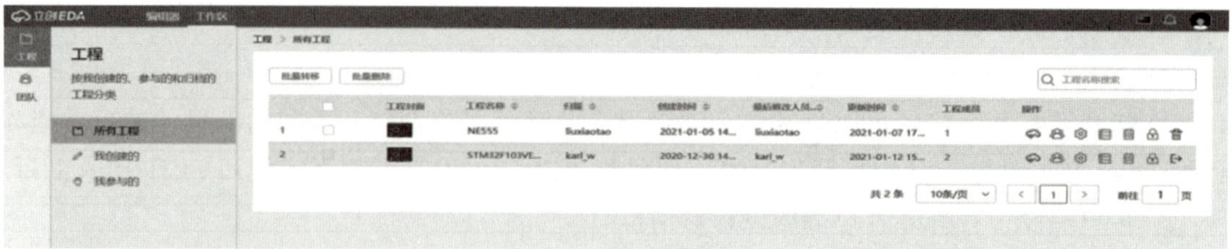

图 2.2.5　工程管理界面

在工程管理界面中点击成员进入工程成员管理界面，如图 2.2.6 所示，可以看到工程的归属人员、创建时间、最后修改的人员和最后修改的时间。

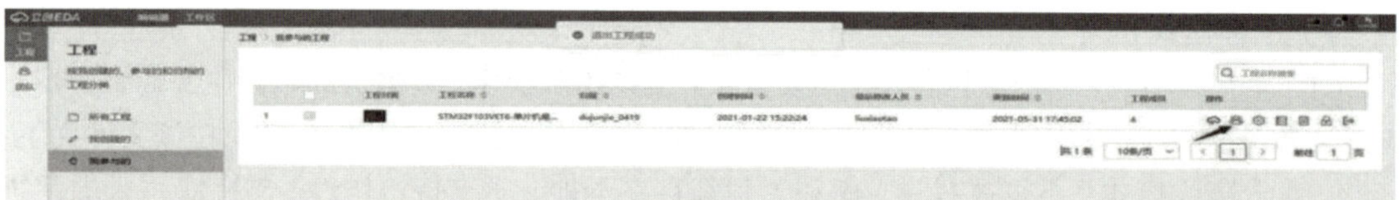

图 2.2.6　成员修改

1）给工程添加成员

点击“添加成员”，如图 2.2.7 所示。

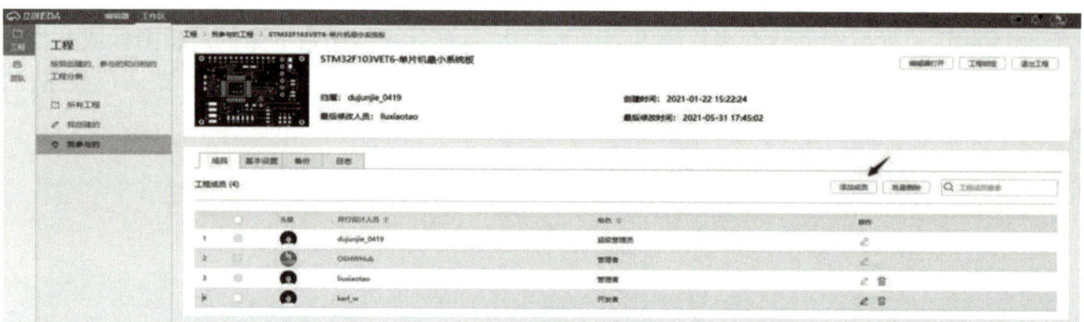

图 2.2.7　给工程添加成员

输入需要添加成员的用户名，如图 2.2.8 所示。

图 2.2.8　添加成员用户名称

选择成员的权限，点击“添加”，即可添加成员进入工程，如图 2.2.9 所示。不同成员的权限如下：

（1）超级管理员：个人工程的所有者，拥有对工程所有的操作权限。

（2）管理者：拥有工程文档、工程设置、工程下载、移除工程成员（除了超级管理员外）的操作权限。

（3）开发者：拥有工程文档、附件创建编辑权限。

（4）观察者：拥有对工程文档、附件查看权限。

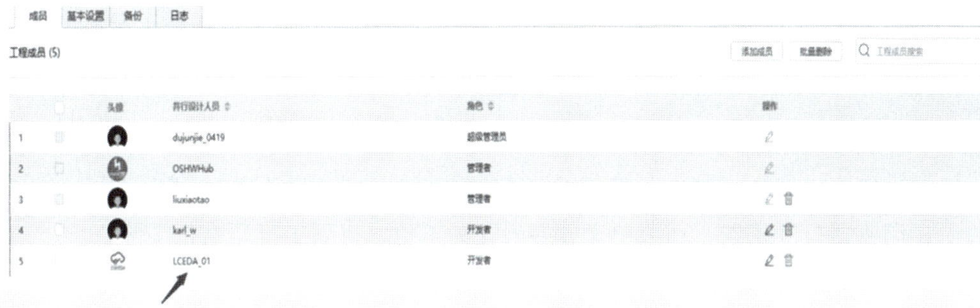

图 2.2.9　查看权限

2）创建团队

在工作区中，可以通过创建一个团队来进行协作开发，如图 2.2.10 所示。

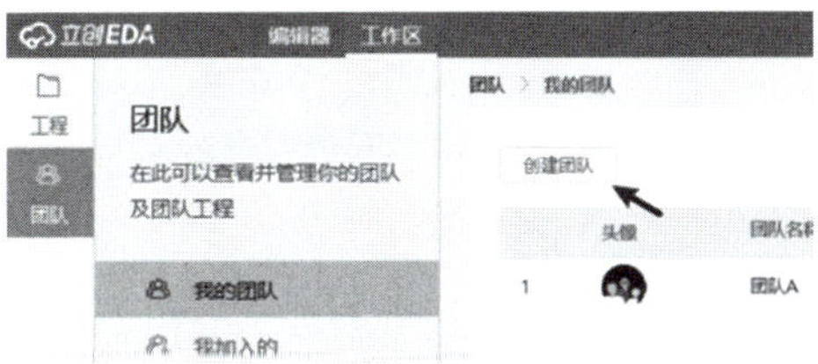

图 2.2.10　创建团队

给团队添加成员，设置团队的权限，如图 2.2.11 所示。

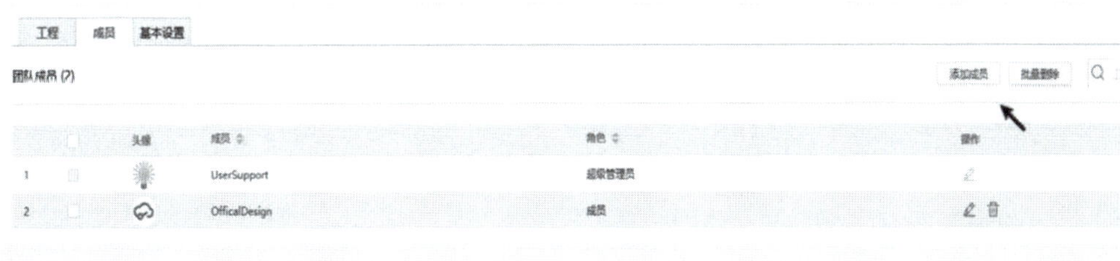

图 2.2.11　添加成员

在创建库或者工程的时候，选择团队，那么就可以给团队的成员设置不同的工程权限。

5. 新建或打开工程

新建的工程文件是独立的 eprj 格式文件，可以通过多种方式直接打开，如图 2.2.12 所示。

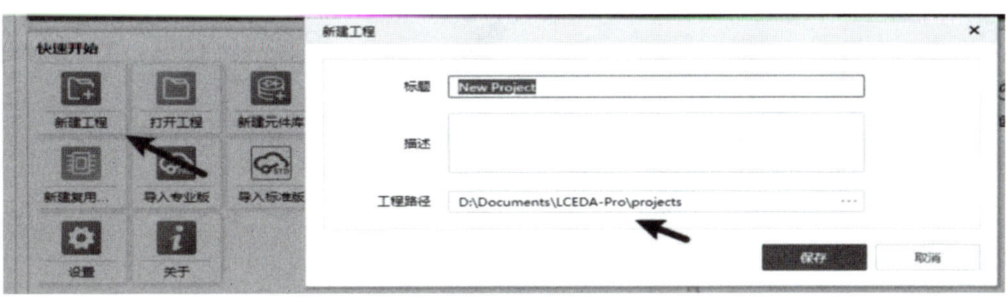

图 2.2.12　新建工程窗口

这个 eprj 格式文件仅客户端离线模式和半离线模式使用，如果需要把工程导出再导入到在线版，可在文件菜单→另存为本地文件，再把工程压缩包导入到线上版本。

6. 线上工程导入/导出

如果要把线上云端的工程导入到客户端的离线模式，有两种方式：

（1）在浏览器打开工程，在菜单文件→另存为本地，得到工程压缩包文件。

（2）在客户端的离线模式，开始页→导入专业版。此时不支持批量下载专业版工程，也不支持批量导入。

7. 导出工程到线上

同上操作，在打开工程后，在菜单文件→另存为本地，得到工程压缩包文件，再把工程导入在线版编辑器。

模块三　元件符号绘制

一、元件符号绘制界面

1. 总体界面

元件符号绘制界面有菜单区、工程导航区、快捷工具区、控制设置区等，如图 2.3.1 所示。

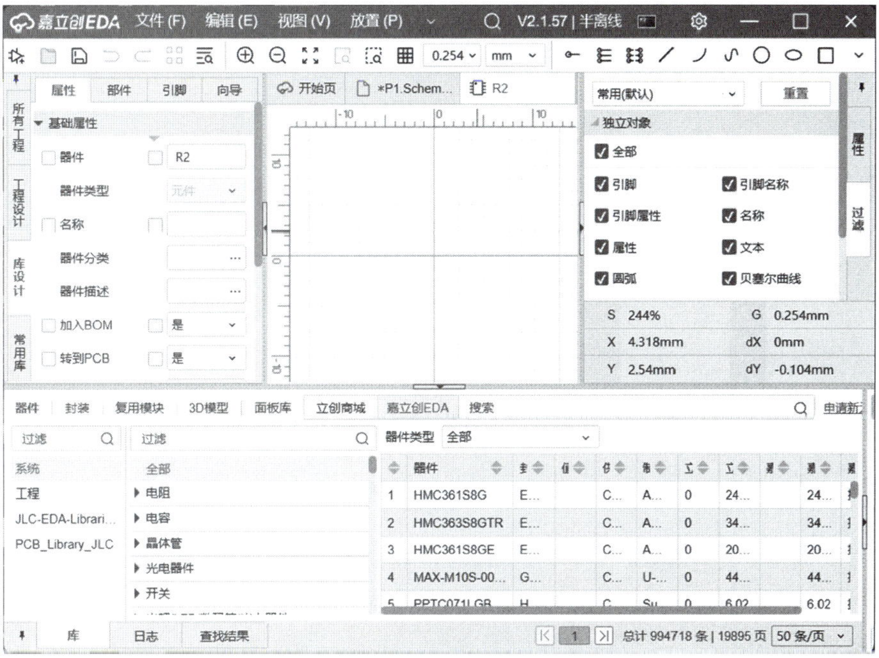

图 2.3.1　元件符号绘制界面

2. 菜　单

1）新建子菜单

新建子菜单可以完成工程、元件库、元件、封装（Y）、3D 模型、图纸、网络标识、网络端口、无电气标识、部件、复用模块、面板库等新建操作。

2）放置子菜单

放置子菜单可以在绘图区进行引脚（P）、折线（L）、圆弧（A）、贝塞尔曲线（Z）、圆形

（U）、椭圆（E）、矩形（R）、文本（T）、图片（G）、表格、画布原点等放置操作，如图 2.3.2 所示。

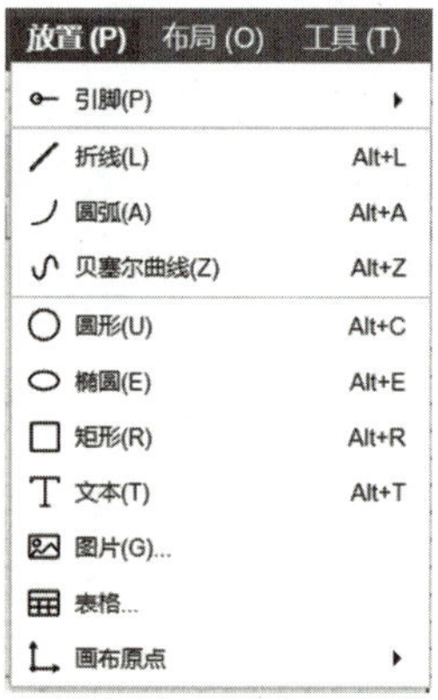

图 2.3.2　元件符号放置菜单

二、元件符号绘制设置

嘉立创 EDA 的设计中，元件符号与原理图的设置入口一样，设置内容也几乎没有差别。

1. 操作入口

顶部菜单→设置→原理图/符号。

2. 原理图/符号常规设置

原理图/符号常规设置界面如图 2.3.3 所示。常见设置说明如下：

图 2.3.3　原理图/符号常规设置界面

（1）网络类型：用以设置绘图页面用网点、网格显示尺寸背景，或都不显示（无）。

（2）十字光标：设置原理图编辑器的光标大小。

（3）线宽显示：设置线宽整体器件线宽的大小；开启“跟随缩放变化”的线条效果会变得比较粗，如图 2.3.4 所示。

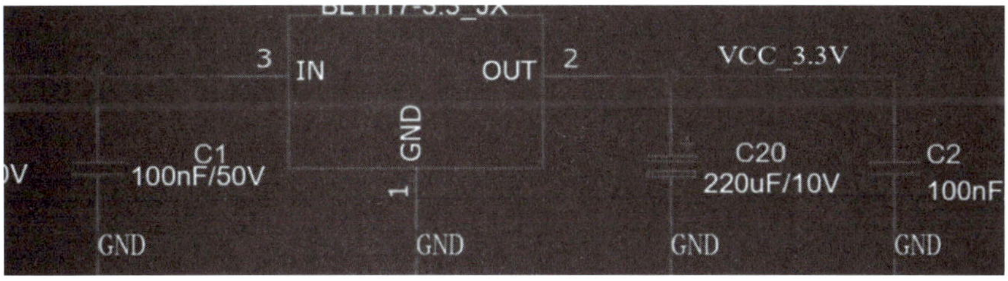

图 2.3.4　开启放缩变化的线条效果

（4）默认网格尺寸：打开原理图或者符号库的网格尺寸。Alt 吸附网格是指当按住 Alt 键时，进行绘制或者移动图元移动或吸附的网格大小。

（5）指示线：根据设置是否显示元件原点和元件属性之间的指示线，如图 2.3.5 所示。

（6）单击导线选中：可以根据自己的使用习惯，切换单击导线时的选中范围，单段选中或者整段选中。

（7）复制/剪切：复制/剪切的时候是否需要选择参考点。

（8）拖动网络名：当拖动导线的网络名离开导线上的处理方式，如图 2.3.6 所示。

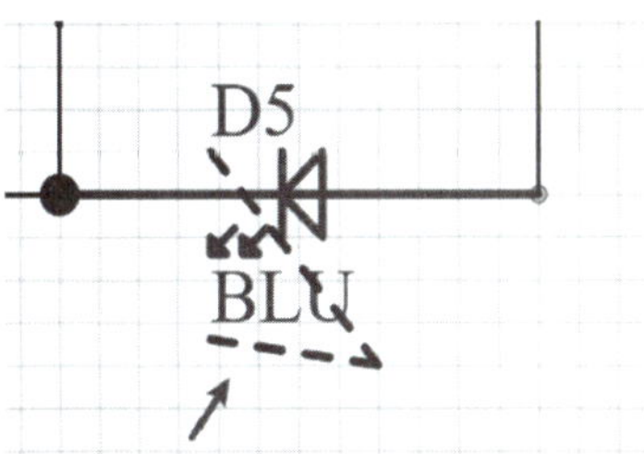

图 2.3.5　指示线

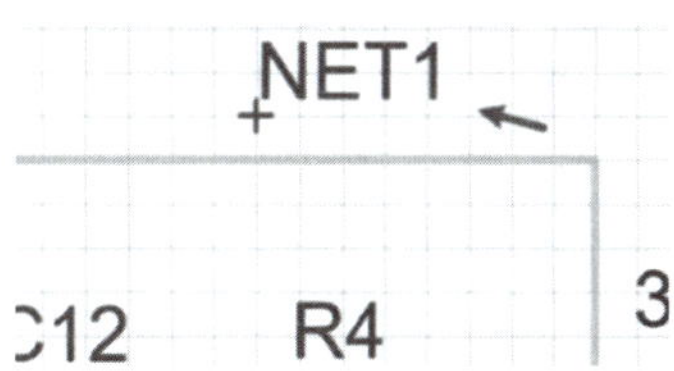

图 2.3.6　拖动网络名处理方式

（9）调整属性位置：只移动属性名的位置，不影响导线的网络名。

（10）修改网络名：网络名离开导线上时，导线的网络名会被清空，类似 Altium 和标准版的网络标签行为。

（11）移动符号，导线跟随方式：设置导线是否跟随元件移动，如图 2.3.7 所示。

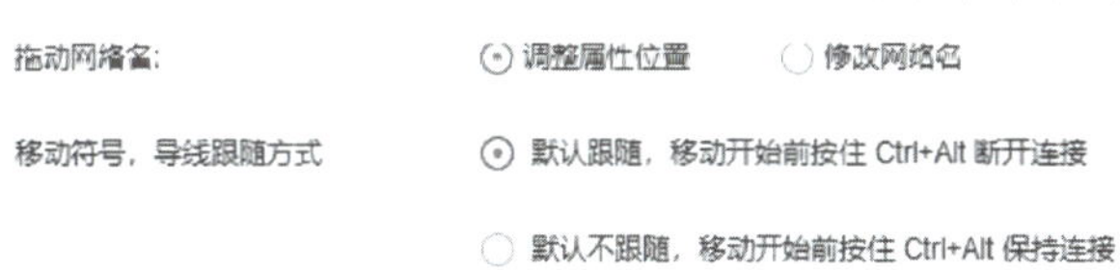

图 2.3.7　移动符号，导线跟随方式

其他设置说明如下：

（1）符号编辑器显示标尺：是否显示画布标尺。

（2）放置或粘贴器件自动分配位号（粘贴不支持多部件元件/子库）：在器件放置的时候是

否自动分配位号；将以最大值开始分配。

（3）鼠标悬浮导线高亮整个网络：当鼠标悬浮到导线上面时，高亮当前画布的全部相同网络名的导线。

（4）旋转元件时自动调整属性位置：如果不勾选，元件旋转的时候，属性也跟随旋转。

（5）每页元件放置数量：目前原理图放置器件数量过多会比较卡顿，所以加了数量检测，建议一页放置不超过 100 个元件，并通过创建分页来放置其他器件。

3. 原理图主题设置

这里可以修改原理图图页的背景色或文本的颜色。

三、元件符号绘制

1. 新建元件库

第一次使用嘉立创时，宜先新建一个元件库。自己绘制的元件符号和元件封装，都可以保存在这个库里面。

在开始页点击“新建元件库”按钮，或者打开文档后在顶部菜单依次点击文件→新建→元件库，并在弹出窗口中设置库名称（如 mylibs）及保存路径，即可建成元件库。新建后在底部左侧元件库列表可以找到，如图 2.3.8 所示。

图 2.3.8　查找元件库

新建器件、符号、封装等的时候，选择该库名称，即可保存在新建的个人库。

2. 新建元件符号

新建元件库后，所有的元件符号都可以保存在同一元件库里。在开始页点击“新建元件”按钮，或者打开文档后在顶部菜单依次点击：文件→新建→元件。

3. 查找和编辑元件

在左边分别选择“器件”和所在库名称，即可在面板中间显示出元件名称。双击即可在原理图放置元件。如果要编辑，则选中元件名称，点击右键，在弹出菜单中选择“编辑器件”，也可在底部面板右上角点击“编辑”，即可进行编辑修改。

4. 创建符号库

创建入口：顶部菜单→文件→新建→符号。说明如下：

① 库：选择所属库的名称。

② 器件（类型）：可以创建其他类型的符号，如元件符号、网络标识符号、网络端口符号、图纸符号、无电气符号等。

③ 分类：选择好分类更容易区分器件，更方便管理。

④ 描述：对符号的一些详细描述。

点击“确定”即可创建符号。所有创建的符号必须被器件关联才可以放置在原理图中，所以创建符号后需要创建器件进行关联。

5. 创建元件符号

元件符号是指放在原理图里面的元件，需要连接引脚，设置引脚名称等。

入口：顶部菜单→新建→元件或符号，类型选择“元件/符号”，如图 2.3.9 所示。

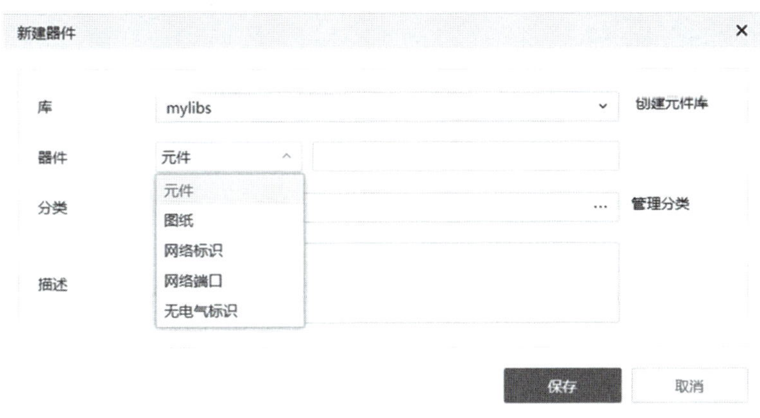

图 2.3.9　新建元件界面

创建元件符号的步骤：

（1）获取元件规格书（数据手册），得到符号样式和引脚信息，可以到元件厂商或专业网站下载。如嘉立创商城，搜索器件型号或名称，选择一家产品，进入详情页面，页面右侧找到“数据手册”，点击“下载文件”即可下载，如图 2.3.10 所示。

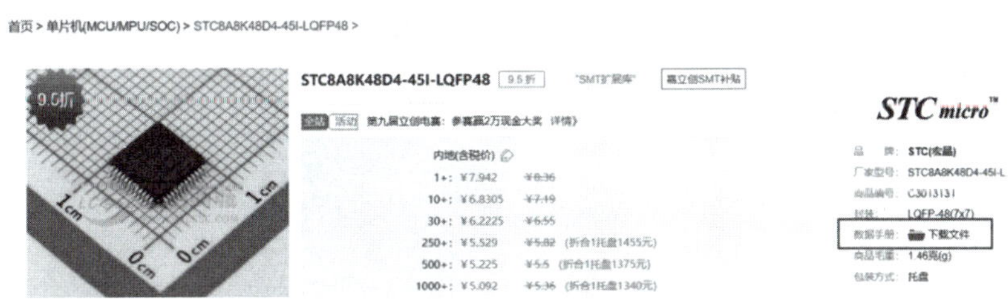

图 2.3.10　获取元件规格书（数据手册）

（2）根据数据手册，绘制矩形作为元件图形，如图 2.3.11 所示。

（3）放置引脚，快捷键为“P”。入口为：顶部菜单→放置→引脚，如图 2.3.12 所示。

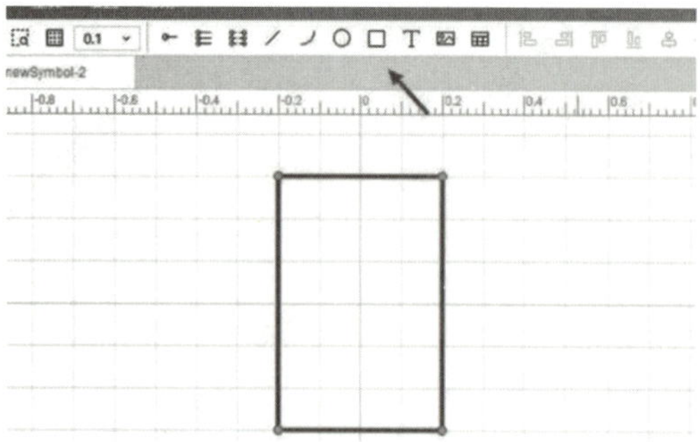

图 2.3.11 绘制元件形状

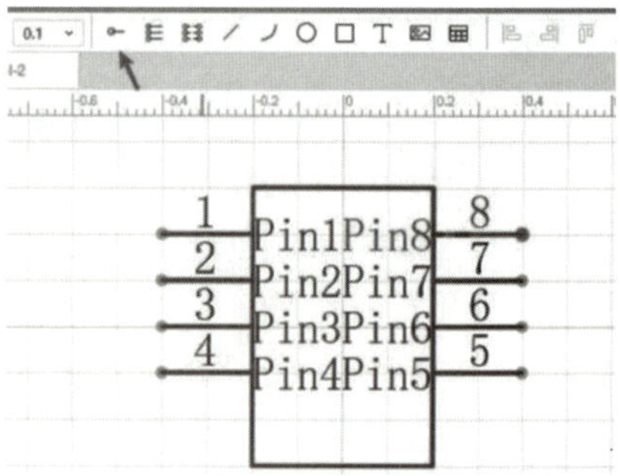

图 2.3.12 逐一放置引脚

（4）设置引脚编号和名称。双击引脚编号或者名称修改，也可以选中左侧引脚列表，并在右侧属性面板修改。根据实际情况或原理表达需要，可调整引脚的方位，方便绘图连线，如图 2.3.13 所示。

（5）在左侧属性面板设置符号的名称和位号值，如“U?”，如图 2.3.14 所示。

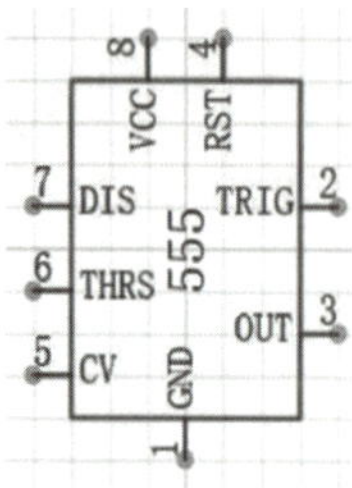

图 2.3.13 引脚位置、编号和名称

图 2.3.14 元件符号的名称和位号值

（6）保存完成创建。

保存后可以在底部面板的元件库找到：底部面板→元件库→符号→个人。

6. 符号属性

在符号编辑界面，左侧是符号的属性面板，右侧是图元的属性面板，如图 2.3.15 所示。

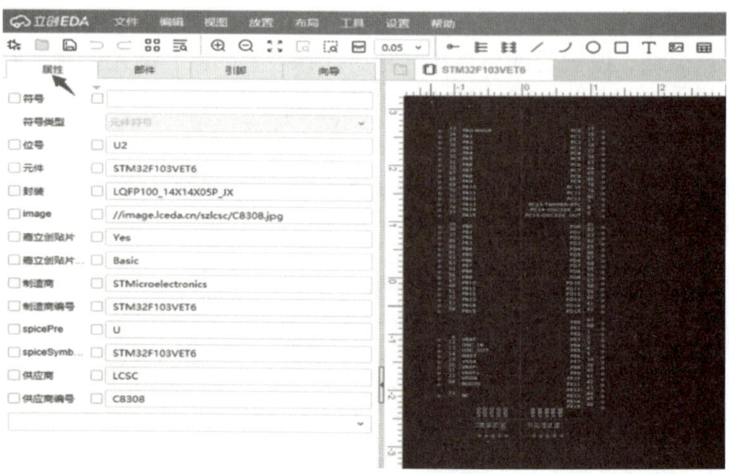

图 2.3.15 符号的属性面板

说明：

① 符号：符号的名称。

② 符号类型：在创建时选择的，不可更改。

③ 位号：符号的位号与放置在原理图位号相关。

（1）添加属性：点击下拉选择框，选择需要添加的属性，即可成功添加，如图 2.3.16 所示。

（2）删除特性：选择添加的属性→鼠标右键→删除特性。只能删除用户添加的属性，系统默认的属性不可被删除，如图 2.3.17 所示。

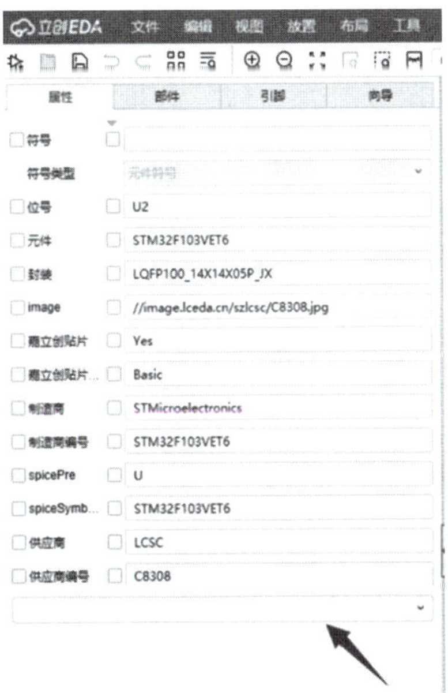

图 2.3.16　添加属性

图 2.3.17　删除属性

7. 引脚管理器

引脚管理器是把放置在符号编辑器里面的引脚全部显示在引脚编辑里面，包括子符号库，并且可以对引脚进行快捷修改。

在符号编辑器界面的左侧视图里选择引脚，如图 2.3.18 所示，说明如下：

① 编号：引脚编号。

② 名称：引脚的名称。

③ 类型：引脚的输入、输出、双向类型选择。

④ 方向：引脚的方向选择。

⑤ 低有效：选择引脚为是否是低电平有效。

⑥ 部件：显示当前符号的名称和符号在哪个子库的哪个页面。

填写完引脚名称后，不需要点“确定”，系统会按照所填写的名称自动填入到图页的引脚中，如图 2.3.19 所示。

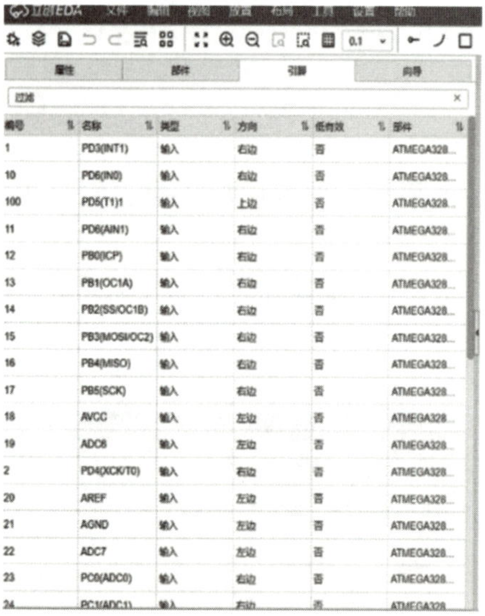

图 2.3.18　引脚管理器

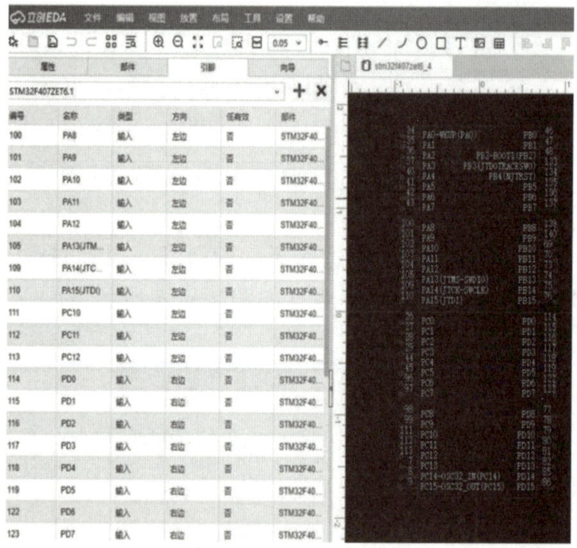

图 2.3.19　填写引脚名称

引脚编辑器也可以快速放置引脚，只需要在引脚编辑器处点击下方空白的表格，就能快速放置引脚，如图 2.3.20 所示。

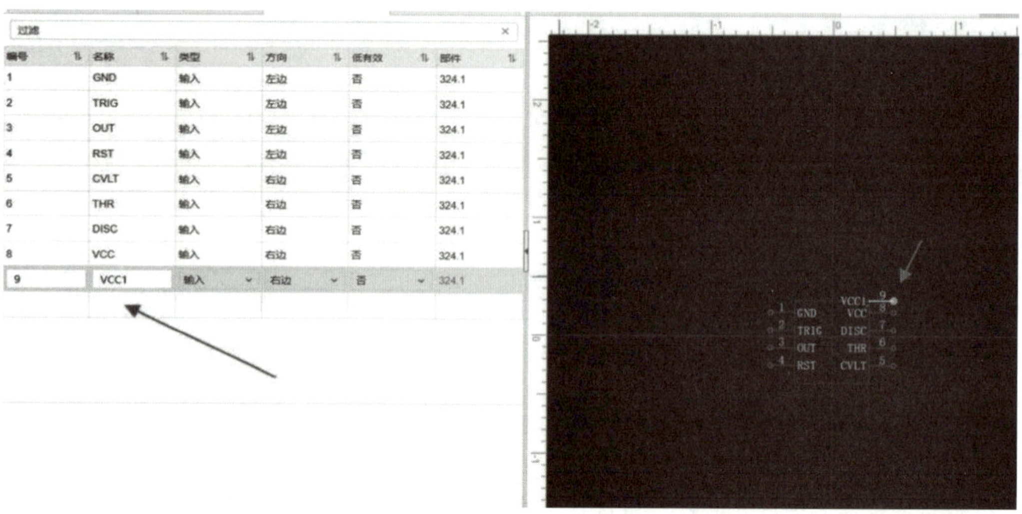

图 2.3.20　添加引脚

8. 符号向导

嘉立创 EDA 专业版符号向导器可以快速创建符号，目前支持 IC 类型的 DIP、QFP 和 SIP 三种符号的快速创建。操作步骤：

（1）在符号编辑器界面左侧的视图，选择向导，如图 2.3.21 所示。

（2）选择需要创建符号的类型。

（3）设置原点。原点在第一脚时，将符号的第一引脚设为原点，第一脚的坐标值都为 0，如图 2.3.22 所示。原点设置在中心时，将符号的中心位置设置成原点，符号的中心位置坐标值为 0。

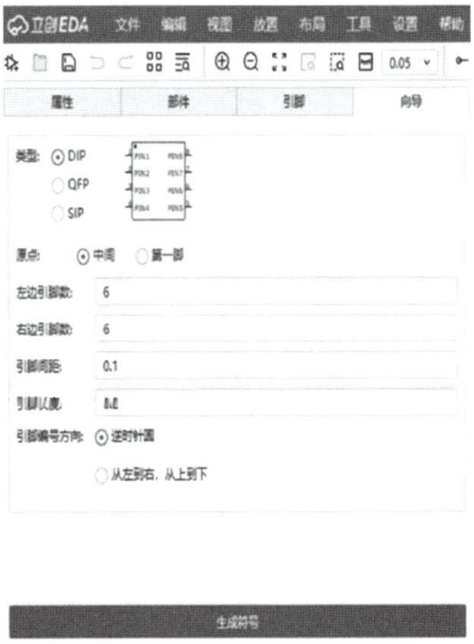

图 2.3.21 符号向导入口与界面

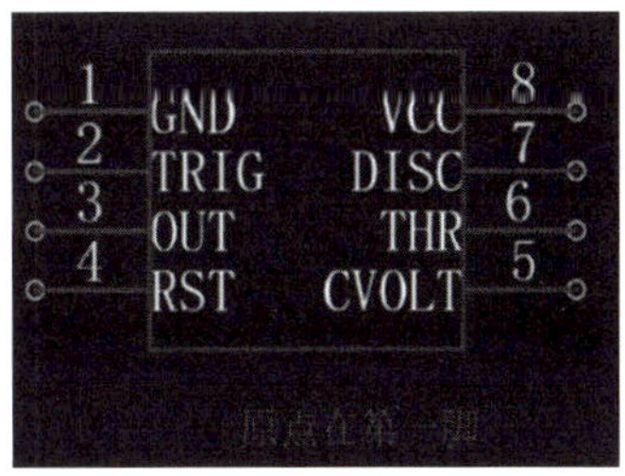

图 2.3.22 原点在第一脚

（4）填写好相应的引脚数量。

（5）设置引脚的间距。注意：引脚间距不可设置太小，否则生成符号时，会导致像下方图片一样，引脚名重叠，推荐间距 0.15 inch（1 inch = 1000 mil = 25.4 mm）。

（6）设置引脚编号排序的方向。编号一般按逆时针方向生成，也可以是从左到右、从上到下生成。两者的区别在于引脚的生成序号位置不同，更适用于其他类型引脚编号方向的符号。

点击“生成”，结果如图 2.3.23 所示。在弹出的警告窗口中：选择“是”则清空当前符号编辑器里的符号，并且完成生成；选择“否”则不生成符号，如图 2.3.24 所示。

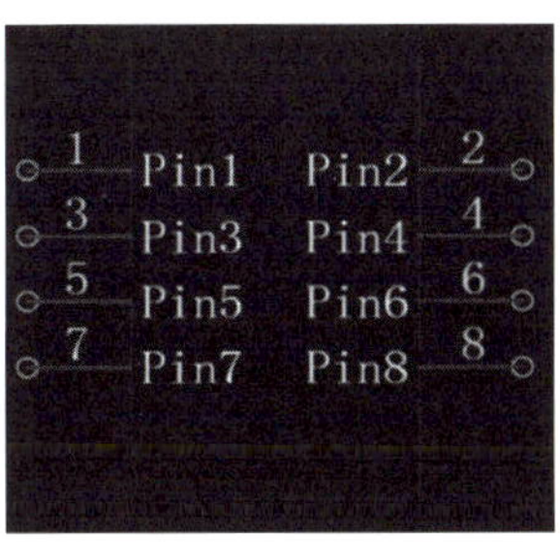

图 2.3.23 生成结果

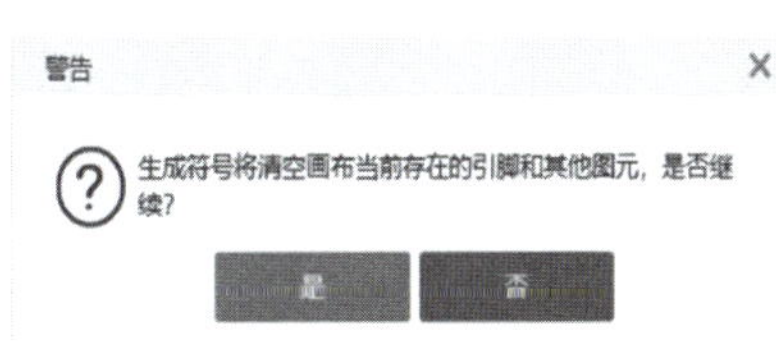

图 2.3.24 是否清空当前符号编辑器里的符号

9. 引脚属性

原理图符号的引脚是元件最重要的组成部分之一，它允许进行导线连接以构成整个电路。操作路径是：顶部工具栏→放置→引脚，或使用快捷键“Alt + P”，如图 2.3.25 所示。

（1）引脚方向：在放置在画布上之前，可以按空格键选择想要的方向。引脚的带圆圈端点是可进行导线连接的地方，所以该点正常需朝外放置，如图 2.3.26 所示。

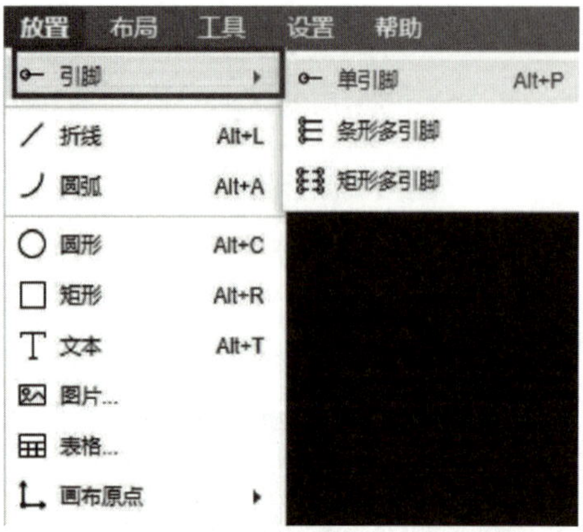

图 2.3.25　放置引脚菜单

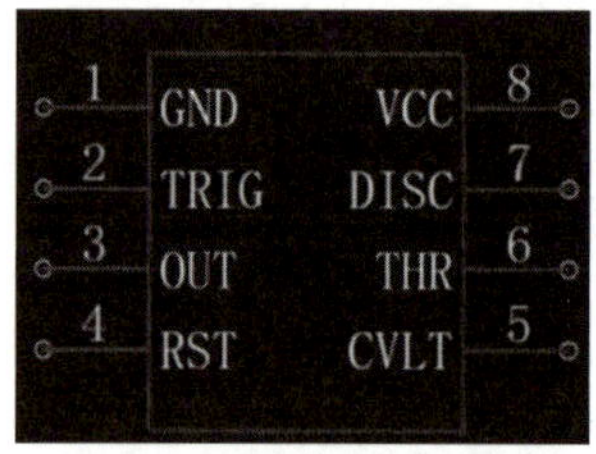

图 2.3.26 正确的引脚放置示例

（2）引脚属性：当选中一个引脚时，可以在右边的属性面板查看和修改它的属性，如图 2.3.27 所示。

图 2.3.27　引脚属性面板

① 名称：引脚的名字，如“VCC”。

② ID：引脚的 ID 是系统固定的，不可更改。

③ 类型：可选择输入、输出和双向。

④ 引脚编号：该编号与元件对应的封装的焊盘编号相对应，并且两者的编号需要一致。也可以使用带字母的编号，如 A1、B1、C1、A2、B2 等。

⑤ 引脚方向：只支持上下左右方向选择，其他方向暂不支持。

⑥ 非引脚：是否是引脚的选择。

⑦ 长度：引脚长度。

⑧ 引脚颜色：可以修改引脚的颜色。

⑨ 新增属性：嘉立创 EDA 专业版可以自定义添加属性。

10. 高级符号向导器

高级符号向导器用于快速创建 IC 类型芯片的符号，对符号的类型没有区分，只需要用户在模板中填写相应的数据，系统就能按照填写的数据生成符号，如图 2.3.28 所示。

操作步骤：顶部菜单→工具→高级符号向导。

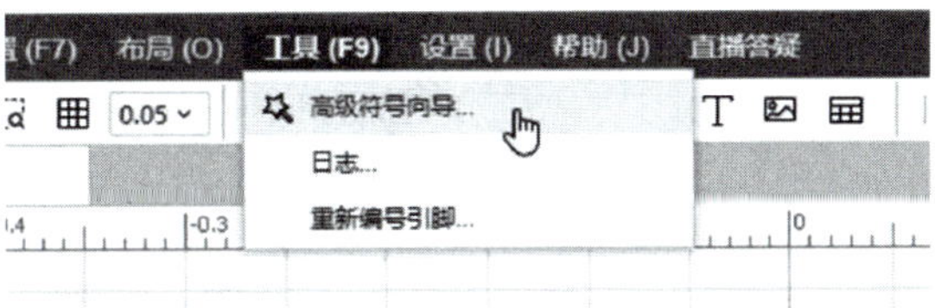

图 2.3.28 高级符号向导器入口

（1）在窗口中把模板导出，如图 2.3.29 所示。

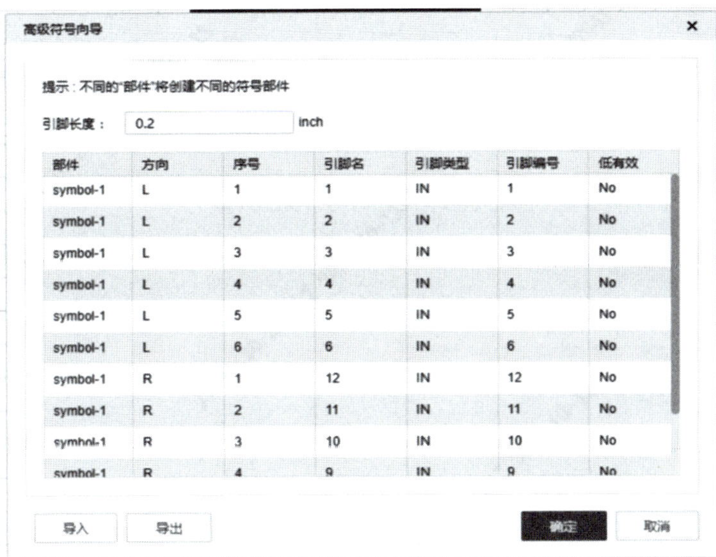

图 2.3.29 高级符号向导界面

（2）打开引脚表格可进行编辑，如图 2.3.30 所示，说明如下：

① Part（部件）：部件名，代表符号的子库图页，不是引脚的编号；相同的部件的引脚则会摆放在一起，支持同时创建多个部件的符号。

② Side（方向）：引脚的方向，L 代表左边，T 代表上边，R 代表右边，B 是下边。

③ Order（序号）：确定引脚在不同方向上的位置关系。

④ Pin Name（引脚名称）：引脚的名称。

⑤ Pin Type（引脚类型）：设置引脚的是输入（IN）还是输出（OUT）类型。

⑥ Pin Number（引脚编号）：引脚的编号。

⑦ Pin Reverse（非引脚）：是否为引脚类型。

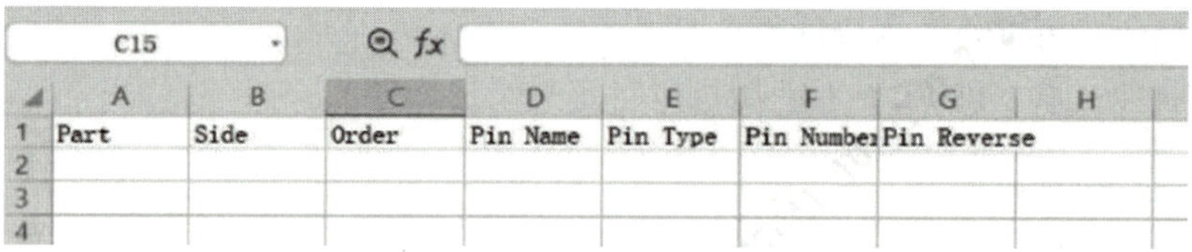

	A	B	C	D	E	F	G	H
1	Part	Side	Order	Pin Name	Pin Type	Pin Number	Pin Reverse	
2								
3								
4								

图 2.3.30　引脚的表格设计

填好引脚信息，如图 2.3.31 所示

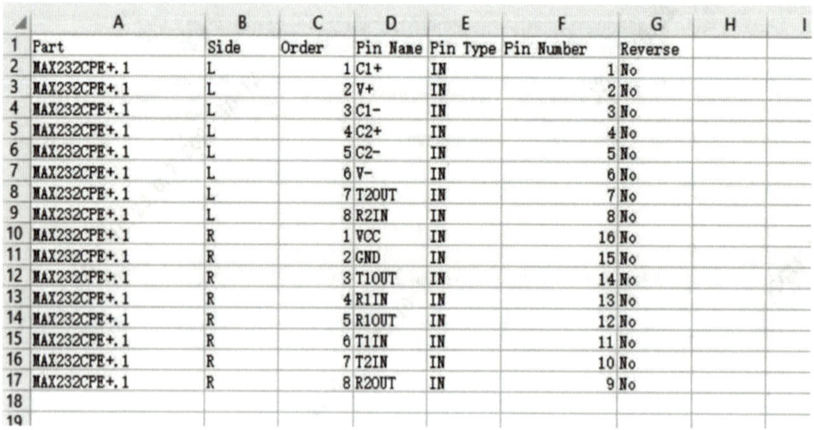

	A	B	C	D	E	F	G	H
1	Part	Side	Order	Pin Name	Pin Type	Pin Number	Reverse	
2	MAX232CPE+.1	L	1	C1+	IN	1	No	
3	MAX232CPE+.1	L	2	V+	IN	2	No	
4	MAX232CPE+.1	L	3	C1-	IN	3	No	
5	MAX232CPE+.1	L	4	C2+	IN	4	No	
6	MAX232CPE+.1	L	5	C2-	IN	5	No	
7	MAX232CPE+.1	L	6	V-	IN	6	No	
8	MAX232CPE+.1	L	7	T2OUT	IN	7	No	
9	MAX232CPE+.1	L	8	R2IN	IN	8	No	
10	MAX232CPE+.1	R	1	VCC	IN	16	No	
11	MAX232CPE+.1	R	2	GND	IN	15	No	
12	MAX232CPE+.1	R	3	T1OUT	IN	14	No	
13	MAX232CPE+.1	R	4	R1IN	IN	13	No	
14	MAX232CPE+.1	R	5	R1OUT	IN	12	No	
15	MAX232CPE+.1	R	6	T1IN	IN	11	No	
16	MAX232CPE+.1	R	7	T2IN	IN	10	No	
17	MAX232CPE+.1	R	8	R2OUT	IN	9	No	
18								
19								

图 2.3.31　引脚信息的表格填写

（3）打开高级符号向导，导入表格，如图2.3.32所示。

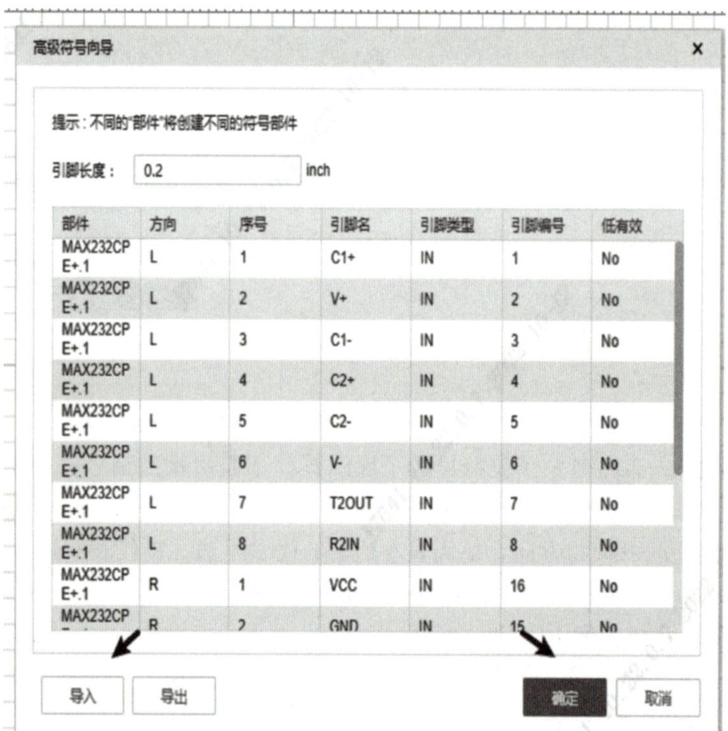

部件	方向	序号	引脚名	引脚类型	引脚编号	低有效
MAX232CPE+.1	L	1	C1+	IN	1	No
MAX232CPE+.1	L	2	V+	IN	2	No
MAX232CPE+.1	L	3	C1-	IN	3	No
MAX232CPE+.1	L	4	C2+	IN	4	No
MAX232CPE+.1	L	5	C2-	IN	5	No
MAX232CPE+.1	L	6	V-	IN	6	No
MAX232CPE+.1	L	7	T2OUT	IN	7	No
MAX232CPE+.1	L	8	R2IN	IN	8	No
MAX232CPE+.1	R	1	VCC	IN	16	No
MAX232CP	R	2	GND	IN	15	No

图 2.3.32　导入引脚的表格信息

（4）点击“确定”完成符号创建。不同部件名如图 2.3.33 所示。

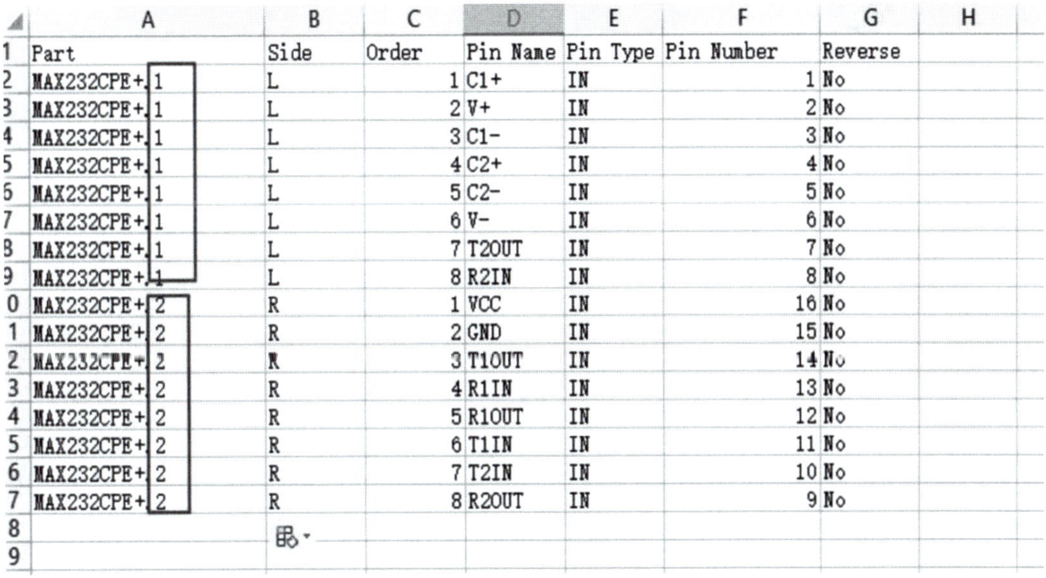

	A	B	C	D	E	F	G	H
1	Part	Side	Order	Pin Name	Pin Type	Pin Number	Reverse	
2	MAX232CPE+.1	L	1	C1+	IN	1	No	
3	MAX232CPE+.1	L	2	V+	IN	2	No	
4	MAX232CPE+.1	L	3	C1-	IN	3	No	
5	MAX232CPE+.1	L	4	C2+	IN	4	No	
6	MAX232CPE+.1	L	5	C2-	IN	5	No	
7	MAX232CPE+.1	L	6	V-	IN	6	No	
8	MAX232CPE+.1	L	7	T2OUT	IN	7	No	
9	MAX232CPE+.1	L	8	R2IN	IN	8	No	
10	MAX232CPE+.2	R	1	VCC	IN	16	No	
11	MAX232CPE+.2	R	2	GND	IN	15	No	
12	MAX232CPE+.2	R	3	T1OUT	IN	14	No	
13	MAX232CPE+.2	R	4	R1IN	IN	13	No	
14	MAX232CPE+.2	R	5	R1OUT	IN	12	No	
15	MAX232CPE+.2	R	6	T1IN	IN	11	No	
16	MAX232CPE+.2	R	7	T2IN	IN	10	No	
17	MAX232CPE+.2	R	8	R2OUT	IN	9	No	
18								
19								

图 2.3.33 多个部件的导入表格

（5）再导入会创建多个部件，如图 2.3.34 所示。

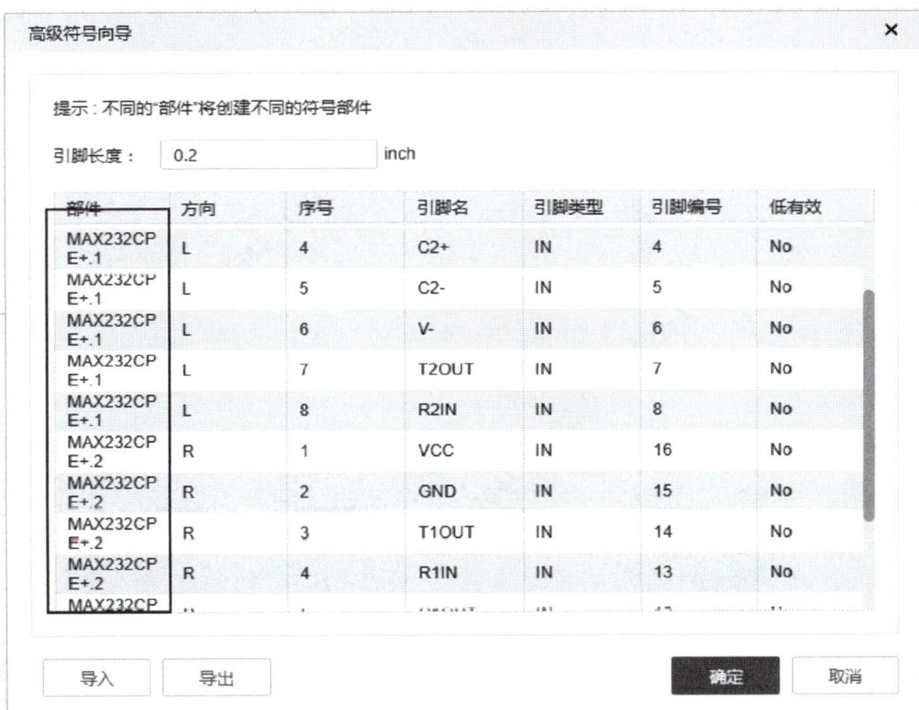

部件	方向	序号	引脚名	引脚类型	引脚编号	低有效
MAX232CPE+.1	L	4	C2+	IN	4	No
MAX232CPE+.1	L	5	C2-	IN	5	No
MAX232CPE+.1	L	6	V-	IN	6	No
MAX232CPE+.1	L	7	T2OUT	IN	7	No
MAX232CPE+.1	L	8	R2IN	IN	8	No
MAX232CPE+.2	R	1	VCC	IN	16	No
MAX232CPE+.2	R	2	GND	IN	15	No
MAX232CPE+.2	R	3	T1OUT	IN	14	No
MAX232CPE+.2	R	4	R1IN	IN	13	No

图 2.3.34 不同的部件名创建不同的部件符号

在左侧的部件列表可以切换查看、编辑不同的部件，如图 2.3.35 所示。

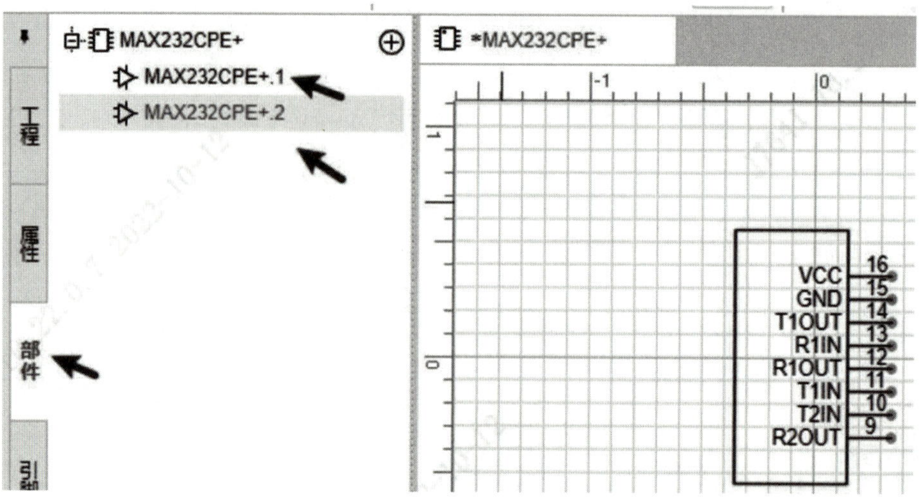

图 2.3.35　切换查看编辑不同的部件

模块四　原理图设计

一、原理图界面说明

1. 文件（F）

菜单“文件/导入”可以导入图片（G）、嘉立创 EDA（标准版）、嘉立创 EDA（专业版）、Altium Designer、Allegro/OrCad、EAGLE、KiCad、PADS、Protel、LTspie 等格式文件。

菜单“文件/导出”可以导出物料清单（BOM）、PDF/图片（G）、网表和 Altium Designer 等资料。

2. 编辑（E）

通过菜单→文件→查找相似对象（N），可以选择相似特征（参数）的各种元件、导线等对象。

3. 视图（M）

“视图”菜单可以设置窗口、单位、网格尺寸（G）、网格类型、高亮网络、顶部工具栏、各个面板和浮动工具等对象的视觉值。

4. 放置（P）

“放置”菜单如图 2.4.1 所示，包含绘图的主要操作工具，如器件（P）、快捷器件（F）、导线（W）、总线（B）、网络标签（N）、短接标识（D）、网络标识（O）、网络端口（I）、非连接标识（C）、测试点（T）、复用模块（S）、折线（L）、圆弧（A）、贝塞尔曲线（Z）、圆形（U）、椭圆（E）、矩形（R）、文本（T）、图片（G）、表格等。

① 器件（P）：在弹出窗口中，可以选择现有的所有电子元器件，如二极管、芯片等。

② 快捷器件（F）：放置电阻、电容、电感和二极管等“快捷器件”。

③ 导线（W）：放置器件之间的导线。

④ 总线（B）：放置总线 BUS。

⑤ 网络标签（N）：放置电路网络标签。

⑥ 短接标识（D）：放置短接标识。

⑦ 网络标识（O）：放置电源正极、接地等标识符号。

⑧ 网络端口（I）：网络端口有两个用途，一是图页内网络的相互连接，二是复用图块/层

次图的连接。建议减少使用第一个用途，网络端口常用于层次图连接。

⑨ 非连接标识（C）：嘉立创 EDA 专业版的非连接标识和网络标签类似，并不支持标准版独立的非连接图元。

⑩ 折线（L）：绘图用的折线，不是导线。

同样，圆弧（A）、贝塞尔曲线（Z）、圆形（U）、椭圆（E）、矩形（R）、文本（T）、图片（G）和表格等都是非电气元素。

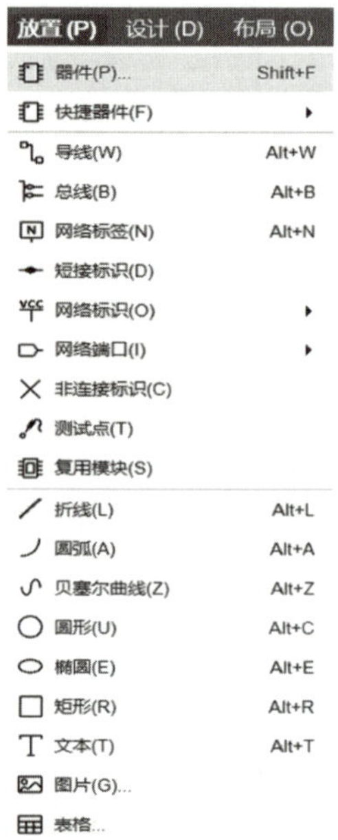

图 2.4.1　原理图放置菜单

5. 设计（D）

“设计”菜单如图 2.4.2 所示，可以进行：更新/转换原理图到 PCB、嘉立创 Layout 服务、从 PCB 导入变更、生成更新模块符号、设计规则、检查 DRC、分配位号、交叉选择、布局传递、更新工程库、重置元件唯一 ID、图纸预设等。

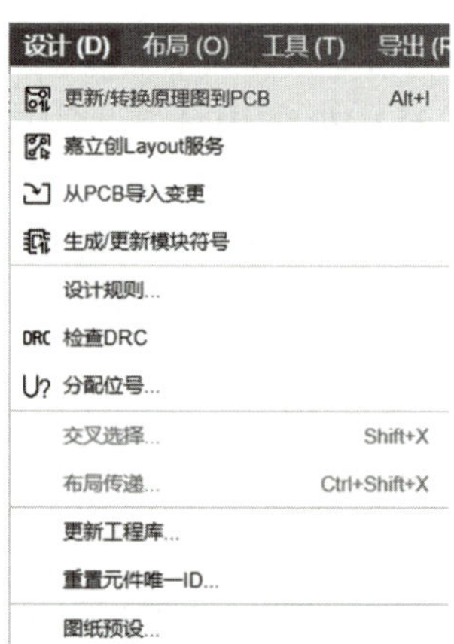

图 2.4.2　设计菜单图

6. 布局（O）

“布局”菜单如图 2.4.3 所示，包括组合、属性位置、对齐、分布、旋转、翻转、层级等方面的操作。

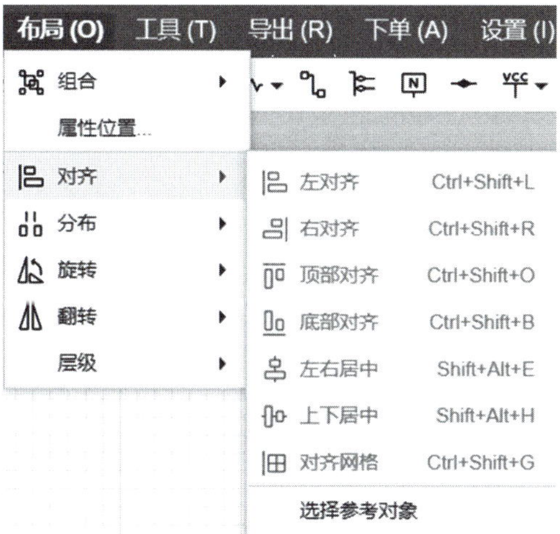

图 2.4.3 布局菜单

① 组合：把几个对象组合成一个整体。

② 属性位置：设置对象属性值（属性内容）、属性所在对象的相对位置（上下左右）等信息。

③ 对齐\分布\旋转\翻转：在图形空间，把对象进行对齐\分布\旋转\翻转等操作。

④ 层级：把对象放置在图中顶层或底层等操作。

7. 工具（T）

“工具”菜单包括日志、封装管理、器件管理器等内容的设置。

8. 导出（R）

“导出”菜单与“文件/导出”菜单相同，可以导出物料清单（BOM）、PDF/图片（G）、网表和 Altium Designer 单等资料。

9. 下单（A）

“下单”菜单提供元件下单、SMT 元件下单、立创商城-元件/面板、嘉立创-PCB/SMT、嘉立创-PCB Layout 服务、三维猴-3D/CNCo 等服务。

10. 设置（I）

“设置”菜单包括系统、原理图/符号、PCB/封装、面板/面板库、常用字体、图纸、属性、快捷键、顶部工具栏、保存、客户端，实际上就是“设置”面板里面的内容。

11. 帮助（H）

这里包括嘉立创 EDA 使用方面的论坛、电子教程、问题反馈和技术在线支持。

12. 原理图右键菜单（见图 2.4.4）

原理图右键菜单如图 2.4.4 所示。

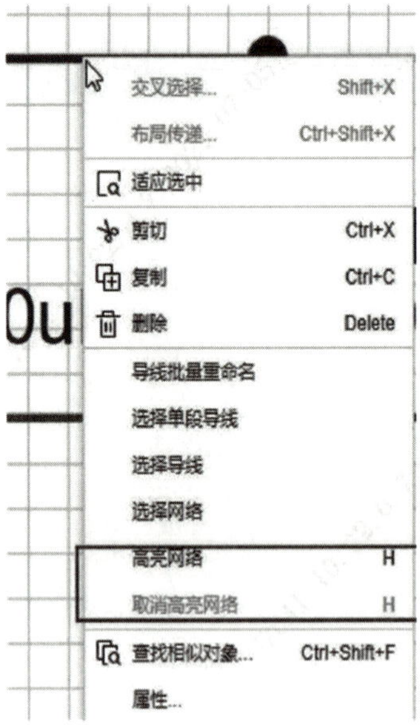

图 2.4.4　原理图右键菜单

二、原理图绘制设置

原理图与元件符号的设置入口一样的，设置内容也几乎没有差别。本部分内容参看模块三“元件符号绘制设置”小节。

三、原理图绘图操作摘要

1. 创建原理图/图页

嘉立创 EDA 专业版支持一个工程多个原理图，甚至多页复杂的原理图设计，没有面积限制，且多页原理图可以同时导入 PCB 界面，如图 2.4.5 所示。

说明：需要创建好工程文件和板子才能创建图页。

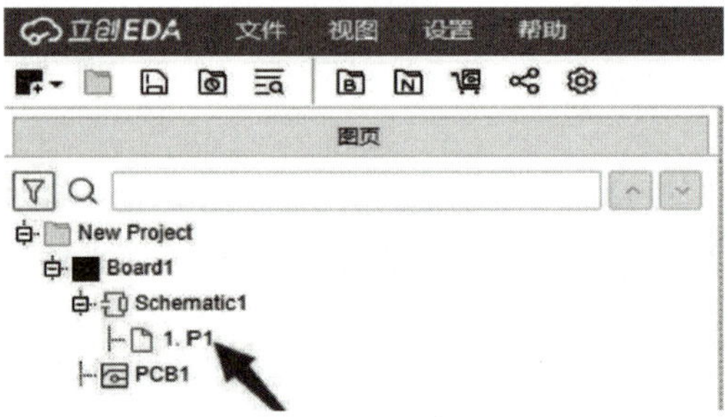

图 2.4.5　工程文件下新建的原理图页

操作步骤：顶部菜单→新建→图页；工程下点击右键→新建图页；创建完之后图页会自动添加进入工程文件下，双击即可打开文件。

若创建后想修改工程信息，可在板子文件夹右键，选择“重命名”进行修改、删除，如图 2.4.6 所示。

图 2.4.6　重命名原理图

注意：原理图和 PCB 必须在一个板子下，才可以进行原理图转 PCB、PCB 导入更新。在原理图和 PCB 点击右键可以切换到不同的板子，或者创建新的板子进行关联，如图 2.4.7 所示。

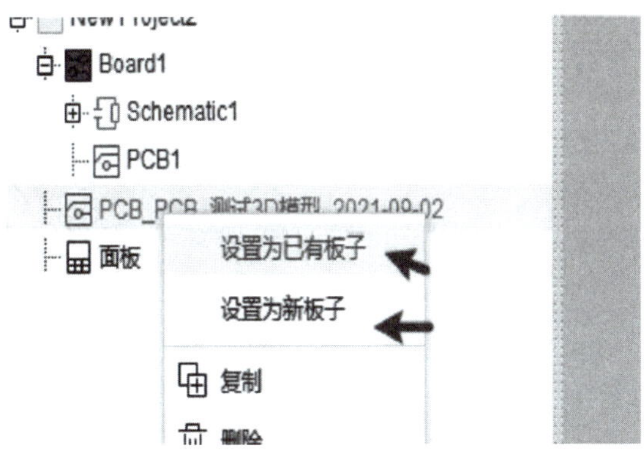

图 2.4.7　原理图归属选择

2. 放置器件

选择“放置/器件”菜单，或点击放置图标“”，或快捷键“Shift + P”可以进入器件选择界面，如图 2.4.8 所示。

可以在左边侧栏根据“元件库→元件类型→元件”的关系，逐步找到所需元件。也可以在“器件”界面上部搜索文本框里，输入所需器件的关键词，就会在中间显示现有器件的相关信息。点击对应器件右侧的“放置”就选中了该器件并进入原理图界面，并在原理图合适位置点击左键，即可放置选中的器件。

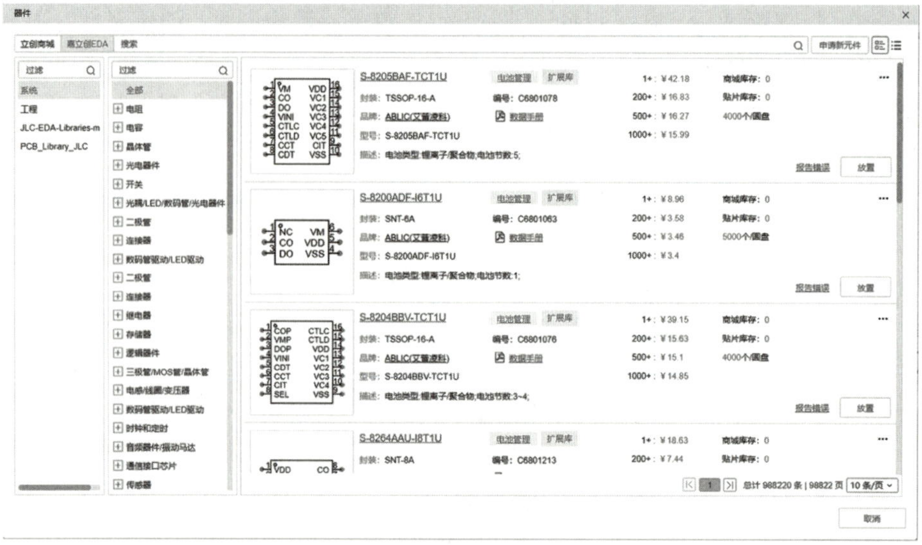

图 2.4.8　器件选择界面

3. 顶部面板——工具栏

原理图顶部的工具栏用于放置一些常用的快捷方式。

4. 修改顶部工具栏

操作入口：顶部菜单→设置→顶部工具栏→选择原理图（参看图 2.4.9 设置菜单）。

图 2.4.9　顶部工具栏设置

5. 添加快捷方式

进入顶部工具栏后，先在右侧选中添加快捷方式的位置，然后再选择需要添加的快捷方式，点击中间的箭头或在窗口左侧的快捷方式中勾选“添加进入顶部工具栏”，点击“确认”，保存当前配置，即可完成添加。

6. 底部面板——元件库

使用快捷键调出底部窗口，选择器件库，器件库中有立创商城的库和嘉立创 EDA 的系统库。

说明：系统基础库不支持自定义。

7. 器件库

器件库是包含了符号、封装、3D 模型、图片的一个器件库，器件库有系统的基础库、个人的器件库以及团队的器件库，如图 2.4.10 所示。

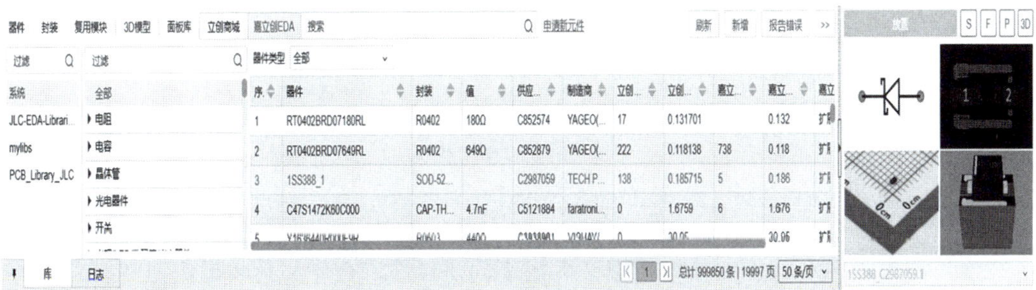

图 2.4.10 器件库界面

使用筛选器可快速找到想要的零件，例如，输入 0603 可快速搜索出与 0603 有关的器件。

可以双击器件列表或者选中后点击“放置”按钮进行放置，底部面板会自动收起，取消放置时会再自动打开。

说明：放置器件独立对话框只能放置器件，不能对器件进行编辑操作。

8. 符号库

符号库只是仅仅有一个符号而已，没有封装与 3D 模型，符号库的符号是不能在原理图的画布中，需要绑定器件才允许放置在画布中。符号库有系统的库、个人的库和团队的符号库。

注意：系统的符号库不可编辑。

9. 封装库

封装库是只有一个封装而已，没有符号和 3D 模型，封装不能单独放入 PCB 中。封装库也有系统的库、个人的库、团队的符号库。

元件库在 PCB 界面中的底部面板中，元件库中的器件库可以直接在 PCB 界面中放置器件，符号、封装和复用图块则不能放置。

元件库中包含了系统库、个人库、收藏库和加入团队的元件库。而元件库中又包含了器件库、符号库、封装库、复用图块。

10. 器件搜索

器件库顶部的搜索是全局搜索，在整个元件库中搜索。

11. 编辑元件

在元件库中选择任意器件，点击鼠标右键，即可对器件修改，如图 2.4.11 所示。
说明：系统的元件库不支持修改。

图 2.4.11　编辑元件

12. 新增器件

在元件库中点击右上方的新增按键，可快速创建器件，符号和封装操作相同。

演示视频 1　新增器件

13. 工程库

PCB 的与原理图的工程库相同，工程库是当前放置在工程里所有的器件库，包括符号、封装和复用图块，在工程中添加器件和特殊符号，都可以在工程库中显示，在工程里面删除的器件工程库不会跟着删除，会保留在工程库里面，做一个历史记录，记录着放置在这个工程里面的器件，同时也可以再次点击使用或者修改，在工程库中修改的器件只能应用于当前工程下，对元件库没有影响，但是不能在工程库删除工程里已经放置的器件，如图 2.4.12 所示。

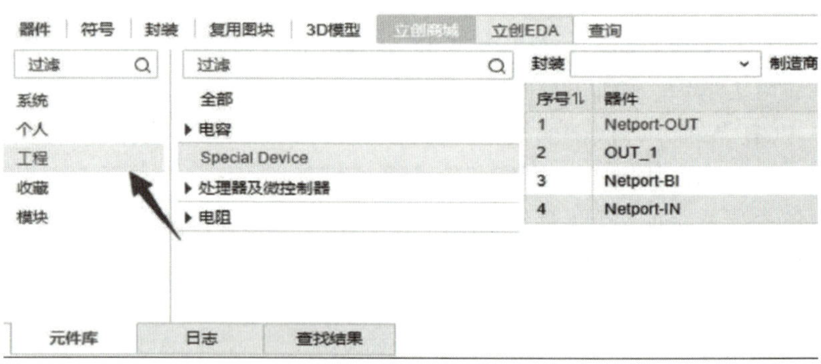

图 2.4.12　工程库

14. 左侧面板——图页

创建的工程和图页都在左侧面板中的图页中可以查看，双击可打开创建的文件并编辑。

选择文件，点击鼠标右键，编辑创建好的工程或图页。工程名右键，如图 2.4.13 所示。

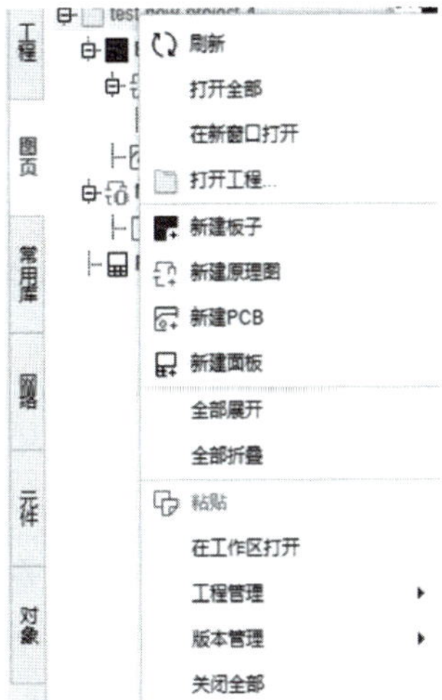

图 2.4.13　工程名右键

原理图右键如图 2.4.14 所示

图 2.4.14　原理图右键

右击图页，如图 2.4.15 所示。

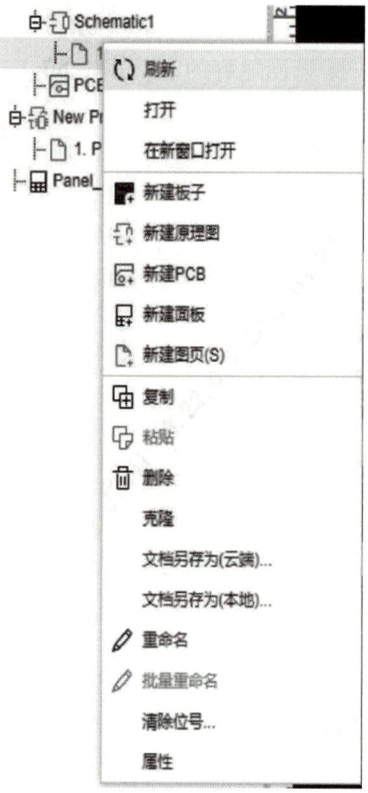

图 2.4.15　右击图页

菜单说明：

① 刷新：刷新工程内的文档列表。

② 打开：在当前编辑器窗口打开选中的文档。支持打开多选后的文档。

③ 在新窗口打开：把选择的文档在新编辑器窗口打开。

④ 在工作区打开：在工作区打开工程详情页。

⑤ 设置为新板子：把当前原理图设置到新的板子下。

⑥ 脱离板子：把原理图脱离板子，成为游离的原理图。

⑦ 生成/更新图块符号：根据当前原理图生成复用图块符号，或更新图块符号。当是生成图块符号时，当前原理图将成为层次图模板，可以被多次复用。

⑧ 复制/粘贴：支持复制粘贴原理图。也可以跨工程复制粘贴文档，工程需要是同一个浏览器的窗口打开。

⑨ 克隆：把选中的文档克隆到其他工程。客户端离线模式会直接克隆到一个新的工程。

⑩ 文档另存为：可以仅把当前选中的文档另存为本地或云端文件。

⑪ 重命名：修改文件名。

⑫ 批量重命名：在多选图页后，可以进行批量重命名。

⑬ 清除位号：清除当前原理图的位号。

⑭ 属性：根据点击的图页等右侧属性面板显示对应的属性。

15. 左侧面板——常用库

当打开原理图后，在左侧面板可以看到一个常用库，支持展示系统内置的一些常用库，也可以支持自定义常用库。

如何放置：单击常用库的元件预览图，移动鼠标到画布。

切换元件型号：点击元件名称下拉可以切换不同型号，如图 2.4.16 所示。

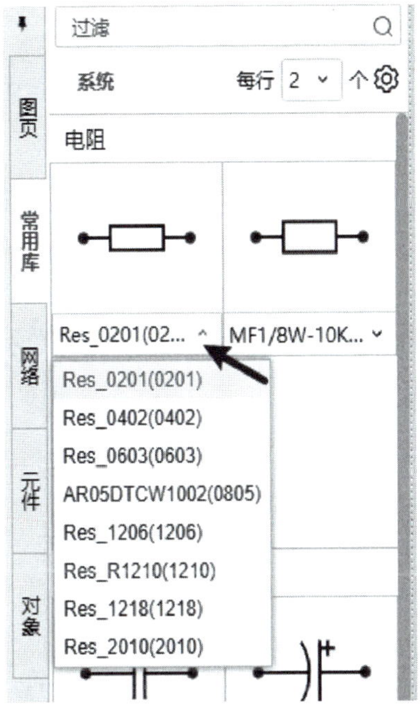

图 2.4.16　左侧面板常用库切换元件型号

自定义常用库：点击常用库右上角的齿轮图标或菜单设置→常用库，会打开设置对话框，点击加号图标添加自定义常用库。

在器件对话框选择器件加入常用库，如图 2.4.17 所示。

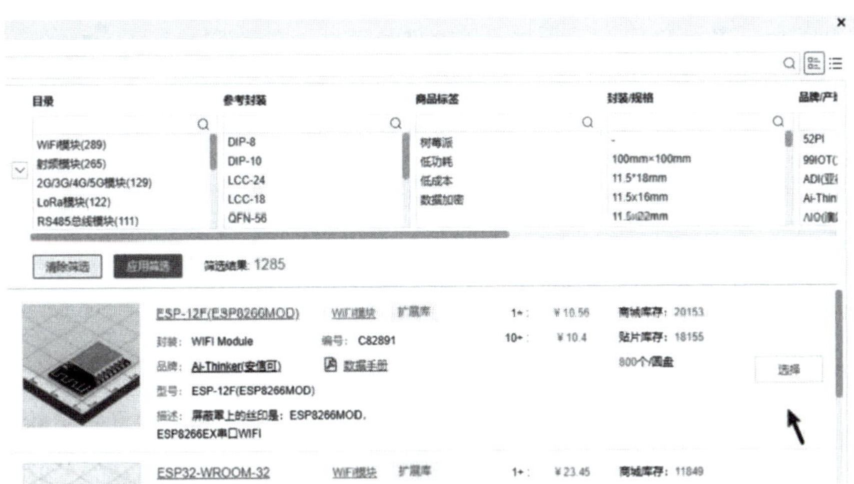

图 2.4.17　向常用库添加器件

可以双击修改左侧的分类名和基础库的“分组/组合”：“分类”展示在常用库的分类展示；“分组/组合”则用于聚合相同分类下的器件在一个缩略图下，出现器件下拉列表，如图 2.4.18 所示。

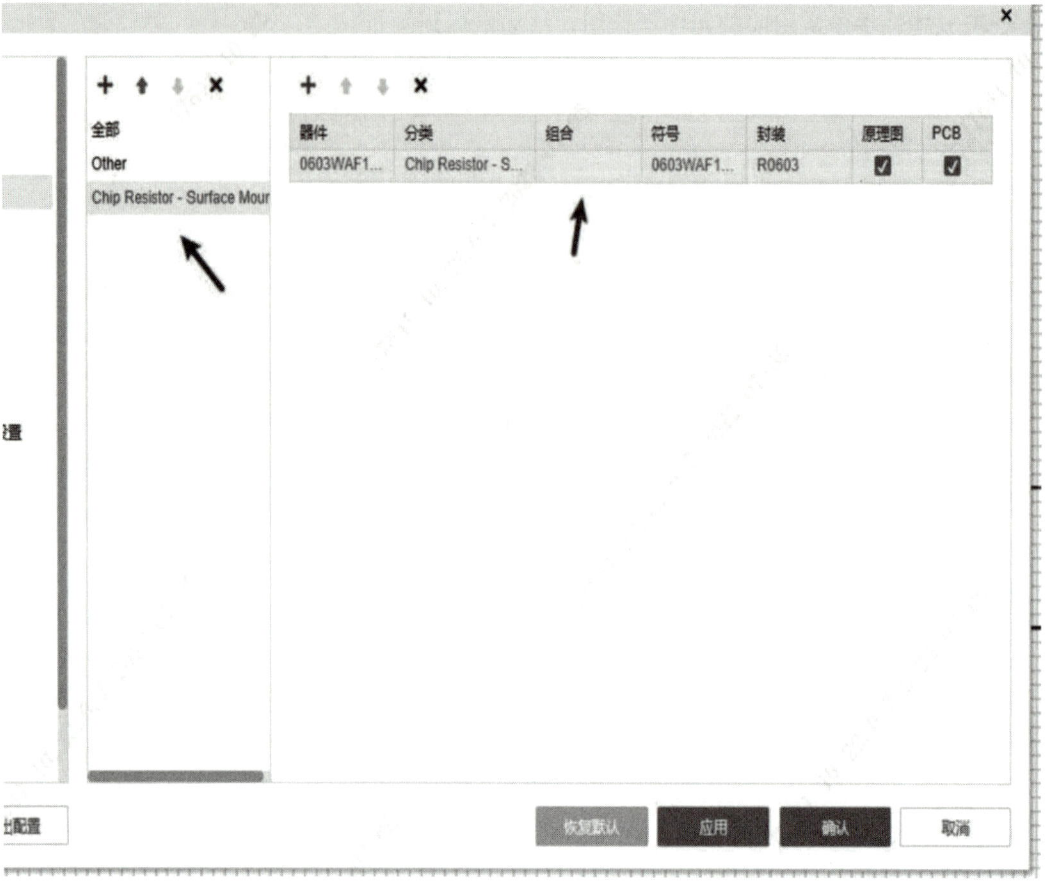

图 2.4.18 器件下拉列表

器件后面的原理图和 PCB 勾选项表示该器件是否显示在原理图或者 PCB 的常用库中。

注意：当编辑器第一次打开的时候，会自动生成常用库的缩略图。

演示视频 2 底部元件库使用技巧

16. 左侧面板——对象

在原理图中放置的器件、导线、特殊符号以及一些图形等可以在左侧面板中的对象查看。

在左侧面板中单击导线或者特殊符号可高亮选中的元素，双击可以在原理图中跳转当前器件的位置并且高亮，如图 2.4.19 所示。

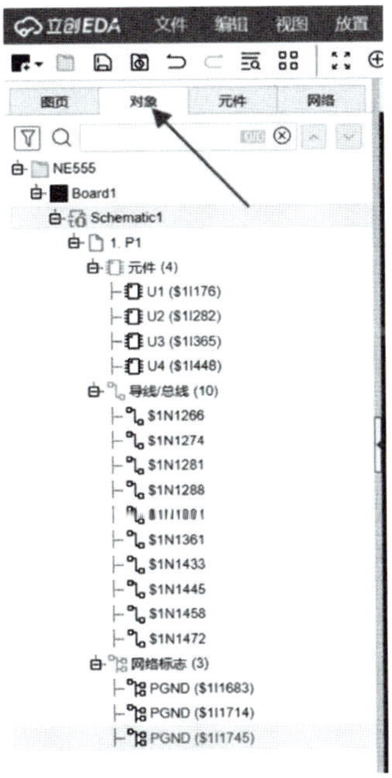

图 2.4.19　左侧面板——对象

17. 左侧面板——元件

原理图编辑器界面的左侧面板与 PCB 界面的左侧面板功能相似，用于显示放置在原理图中的器件信息和数量，如图 2.4.20 所示。

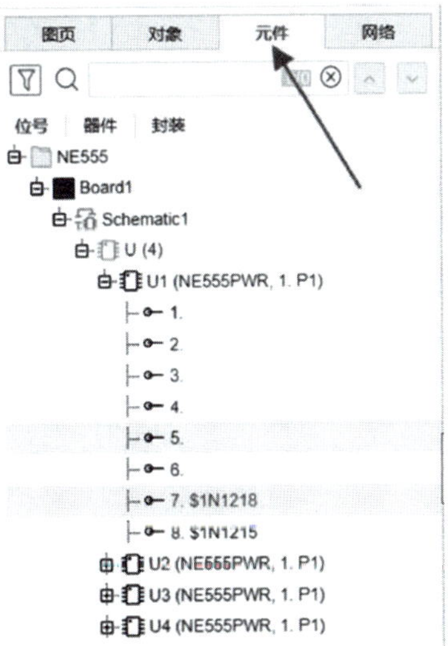

图 2.4.20　左侧面板——元件

点击相应的器件可跳转到原理图中高亮显示出来。

18. 左侧面板——网络

原理图中左侧面板网络是显示原理图中连接的网络和网络的数量，网络中连接的引脚。点击之后在原理图中高亮显示网络和连接网络的引脚，如图 2.4.21 所示。

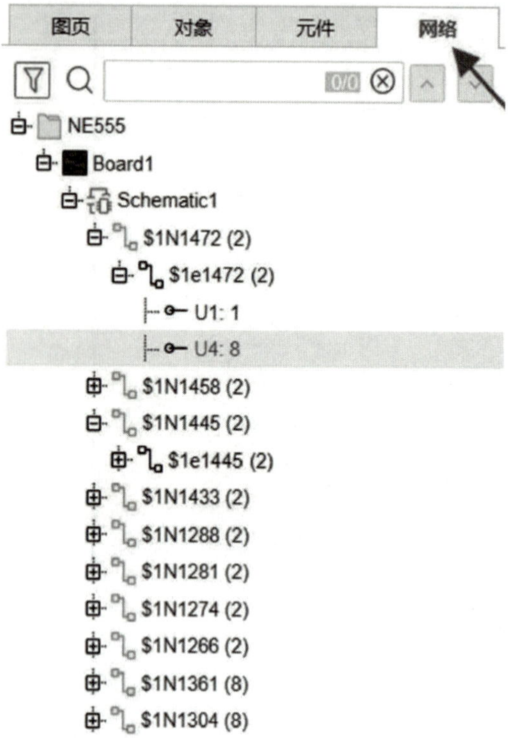

图 2.4.21　左侧面板——网络

19. 右侧面板——属性

选中一个零件之后，可以在右边属性面板查看或修改它的属性参数，如图 2.4.22 所示。

元件属性：可以修改元件的名字和编号，修改器件信息，还可以修改元件的供应商、供应商编号、制造商、制造商编号、封装等。

注意：不要用中文设置编号，这是因为在 PCB 中封装编号不支持中文；可以批量选中之后再在右侧的属性面板批量修改属性；属性名和属性值可被勾选以显示在画布中。

添加自定义属性：当选中一个元件或其他图元，可以新增参数。如果不需要元件在 BOM 或者转为 PCB，可以在属性里面把“加入 BOM”和“转为 PCB”设置为否。当把“转为 PCB”设置为否时，该器件符号将不会在封装管理器里面显示。

在选择整体电路时，可在右侧面板的属性中单独选择需要修改的对象属性值。

小技巧：

（1）具有宽高的图元，在属性面板修改宽高时，可以设置是否等比例调整。点击等比例图标锁定宽高后，调整宽时，高也会一起变化。

（2）拖动属性名宽度调节按钮，可以修改属性面板属性名和属性值的宽度比例，并且会记录到个人偏好中。

图 2.4.22 右侧面板——属性

20. 右侧面板——过滤

筛选所选器件其他元素，勾选则是可以在原理图中选择，取消勾选则在原理图中无法进行选择，如图 2.4.23 所示。

① 图纸属性：可以选中 A3 等图纸的属性名和属性值（默认不开启）。

② 引脚对：会选中两个引脚之间的导线（默认不开启）。

③ 网络：会根据导线的名称选中全部相同名称的导线（默认不开启）。

图 2.4.23 右侧面板——过滤

21. 右侧面板——状态

打开文档后，右侧面板右下角区域显示当前画布和光标状态，如图 2.4.24 所示。

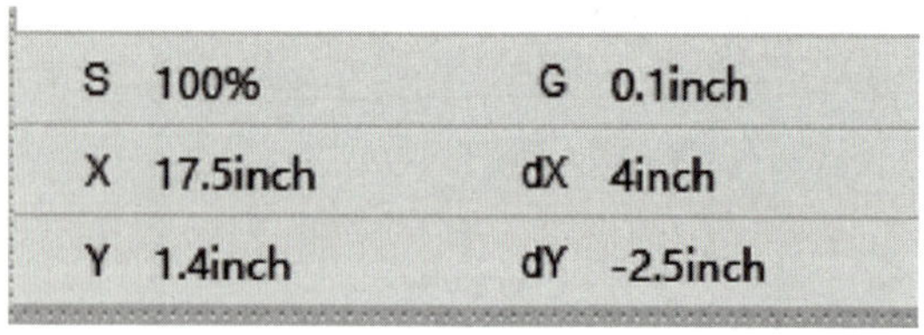

图 2.4.24　右侧面板——状态

参数说明：

① S（Scale）：画布缩放倍数。

② G（Grid）：画布格点 X,Y 尺寸，原理图只有一个值。

③ X：光标当前坐标 X。

④ Y：光标当前坐标 Y。

⑤ dX（DistanceX）：当前光标在 X 轴移动的距离。

⑥ dY（DistanceY）：当前光标在 Y 轴移动的距离。

22. 选择对象

支持多种选择方式，方便选择所需的对象：

（1）全部选择：选择原理图中的全部元素。操作步骤：顶部菜单→选择对象→全部，或输入快捷键“Ctrl + A”，就可以将原理图中所有的元素选中。

（2）连续选择，操作步骤：顶部菜单→编辑→选择对象→切换选择。

（3）矩形内部：基本和普通的框选一样，框选一个矩形，内部的图元可以被选中。

（4）矩形外部：在矩形外部的元素被选中，矩形内部的则不被选中。

操作步骤：顶部菜单→编辑→选择对象→矩形外部。

（5）多边形内部：在绘制的多边形图形内部的元素被选中，外部的则没有被选中。

操作步骤：顶部菜单→编辑→选择对象→多边形内部。

（6）多边形外部：在绘制的多边形图形内部的元素被不被选中，外部的则被选中。

（7）接触到线条的选中，操作步骤：顶部菜单→编辑→选择对象→接触到线条的。

注意：当框选原理图的元件时，不会自动框选到元件在画布显示的属性。

23. 阵列对象

操作步骤：选择一个对象→顶部菜单→编辑→阵列对象。

在窗口中输入需要阵列的行和列，还有行距和列距，这里的行距单位默认为 inch，不可修改。填写完信息后点击“确定”，即可将符号按照填写的数值进行阵列排序。

支持预览阵列的效果，也可以通过鼠标调整阵列的间距。

24. 查找、查找相似和替换

查找、查找相似和替换三种操作非常近似，以查找相似对象为例进行介绍。软件提供了查找和查找相似对象两个查找工具，可以非常方便地进行查找对象。

操作入口：① 顶部菜单→编辑→查找相似对象；② 在画布选中图元，右键菜单→查找相似对象；③ 快捷键“Ctrl + Shift + F”。

通过右键打开的查找相似对象会自动选择该图元类型和填写对应的属性参数，如图 2.4.25 所示。

图 2.4.25　查找相似对象

（1）种类：支持原理图里面全部的图元类型，如器件、网络标识、网络端口、对象属性、导线、总线、短接标识、引脚、折线、圆弧、圆形、矩形、文本和图片。

（2）范围：支持设置查找的范围，包括当前图页、当前原理图、全部原理图、选中的图元中查找等。

（3）属性：设置查找的条件和规则，包括：

① 使用通配符。勾选后文本输入框均支持通配符：“*”或“?”。例如搜索位号：“BAT?”或者“BAT*”，可以把全部 BTA 开头的位号都搜索出来。“*”可以用来代替零个、单个或多个字符，而“?”仅可以用来代替一个字符。

② 区分大小写。根据大小写的不同进行查找。例如查询：“max232”和“MAX232”是两个不同搜索词。

③ 使用表达式。支持文本输入框输入正则表达式进行字符匹配。例如查找：“/u/”，则可以查找出全部带 u 的属性。

查找相似对象操作视频链接

25. 特殊符号

特殊符号包括 VCC、+5V、信号地、模拟地、保护地、非连接标识、输入端口、输出端口和双向端口等。开启后原理图会显示特殊符号的浮动工具条，方便快速放置常用的标志符号，如图 2.4.26 所示。

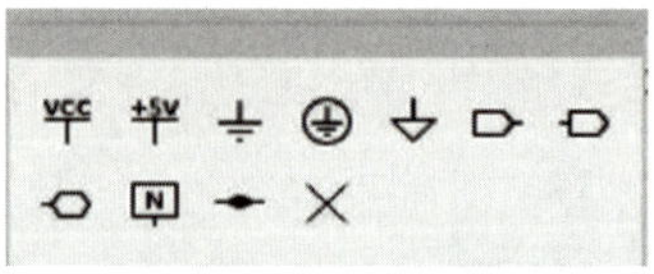

图 2.4.26 特殊符号浮动工具条

支持调整工具条的宽度、高度，可以移动到任意位置。

26. 器件

器件在放置的画布后称为元件。

软件的原理图和 PCB 均使用模板机制，放置一个器件在画布后，该器件会进入工程库作为该工程的模板，后续继续放置相同的器件时，会优先使用工程库的模板，不被器件库的更新所影响。

如果想更新工程库模板，可以在顶部菜单→设计→更新符号，也可以选中画布元件，点击右键→菜单→更新符号，进而更新工程的器件、符号或者封装。

1）器件对话框

操作入口：① 顶部菜单→放置→器件；② 顶部工具栏→放置器件图标；③ 快捷键“Shift + F”。

搜索引擎支持立创商城和嘉立创 EDA 双引擎，当其中一个引擎不符合搜索期望时，可以进行切换。立创商城引擎只可以搜索系统库的器件，如图 2.4.27 所示。

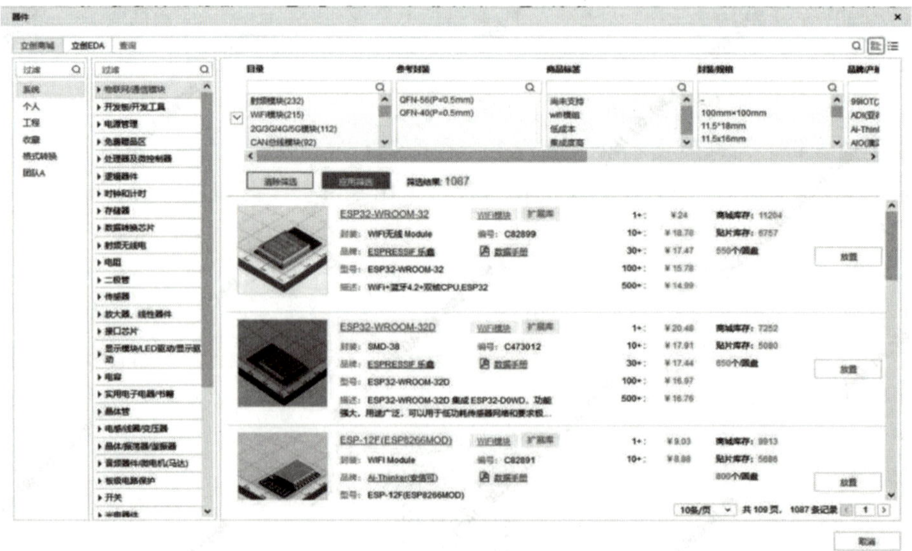

图 2.4.27 搜索线上系统库的器件

默认是详情列表，支持参数筛选过滤。也可以切换到表格列表，如图 2.4.28 所示。

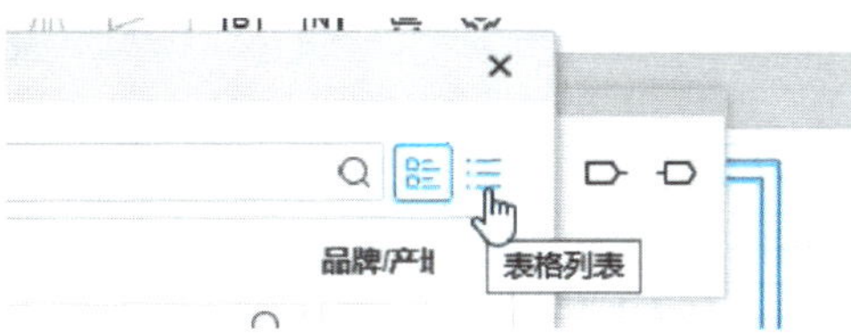

图 2.4.28　切换到表格列表

表格列表支持预览实物图、符号、封装、3D 模型预览图，如图 2.4.29 所示。

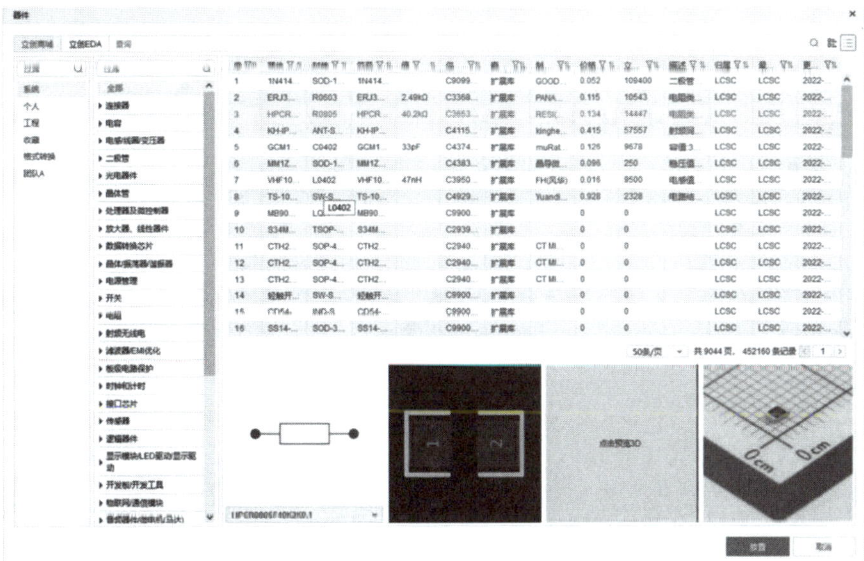

图 2.4.29　预览实物图

点击放置器件时，器件对话框会自动消失，取消放置时再显示等待选择新的器件。在表格列表模式也可以双击库列表进行放置。

技巧：使用“Esc”键关闭放置对话框。

放置器件时，可以按“Tab”键设置主要的名称和位号，如图 2.4.30 所示。

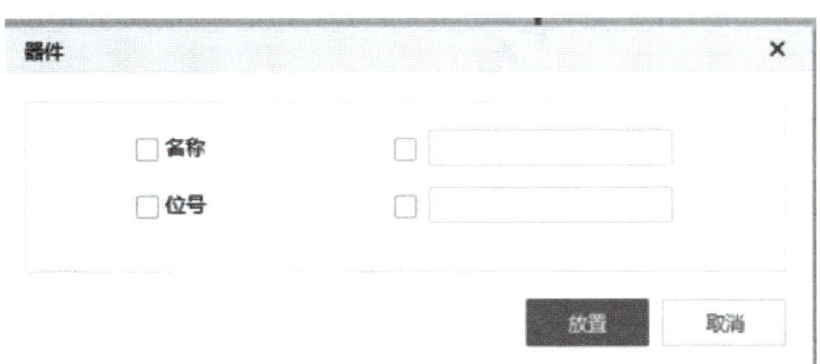

图 2.4.30　设置器件的名称和位号

2）底部元件库

底部面板也支持放置器件，快捷键为“\”，如图 2.4.31 所示。

图 2.4.31　底部元件库

选择一个器件，点击“放置”按钮，或者双击“放置”。在工程库里面，可以编辑当前工程的器件、符号、封装的模板内容，更新后会自动刷新对应图页和 PCB。在放置器件超过设置的数量时，会有消息提示。

目前软件的原理图没有使用和 PCB 一样的新引擎，故每页不建议放置超过 150 个元件，否则会比较卡顿。

27. 视图——高亮网络

在原理图的设计过程中，需要经常查看网络的连接关系，可以通过顶部菜单的高亮网络功能进行网络高亮。

操作入口：① 顶部菜单→视图→高亮网络；② 使用快捷键“H”进行高亮，在高亮前需要先在画布选中需要高亮的导线；③ 选中导线，右键进行高亮或取消高亮；④ 在左侧网络 Tab，点击导线或网络名进行高亮（但该入口的高亮是临时选中并高亮，前面的高亮菜单是持续高亮）；⑤ 在左侧网络列表点击右键→高亮网络。

注意：高亮网络功能是全原理图高亮，当高亮一个网络时，打开新的图页，图页内对应的网络的导线也会进行高亮。

28. 视图布局

视图布局是将左右两侧的面板和顶、底部面板收起，让编辑器的界面更大、更简洁。

收起面板：点击面板旁边的箭头，即可收起面板。打开面板：收起的面板都会放置在编辑器的最边缘处，需要打开时可点击边缘处的箭头，即可打开收起的面板。底部面板可以使用快捷键“S”来打开或在顶部菜单→视图中选择打开面板。

29. 元件属性

点击元件后，右侧属性面板可以修改和添加元件的属性，如图 2.4.32 所示。

属性名说明：

① 名称：这个相当于元件的备注，通常不需要填写。

② ID：编辑器内部使用的 ID。

③ 唯一 ID：和 PCB 进行关联的 ID，通过这个 ID 确定 PCB 对应的元件，更新 PCB 的时候会自动分配，也可以手动输入。

④ 加入 BOM：是否可以导出在 BOM 中。

⑤ 转到 PCB：是否可以转到 PCB 中。

位号：元件位号。器件放置的时候默认自动分配位号，可以在设置→原理图里进行设置。多部件或

⑥ 子库的元件不知道自动分配位号。

⑦ 器件：这个元件所属的器件。

⑧ 符号：这个元件所关联的符号模板。

⑨ 封装：这个元件所关联的封装模板，可以点击替换新的封装。

⑩ 器件属性：在新建器件的时候填写的属性。

⑪ 自定义属性：在打开原理图后，给元件添加的自定义属性。新增自定义属性名，可以在设置→属性进行添加。

⑫ 勾选属性名或属性值可以显示在画布。画布点击属性的时候会出现指示线。这个指示线可以在设置→原理图设置进行关闭。

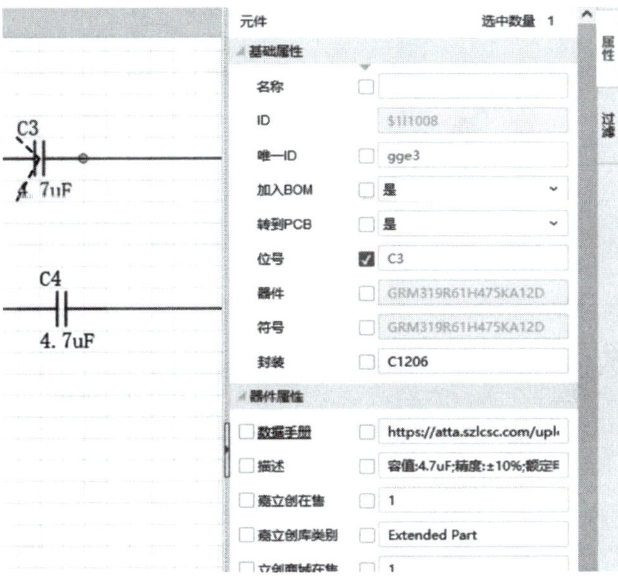

图 2.4.32　右侧属性面板修改和添加元件的属性

当元件进行旋转的时候，默认会自动调整属性的位置，也可以在设置里面关闭，关闭后属性会跟随元件进行旋转，如图 2.4.33 所示。

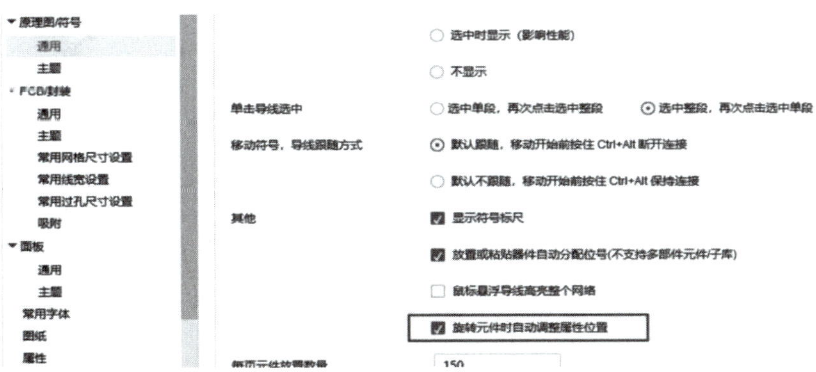

图 2.4.33　元件选择与属性位置关系设置

也可以通过属性位置功能进行批量设置属性位置，路径为：顶部菜单→布局→属性位置。

如果想预设位号等属性的位置，可以在新建符号的时候，在左侧属性面板把位号等属性显示在画布后设置位置，放置器件在画布的时候，会根据符号里面预设的位置进行显示，但元件旋转后会根据设置是否被重新调整，如图 2.4.34 所示。

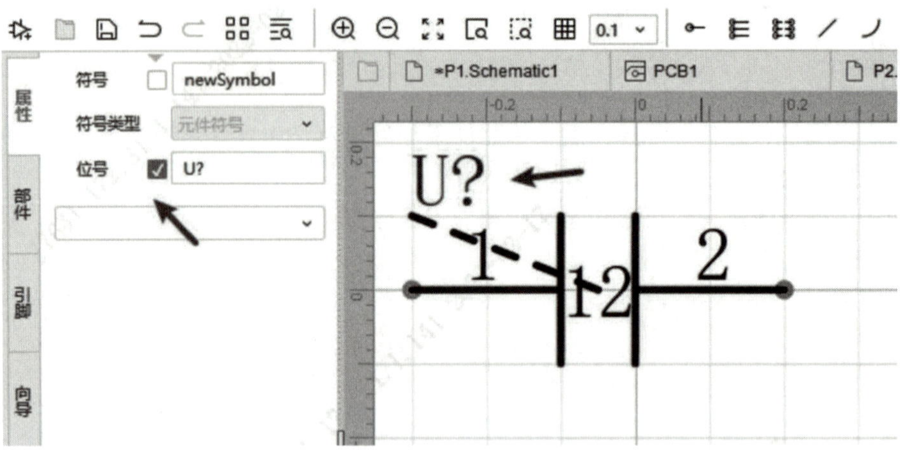

图 2.4.34　左侧属性面板位号等属性显示设置

30. 元件右键菜单

选中元件后，右键菜单中会提供一些对元件操作的常用功能，如图 2.4.35 所示。

图 2.4.35　元件右键菜单

① 查看产品详情：会打开立创商城的产品详情页。
② 查看规格书：会根据属性“数据手册”的链接进行打开网页。
③ 更新器件：打开器件更新对话框。
④ 编辑器件：可以编辑工程库器件信息。

31. 放置导线/网络

1）导线放置方法

导线是在设计原理图时，用于来连接各个器件之间的网络。导线是具有电气属性的，不能当折线使用。

操作入口：顶部快捷栏→导线；顶部菜单→放置→导线；快捷键“Alt + W”。

导线绘制未确定线段为半透明，以便与已确定线段区分，如图 2.4.36 所示。

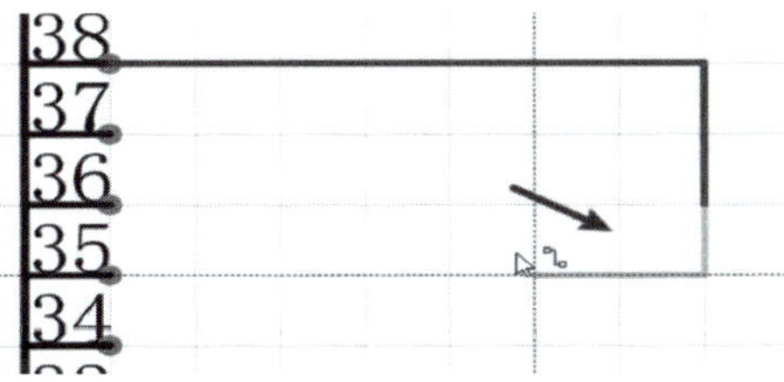

图 2.4.36 未确定线段为半透明

可以设置移动元件时的导线跟随方式，如图 2.4.37 所示。

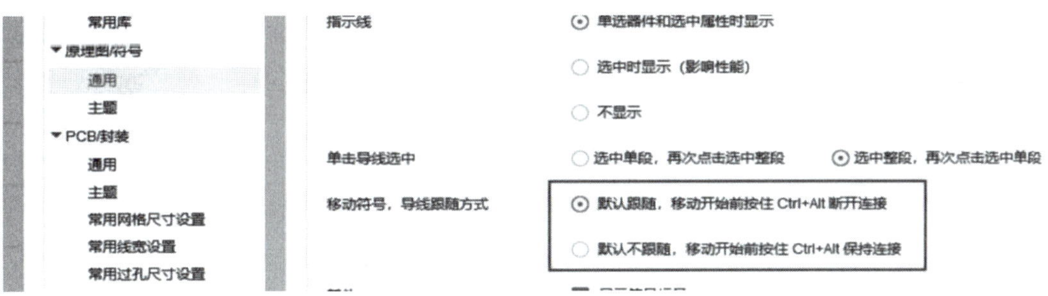

图 2.4.37 导线跟随方式

在进入导线绘制状态时，可以按“Tab”键设置导线的名称。

绘制导线总线时支持空格键切换布线方向。

2）导线属性

嘉立创 EDA 专业版支持放置网络标签的功能，专业版的网络标签功能和直接给导线设置属性名称是一样的，和标准版的网络标签不一样，如图 2.4.38 所示。

属性说明：

（1）名称：导线的名称，生成网络名的时候根据这个属性生成。当默认没有填写名称时，编辑器会自动根据导线 ID 生成一个系统默认的网络名。

（2）全局网络名：因为原理图支持层次图设计。底层原理图的导线名称和全局网络名不一定一致。全局网络名是转到 PCB 时所使用的网络名。

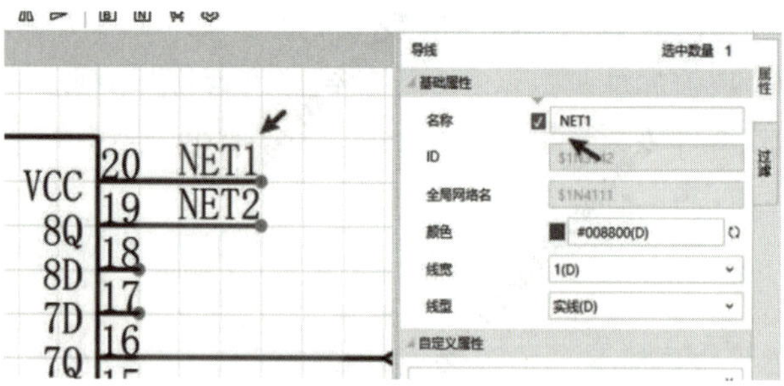

图 2.4.38　导线属性

修改导线名称方式：直接双击导线名修改；点击导线，在右边属性面板修改名称；绘制过程中按“TAB”键修改（如果导线之前有名称或有链接网络标识等，会提示网络修改窗口，等待选择某个名称）。

注意：

（1）软件不支持多个网络名同时在一条导线上，如果需要不同网络连接在一起，需要使用短接标识进行短接。

（2）如果需要给导线名称添加上横线，则在导线的网络名最前面输入波浪号，例如：~VSS。如果网络名需要同时存在上横线和无上横线，则再输入一个波浪号，例如：~VSS~/GND，那么 VSS 上方有上横线，斜杠后面没有。该网络名转到 PCB 时，也会是~VSS~/GND。

（3）当导线连接了网络标识后，导线名称会优先跟随网络标识的命名。修改导线名称时也会提示是否同步修改连接的网络标识。

（4）当导线被拆分或者合并的时候，会窗口选择操作后的网络分配。如果需要短接不同名称的导线需要使用短接标识。

（5）导线名称和连接的网络标签的全局网络名必须保持一致，否则在设计规则检查的时候会报错误，此时需要进行手动修改导线的名称或网络标签的全局网络名，以保持属性一致。出现不一致一般会出现在复制、粘贴、导入等情况，需要手动修正一下，如图 2.4.39 所示。

图 2.4.39　导线合并

3）导线拾取方式

嘉立创 EDA 专业版支持两种导线拾取方式：默认单击拾取整段导线，再次单击拾取单段导线；或单击选中单线段，再次点击拾取完整导线。这两种拾取方式支持在设置→原理图设置里面修改，如图 2.4.40 所示。当点击选中单线段时，支持按“Tab”键选中完整导线。

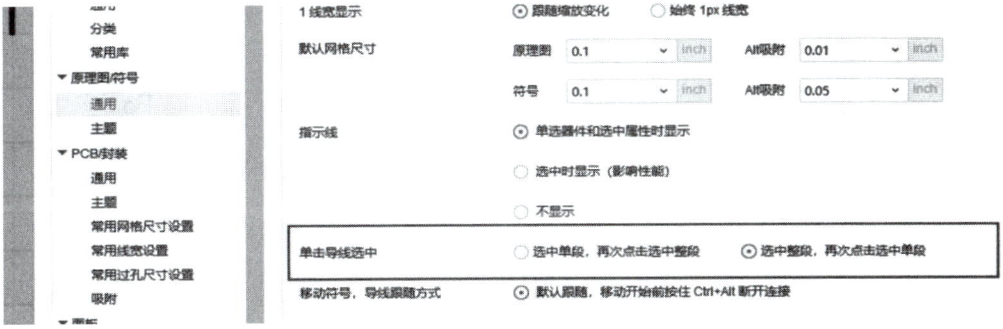

图 2.4.40　拾取方式设置

4）导线右键菜单

在原理图设计中，提供了导线的右键菜单，支持多个功能方便设计和检视。选中导线后，需要在导线上面点击右键才可以出现导线的右键菜单，如图 2.4.41 所示。

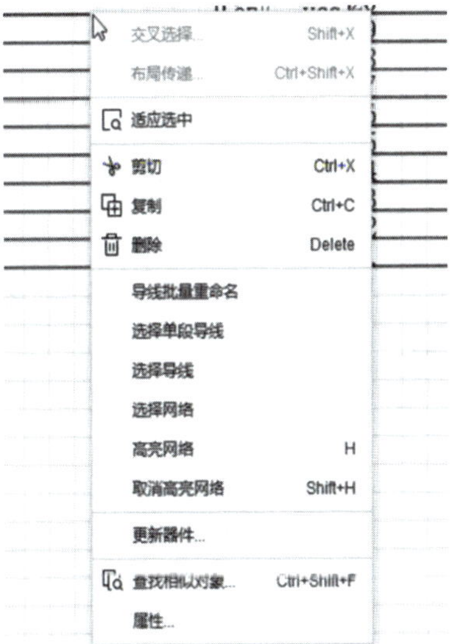

图 2.4.41　导线右键菜单

菜单说明：

（1）导线批量重命名：支持多选不同的导线后，重新命名，如图 2.4.42 所示。

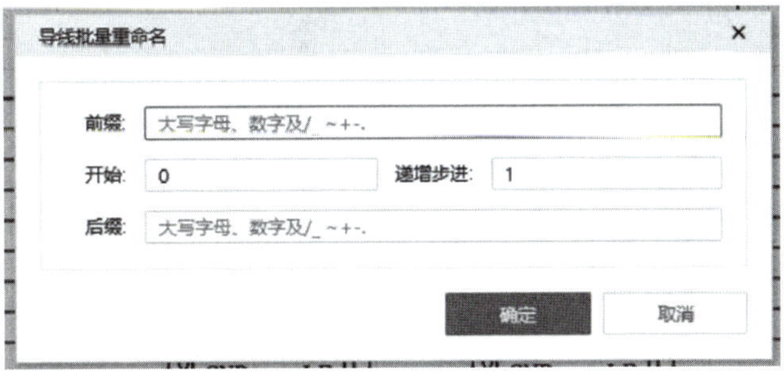

图 2.4.42　导线批量重命名

（2）选择单段导线：当选择的导线是整条导线时，该菜单支持选择单段导线。

（3）选择导线：当选中单段导线时，该菜单支持选择完整的导线。

（4）选择网络：把当前图页的当前导线，其所属网络的全部导线都选中。

（5）高亮网络：把当前导线的网络相同的导线全部持续高亮。左侧网络选项卡，也支持网络名右键高亮网络。

（6）取消高亮网络：取消全部高亮的导线。

32. 总线

当绘制的原理图需要很多网络的时候，对每个网络都进行画线将非常困难和耗费时间，此时可以使用“总线”功能。

在嘉立创 EDA 专业版里，总线功能已经有信号束的走向，可以应用到 PCB 上。

操作入口：顶部菜单→放置→总线；顶部快捷栏→总线图标

注意：专业版的总线命名必须符合规范 NET[0:5]才能使用。

例如：我们需要连接 8 位微控制器的 P0.0 ~ P0.7 端口，则需要用总线来连接，则需要把总线命名为 P0.[0:7]，才能命名成功，如图 2.4.43 所示。

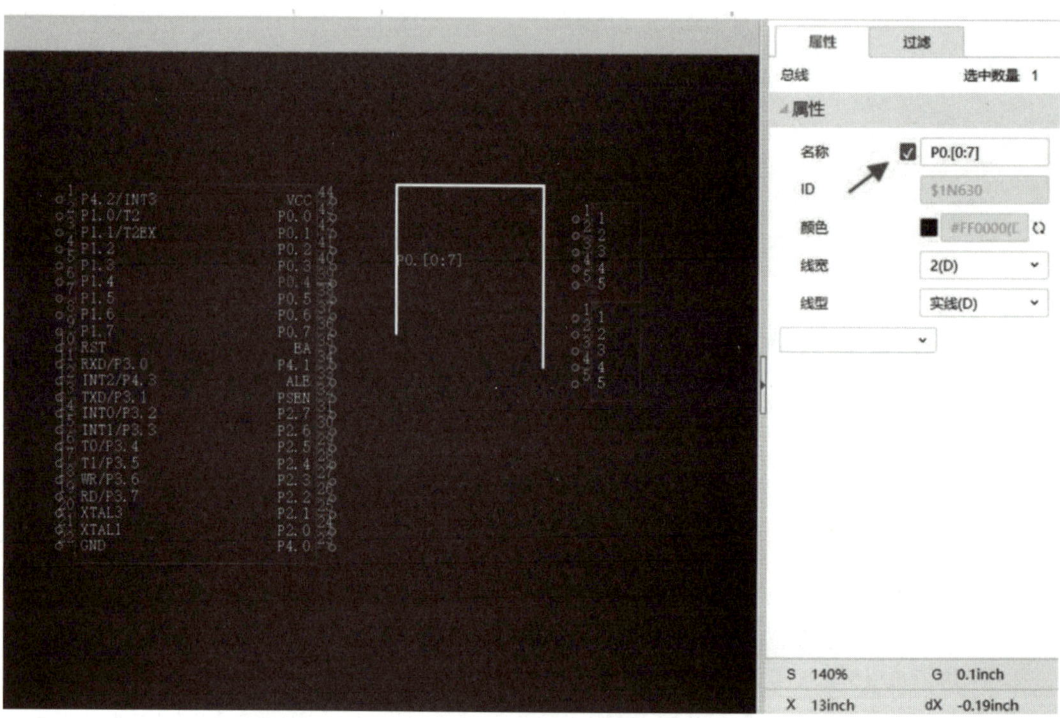

图 2.4.43 总线的绘制

然后在顶部菜单选择导线或快捷键“W”导线连接总线，当总线端出现一个短接标识时，就代表总线连接成功。总线拉出的顺序是按照名称来排序放置的，放置超过数目则就会从第一个开始排列。

连接完成后的总线如图 2.4.44 所示。

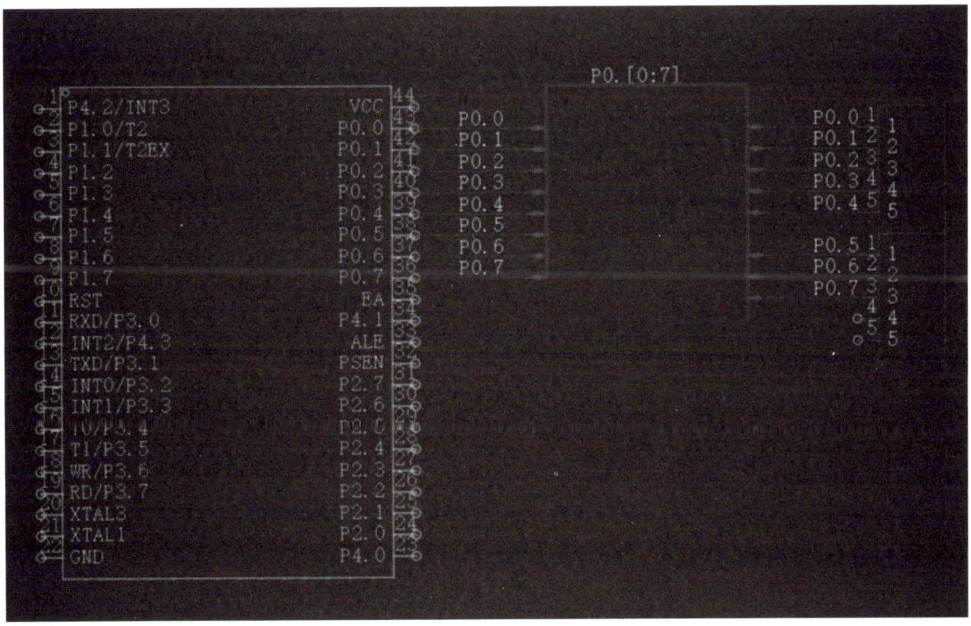

图 2.4.44 连接完成后的总线

33. 网络标签

因设计上的差异，嘉立创 EDA 专业版不支持标准版中独立的网络标签图元。软件的网络标签是虚拟的，在放置后会对导线设置一个名称属性。

在交互上，软件支持两种模式：① 移动后网络标签离开导线后，导线网络名自动清空；② 移动后网络标签离开导线后，导线网络名不变，只修改网络名的位置。如果用户之前没有设置过这个选项，在第一次打开编辑器的时候，会窗口提示进行设置。可以根据自己的使用习惯进行设置。

设置入口：顶部菜单→设置→原理图→常用→拖动网络名，如图 2.4.45 所示。

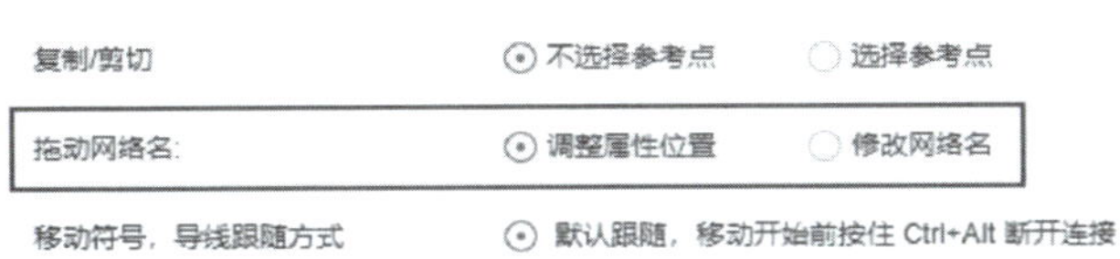

图 2.4.45 拖动网络名设置

操作入口：顶部菜单→放置→网络标签。

放置后成为导线的名称属性，和直接在导线的属性面板设置名称效果一致。当直接放置在符号的引脚上，会自动生成一段导线，并赋予导线名称，如图 2.4.46 所示。

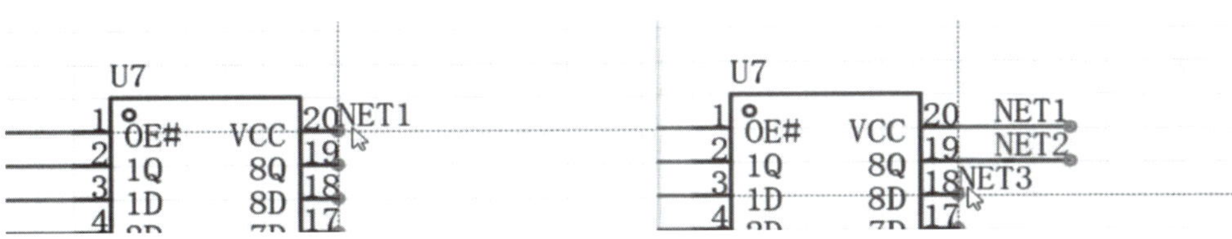

图 2.4.46 导线的网络标签放置

34. 放置短接标识

操作入口：顶部菜单→放置→短接标识。

如图 2.4.47 所示，VSS 和 DGND 将连接在一起，在左侧树的全局网络中可以查看。最终的网络名为 DGND。

图 2.4.47　放置短接标识

35. 放置网络标识

软件内置了五个常用的网络标识符（VCC、+5V、地、模拟地、保护地），如果符号样式不满足需要，可以自行新建符号→网络标识符进行创建。

36. 放置网络端口

操作入口：顶部菜单→放置→网络端口。

当放置时，可以按快捷键“TAB”设置端口名称和名称增序规则，如图 2.4.48 所示。

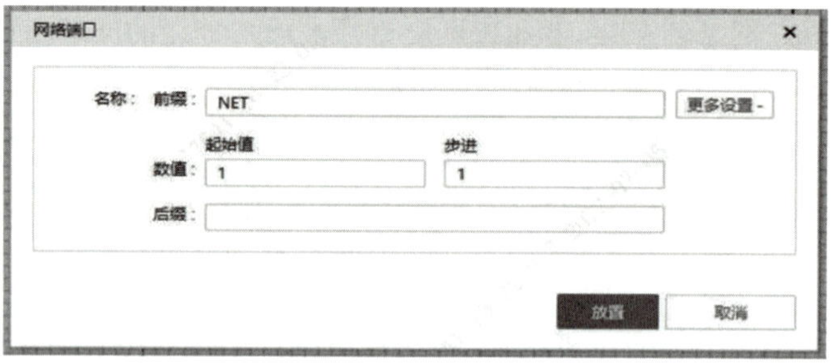

图 2.4.48　网络端口设置界面

网络连接：网络端口当成网络标签来使用。

层次图连接：在绘制复用图块的时候，复用图块符号的引脚会和图页上的端口相连，作为连接关系。在根据复用图块符号生成端口，或者根据端口更新复用图块符号引脚时，会同步更新。

因为网络端口主要用作层次图连接关系，所以端口的名称和所连接的导线名称可以不保持一致，如图 2.4.49 所示。

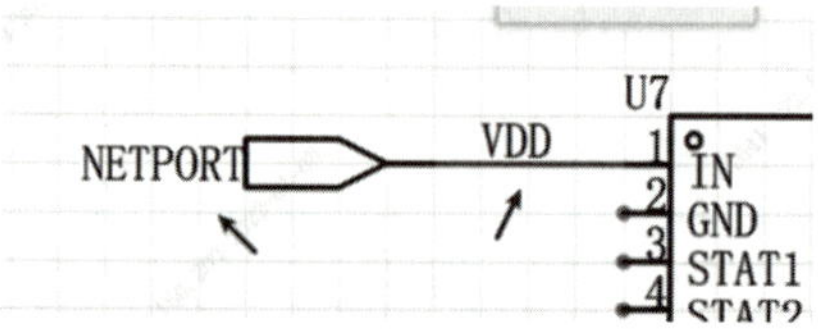

图 2.4.49　网络端口示例

在修改网络端口的名称时，或者第一次放置端口到导线上时，如果导线没有设置名称，会自动给导线设置相同的名称。

37. 放置非连接标识

操作入口：顶部菜单→放置→非连接。

非连接符号只能放置在引脚端点上。放置后是自动给符号的引脚设置属性“非连接”为是，删除非连接标识时，属性“非连接”会改为否，如图 2.4.50 所示。

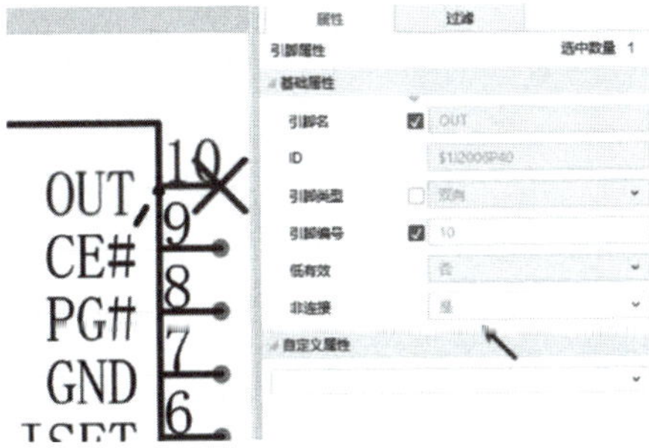

图 2.4.50　非连接符及属性设置

38. 复用图块/层次图

在绘制复杂的原理图时，就需用到复用图块。复用图块分为主原理图和子原理图两个：主原理图用于绘制图块符号，类型流程图；而子原理图里是绘制一个模块原理图。整体的概念就是主电路图相当于整机电路图中的方框图，一个方块图相当于一个模块，主电路图中不能放置器件，只能放置引脚来作为连接到子电路。

一般的子电路图都是一些具体的电路原理图。子电路图与主电路图的连接是通过方块图中的端口实现的。

复用图块的设计采用的是自上向下的设计方法，思路是：先设计复用图块符号，再跟进符号生成子电路图。而自下向上的设计是先在子原理图中设计电路以及规划端口，再生成一个主图复用图块符号。

1）创建复用图块

入口：顶部菜单→文件→新建→复用图块。

填写复用图块的归属、标题、分类和描述等信息，点击“确定”生成复用图块。创建完成后，系统会自动创建一个原理图和一个复用图块，这两个文件是相互关联的，主要包括两大部分：主电路图和子电路图。其中主电路图与子电路图的关系是父电路与子电路的关系，在子电路图中仍可包含下一级子电路。

2）从原理图生成复用图块

从原理图生成复用图块的设计是一种自下而上的设计，从子图生成母图。其操作步骤是：顶部菜单→设计→生成/更新图块符号；顶部工具栏→选择生成/更新图块符号。

3）放置创建复用图块

在原理图中放置复用图块进行创建放置操作：顶部菜单→放置→复用图块；底部元件库→复用图块。

选择后，在原理图中绘制一个图块框，然后给图块框命名即可完成创建。从原理图创建的复用图块将会在左侧面板的工程下显示。点击左侧面板打开子原理图或点击复用图块框→点击鼠标右键→选择展开，即可把复用图块子原理图展开。

4）放置复用图块

放置已经创建完成的复用图块，操作步骤：底部面板→元件库→复用图块→点击放置。复用图块只能放置于原理图中，PCB 不支持复用图块的放置。

5）编辑/更新复用图块

对创建完成的复用图块进行编辑和修改，操作步骤：底部元件库→选择复用图块→鼠标右键→编辑原理图/符号。

6）从原理图中更新复用图块

在原理框图中修改的端口，从原理图更新至复用图块，操作步骤：顶部菜单→设计→生成/更新图块符号；顶部工具栏→快捷图标。

7）从复用图块符号中更新

在复用图块中的修改更新至子原理图中，操作步骤：顶部菜单→设计→生成/更新图块原理图；顶部工具栏→生成/更新图块原理图

39. 非电气元素的绘制

非电气元素有折线、圆弧、圆形等。折线与导线不同，是没有电气属性的，而导线是带有电气属性的，实际的用法不同，折线不能代替导线放置。

在原理图中，可以绘制任意方向的线条，修改线条样式、颜色、填充颜色等。

操作入口：顶部快捷栏→折线；顶部快捷栏→放置→折线；快捷键 “Alt + L”。

圆弧、圆形、矩形、文本、图片和表格的放置方式，与折线差不多。

40. 更新 PCB/转换原理图到 PCB

1）操作方法

当完成了原理图绘制，想要转换为 PCB，可以点击顶部菜单→设计→原理图转 PCB

注意：要从原理图更新至 PCB 里，原理图和 PCB 都必须在同一个板子下。

原理图转 PCB 的时候，会根据原理图的设计规则先检测一遍，然后满足转 PCB 的条件后再转换。

2）校验封装

点击“原理图转 PCB”后，如果编辑器检测到元件与封装的对应信息异常时，会弹出错误对话框，并且转换动作不会继续进行，需要在封装管理器修正错误。

报错信息对应的情况有：

① 有封装名，但是未通过封装管理器指定过封装。

② 符号库引脚编号名称与指定的封装焊盘编号名称不一致。

③ 符号库引脚编号数量大于指定的封装焊盘数量。

④ 封装为空未指定封装。

3）生成 PCB

转换成功后如图 2.4.51 所示，自动将 PCB 封装按照顺序排列成一排，蓝色的飞线表示两个焊盘之间需要进行布线连接，属于同一网络。

软件会优先根据原理图的元件位置，大致自动摆放好元件在 PCB 的位置，减少元件归类

分组的操作，方便快速布局。

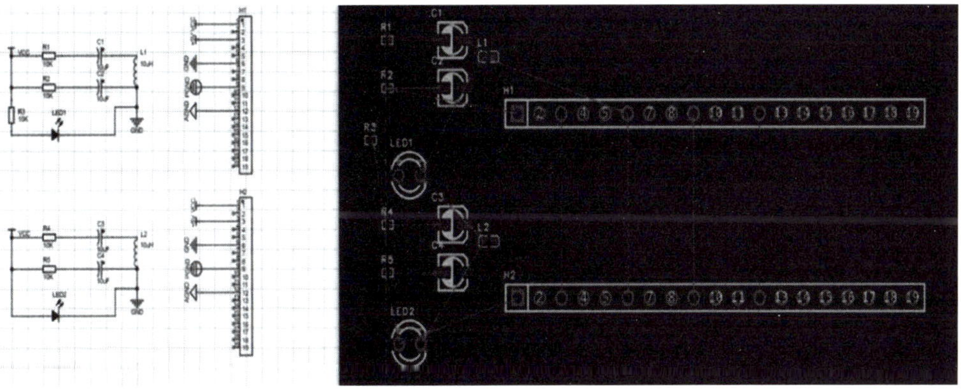

图 2.4.51　生成 PCB

4）更新 PCB

当完成转 PCB 动作，但是又再次修改了原理图，这时无须转一个新的 PCB，只需点击“更新 PCB”即可将变更更新至现有已保存的 PCB 文件。也可以在 PCB 中直接导入变更：顶部菜单→设计→导入修改信息。

因为原理图网络名是计算后生成，当修改了原理图后部分网络如果出现变更，那么更新至 PCB 后，原网络已经布好的走线会保持不变。

更新焊盘网络并把焊盘相关的导线会跟随焊盘的网络更新，可能会出现导线网络变化的情况，如果不符合期望，需要手动将导线旧的网络名改为新的网络名。

大部分原理图更新网络后都可以更新到 PCB。但如果原理图有增删器件，PCB 的导线网络需要手动修改。

41. 设计规则设置

设置电气规则检查的提示错误的等级信息。这里可以看到规则的错误信息等级，并且可以对错误等级进行修改，如图 2.4.52 所示。

设计规则

No.	检查项	设计规则	消息等级
1	网络	总线名需要符合规则	致命错误
2		网络名需要符合规则	致命错误
3		网络名不能超过 255 个字符	错误
4		通过总线分支跟总线相连的导线，必须有名称且符合所连总线的命名规则	致命错误
5		元件相同引脚编号的引脚需要连接到同一个网络。	致命错误
6		特殊符号含有“全局网络名”属性时，所连导线的名称需要与“全局网络名”的值一致	错误
7		引脚的连接端点不能重叠且未连接	致命错误
8		导线不能是游离导线(未连接任何元件引脚)	警告
9		导线不能是独立网络的导线(仅连接了一个元件引脚)	警告
10		网络端口名称需要与所连接导线的名称一致	提醒
11		网络端口名称需要与所连接总线的名称一致	提醒
12		网络端口需要连接导线	提醒
13	元件	元件需要有“器件”、“封装”属性，不能为空	致命错误
14		元件如果有“值”属性，不能为空	提醒
15		元件的引脚需要有“编号”属性，不能为空	致命错误
16		如果元件含有多部件，每个部件的“器件，封装，位号”这几个属性必须一致	致命错误
17		如果元件含有多部件，每个部件除了“器件，封装，位号”这几个属性外，其他属性必须一致	警告
18		如果元件含有多部件，每个部件都需要出现	提醒
19		检测元件悬空引脚	警告
20		元件位号需要符合规则：英文字母 + 数字或英文问号	提醒

导入配置　导出配置　恢复默认　立即校验　确认　取消

图 2.4.52　设计规则错误提示

也可以进行等级的修改，如图 2.4.53 所示。

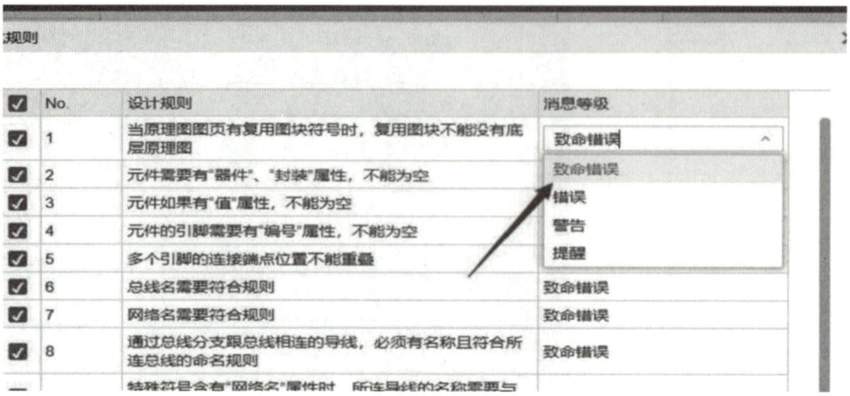

图 2.4.53　四种设计规则错误及其修改

也可以在修改规则后立即检查 DRC 规则。

42. 设计规则检查（DRC）

在导入 PCB 前检查封装、符号、文本等符合规则或者有没有冲突的检查。检查的结果在底部的 DRC Tab 显示出来，如图 2.4.54 所示。

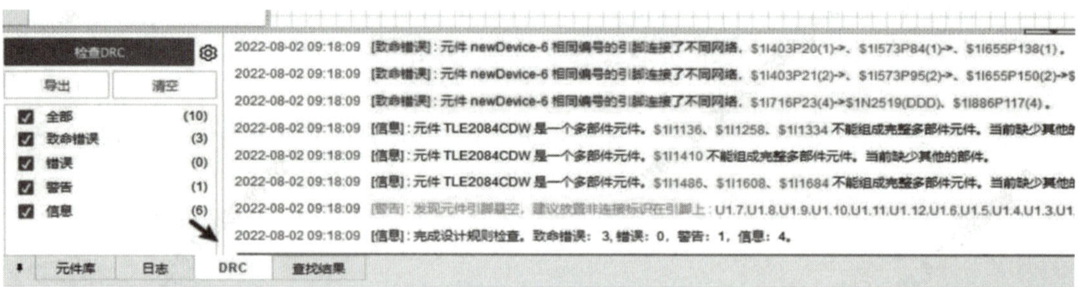

图 2.4.54　DRC 检查结果的底部显示

单击提示信息可高亮，双击提示可高亮并定位错误点。

注意：不加入 BOM 和不转到 PCB 的元件不纳入设计规则检查。

43. 分配位号

软件支持原理图快捷分配位号，不需要一个个进行修改，可大大节省开发时间，如图 2.4.55 所示。

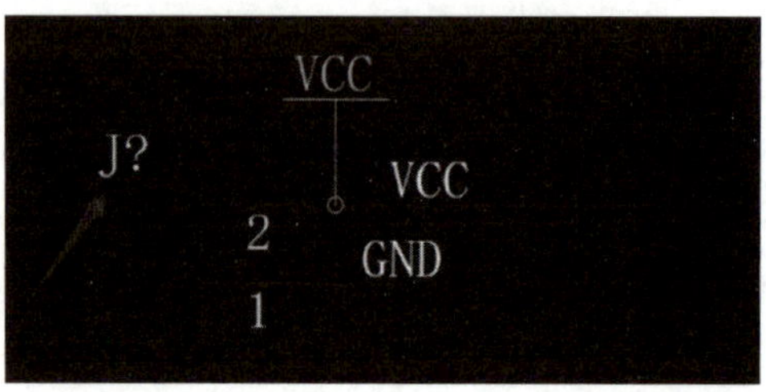

图 2.4.55　未分配的位号

1）分配位号

步骤：顶部菜单→设计→分配位号，如图 2.4.56 所示。

① 范围：分配位号的范围选择。

② 层次图：分配位号中包括复用图块（层次图）中的原理图器件位号选择。

③ 操作：可选择分配位号的方式。

④ 顺序：选择分配位号的顺序。

⑤ 位号规则：不可修改，默认器件前添加当前图页编号的前缀。

⑥ 自定义起始编号：可选择从哪个数字起开始分配位号。

2）清除位号

打开位号分配器，点击“清除位号”，即可清除原理图元件的位号。

图 2.4.56　分配位号界面

44. 交叉选择

在同一个板子下的原理图和 PCB 可以使用“交叉选择”进行相互定位元件，引脚，导线网络。在原理图选择一个元件后，会根据元件的唯一 ID 高亮并选中 PCB 对应相同唯一 ID 的元件。

使用方法：选择元件或导线→顶部菜单→设计→交叉选择；选择元件或导线→快捷键“Shift + X”。

45. 布局传递

在同一个板子下的原理图和 PCB 可以使用这个布局传递进行把当前图页选中的元件布局，传递到 PCB 中，方便快速聚集所需要的元件，快速布局布线。

操作入口：顶部菜单→设计→布局传递；元件右键菜单→布局传递；快捷键“Ctrl + Shift + X”。

在原理图选择多个元件后，点击“布局传递”，会自动切换到 PCB，并根据原理图元件的唯一 ID 高亮并选中 PCB 对应相同唯一 ID 的元件并悬浮在鼠标，等待放置。

演示视频 3　布局传递和交叉选择技巧

46. 更新工程库

嘉立创 EDA 的工程是以库模板复用的方式实现，当元件库放置在文档的时候，会创建一个副本作为模板，这样可以确保元件库的更新不会直接影响到全部使用过该库的工程或文档，需要更新到工程里面时，需要手动使用“更新工程库”功能。

当器件库有更新的时候，例如器件的属性变更，符号和封装有编辑更新，可以在更新工程库菜单进行更新。注意，如果只更新器件只会更新器件属性，不会更新掉符号或封装。

操作步骤：顶部菜单→设计→更新工程库；选择元件→鼠标右键→更新工程库。

窗口中显示出改过的器件版本信息。勾选最新的器件，点击“更新”，即可将最新修改的符号更新至工程下。支持前后差异预览，对比变更的属性，如图 2.4.57 所示。

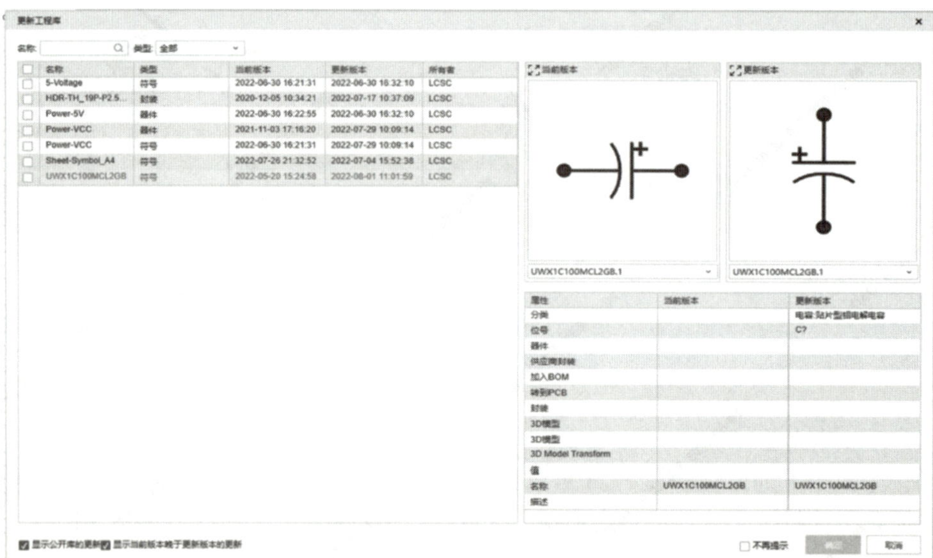

图 2.4.57　更新工程库界面

默认不打开元件库的更新检测，可以在：设置→系统→常用，里面把检测选项开启：“显示符号/封装更新对话框与提示”。打开工程后，会弹出更新工程库窗口，如图 2.4.58 所示。

（1）显示公开库的更新：如果不勾选，只显示系统库和个人库的更新。

（2）显示当前版本晚于更新版本的更新：有时候当前工程库会进行编辑，所以会更新更新时间，就会出现了当前版本更新时间比更新版本，这里可以设置是否显示。

（3）不再提示：这个会把设置项“显示符号/封装更新对话框与提示”取消勾选。当开启检测时，符号有更新的时候，打开原理图会出现图中紫色的虚线框。

图 2.4.58　显示公开库的更新

47. 设置工程图纸

在新建的工程中，软件会默认设置一个图纸符号给图页。如果需要设置自定义的每次新建工程的图纸模板，可以在“顶部菜单→设置→图纸”设置默认的图纸模板。当创建完工程后，会把工程的图纸模板存下来，下次创建新的图页的时候会根据工程图纸信息进行创建图纸。所以我们可以再另外设置工程图纸的模板信息。

48. 当前工程图纸模板

操作入口：顶部菜单→设计→图纸预设。

工程图纸设置对话框，如图 2.4.59 所示。

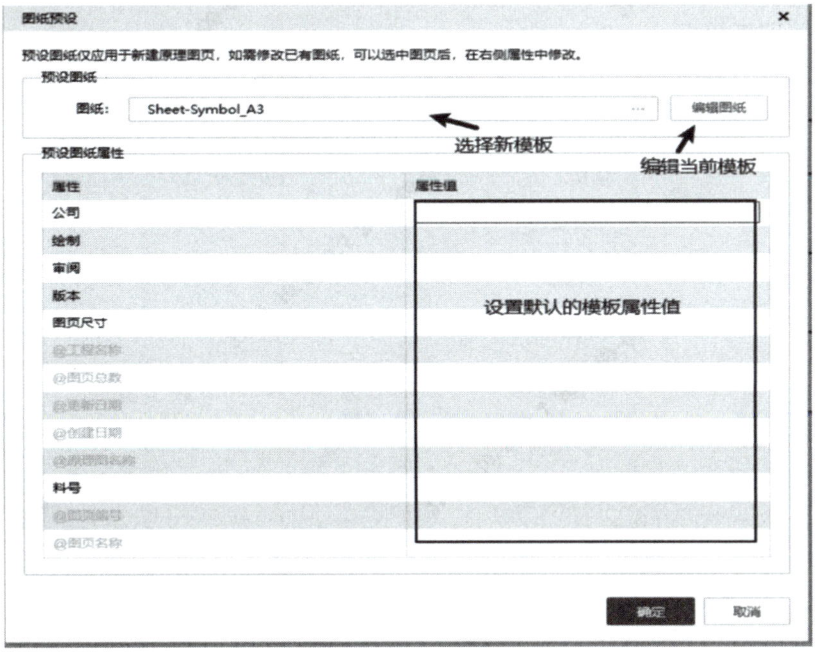

图 2.4.59　工程图纸预设

图纸模板是指点击后选择所需要的新模板。如果后续的图页不需要图纸，在打开的图纸选择对话框里面勾选“不使用图纸”，如图 2.4.60 所示。

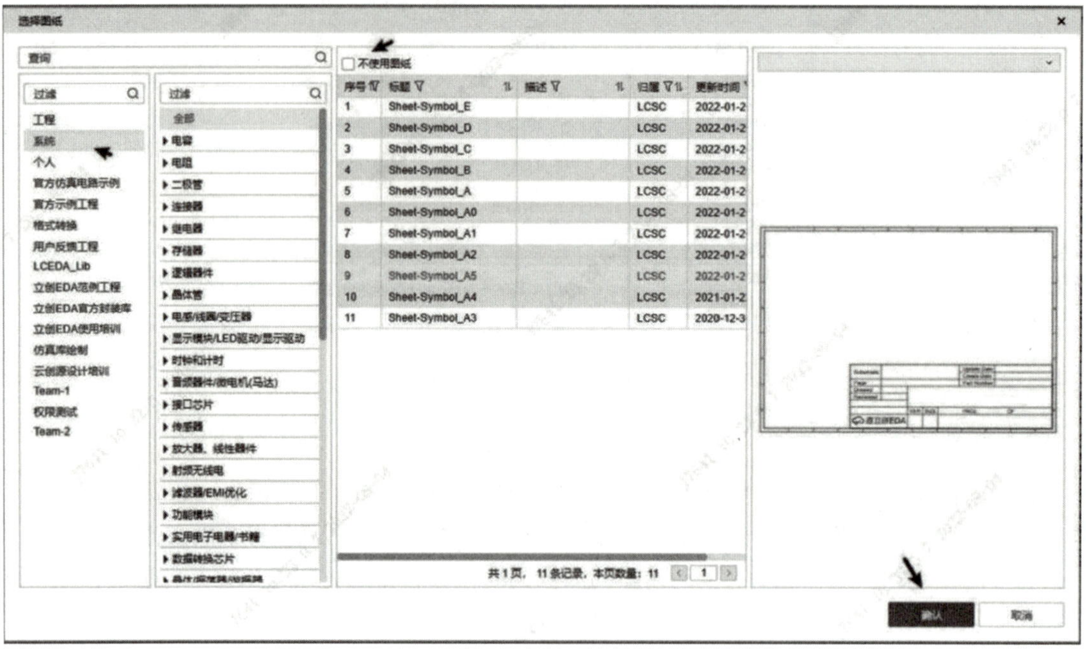

图 2.4.60　图纸选择

可以根据图纸模板展示对应可以修改的属性，在右侧修改属性值，下次创建图页的时候，图纸的值将根据这里设置的值生成。在修改工程图纸模板界面，点击“应用”时会提示应用范围，可以快速进行设置。

1）编辑页图纸模板

如果需要更换当前图页的图纸模板，只需要在画布右边的属性面板设置新的图纸模板即可，如图 2.4.61 所示。

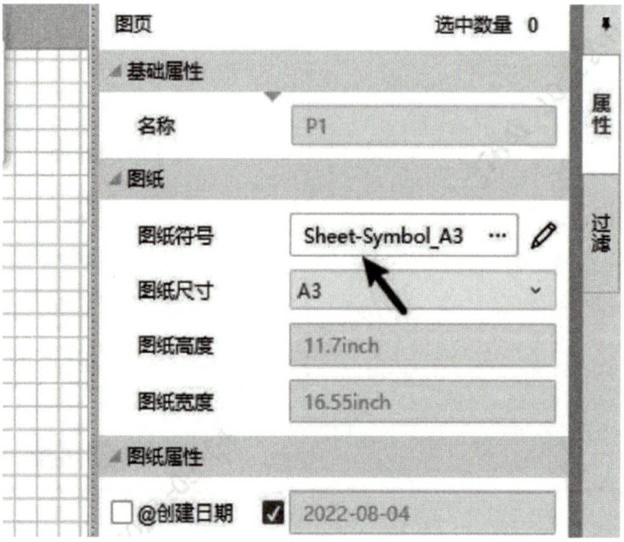

图 2.4.61　编辑页图纸模板

选择新的图纸或点击“不使用图纸”后，点击“确认”即可生效应用到当前图页，如图 2.4.62 所示。

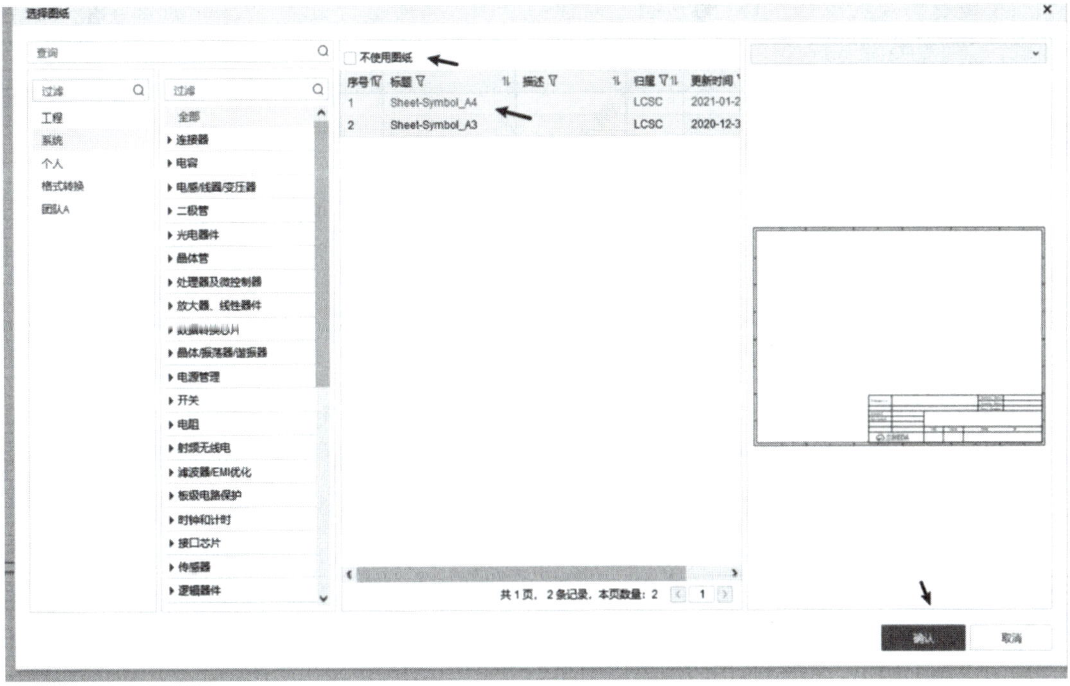

图 2.4.62　选择图纸界面

当前图页的图纸替换只对当前图页有效，下个新建图页会根据工程图纸设置创建。如果要编辑当前图纸，可以点击图纸名称旁边的“编辑”图标，将会打开当前的图纸符号库，等待编辑保存。

打开后，可以根据自己的需要修改图纸的大小，可以通过左侧的向导调整，也可以手动添加自定义属性，修改表格等，如图 2.4.63 所示。

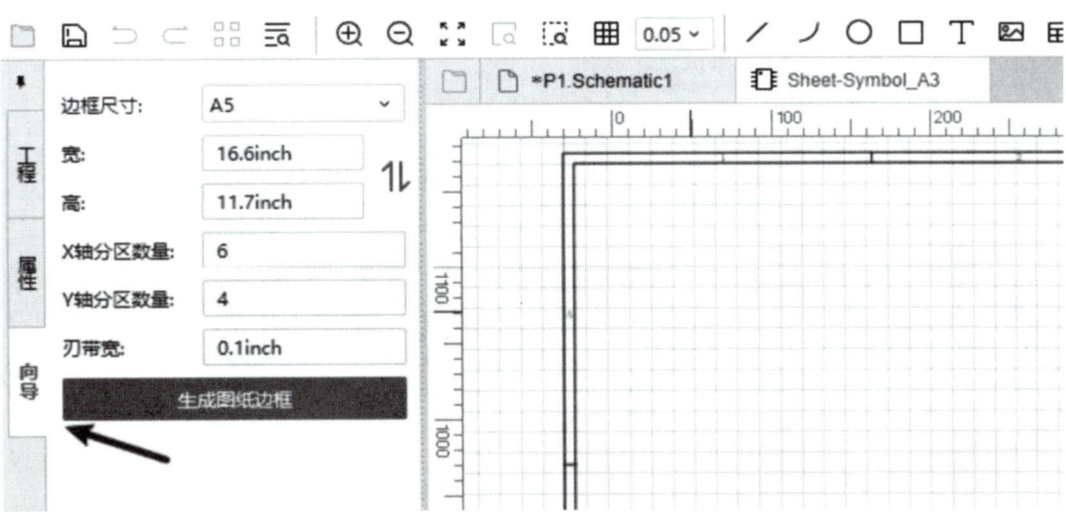

图 2.4.63　左边栏修改图纸

修改完成后，保存即可更新之前的图纸。如果没有及时更新，需要重新打开图页。

2）创建自定义图纸模板

如果没有想要的图纸模板，可以自己新建一个图纸符号进行关联。入口：顶部菜单→新建→图纸，“符号类型”选择“图纸符号”。

绘制完图纸符号后，即可在系统设置→工程图纸设置→单页图纸切换，找到新建的图纸并应用。再次编辑可以在底部库→器件→个人中找到，再右键器件列表进行编辑。

演示视频 4　修改原理图图纸大小

49. 封装管理器

批量修改封装，如果原理图中同样封装的器件很多时，那么批量修改封装将大大减少工作量。在原理图界面打开封装管理器，如图 2.4.64 所示。

操作入口：顶部菜单→工具→封装管理器；或者选中元件后，在右边属性面板点击元件属性的封装输入框。

打开后可以看到在工程下所有器件的符号和封装，上边是符号，下边则是封装。鼠标移动在右侧的引脚列表时，对应的相同编号的封装焊盘也会同时高亮，方便定位。

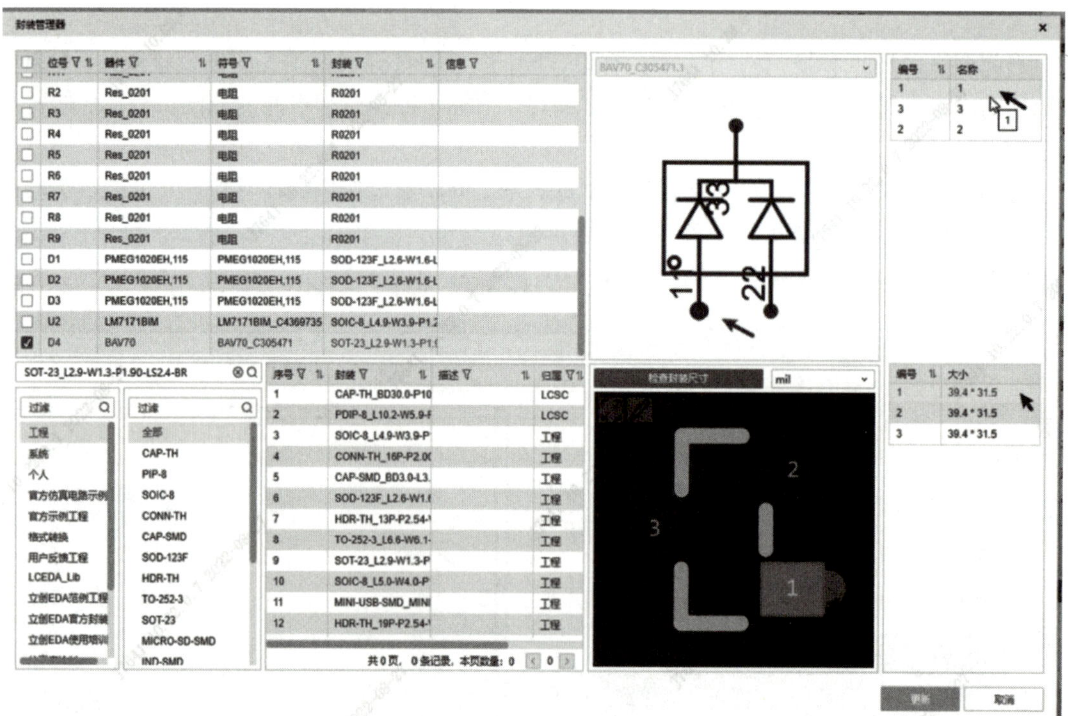

图 2.4.64　封装管理器

符号和封装预览区域支持滚轮缩放显示。符号如果是多部件可以在顶部切换部件，封装支持切换单位、检查封装尺寸、放大预览、编辑封装（直接打开选中的封装），如图 2.4.65 所示。

在左侧选择要修改的元件，搜索或选择需要替换的封装，点击“更新”即可把最新的封装更新到原理图，如图 2.4.66 所示。

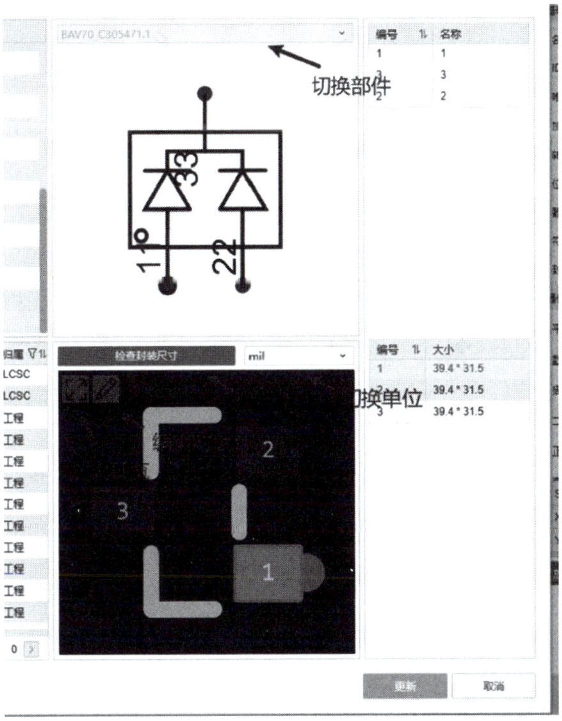

图 2.4.65　符号和封装预览区域

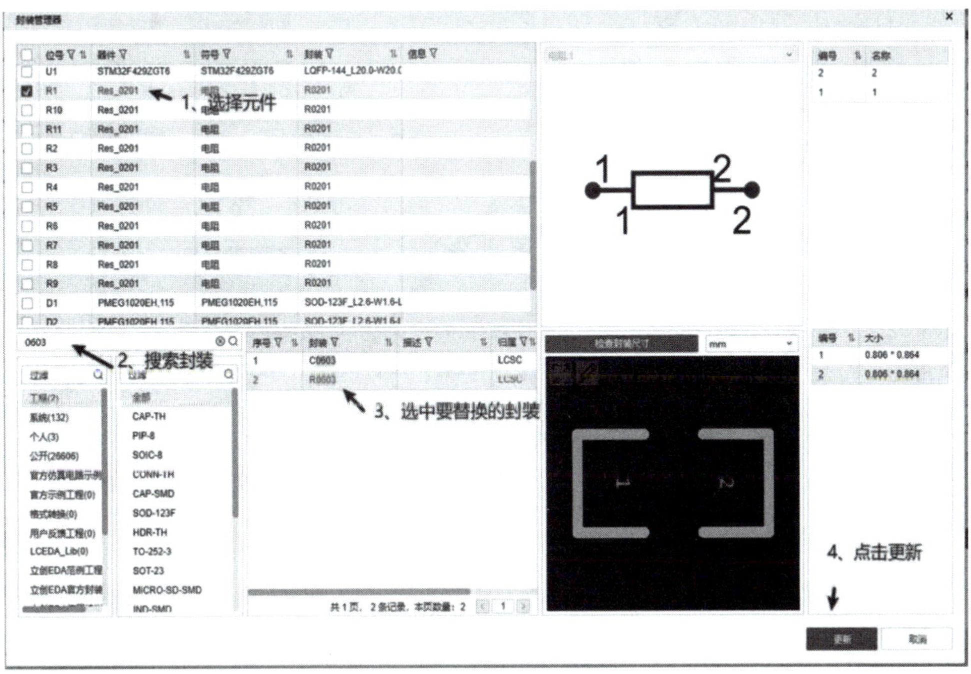

图 2.4.66　更新步骤

更新完成后消息提示如图 2.4.67 所示。

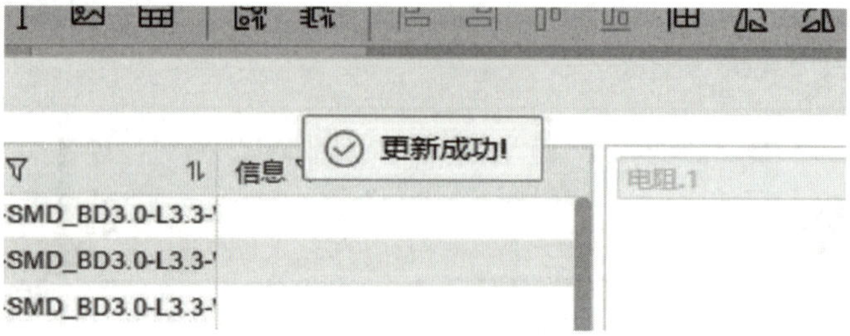

图 2.4.67　更新成功

提示：当元件没有封装，或者符号的引脚编号和封装焊盘编号不匹配时，元件列表的信息列会报错，列出报错信息。

元件的引脚编号全部与封装焊盘编号匹配，否则无法转 PCB 或更新 PCB。引脚数量可以比焊盘数量少。

50. 器件管理器

软件支持通过器件管理器进行器件替换。方便修改器件的物料属性，方便输出规范统一的 BOM。

操作入口：顶部菜单→工具→器件管理器；选中器件→右边属性面板→点击器件属性输入框。

在器件管理器对话框，选择左侧的器件后，搜索需要替换的目标器件，检查无误后直接替换，如图 2.4.68 所示。

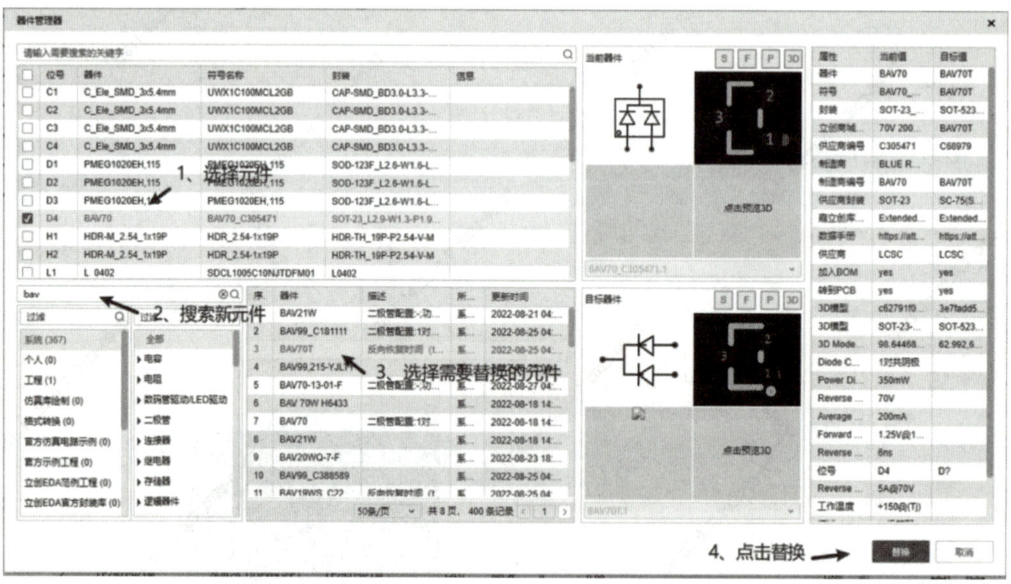

图 2.4.68　器件管理器

替换前可以预览目标器件的符号、封装、实物图和属性等。替换后会替换掉除位号和唯一 ID 外的全部属性。

模块五　元件封装绘制

一、元件封装绘制界面简介

元件封装绘制界面主要有放置（P）、布线（U）、布局（O）、工具（T）、设置（I）等菜单。

1. 放置（P）

放置（P）菜单包括绘制过孔（V）、焊盘（P）、异形焊盘、填充区域、挖槽区域、禁止区域、线条（L）、测试点、FPC 补强板、文本、图片（G）、尺寸（D）、画布原点等要素，如图 2.5.1 所示。

图 2.5.1　封装放置菜单

2. 布线（U）

布线菜单包括布线拐角、布线宽度、自动裁剪丝印。

3. 布局（O）

布局菜单与原理图布局菜单功能相似。

4. 工具（T）

工具菜单包括测量距离、智能尺寸、检查尺寸、命令、日志、图层管理器、重新编号焊盘等操作。

二、元件封装绘制设置

在新建封装前，可以先设置封装的一些默认值。

入口：顶部菜单→设置→封装设置。

该设置包括通用、主题、常用网格/栅格尺寸设置、常用线宽设置、常用过孔尺寸设置和吸附等。PCB/封装的常规与主题设置和原理图的常规与主题设置类似，在此不再赘述。

1. 常用网格/栅格尺寸设置

设置 PCB 和封装界面网格/栅格尺寸的常用尺寸，方便画布图元网格定位，包括直角坐标系和极坐标系两种设置方式。设置后可以在视图菜单和画布右键菜单切换网格尺寸。

2. 常用线宽

设置 PCB 走线的线宽。设置好常用的线宽后，在布线过程中可以通过快捷键“Shift + W”，或“Ctrl” + 右键菜单对常用的线宽进行切换，也可以在顶部布线菜单设置。

3. 常用过孔尺寸

PCB 走线的常用过孔设置如图 2.5.2 所示。设置好自己常用的过孔尺寸后，在布线过程中可以通过快捷键“Shift + V”，或“Ctrl” + 右键菜单进行常用过孔尺寸的切换。也可以在顶部布线菜单中设置。

图 2.5.2　常用过孔尺寸设置界面

4. 吸附

支持多种吸附设置，便于进行各种吸附操作。在顶部编辑菜单，或画布右键菜单开启吸附功能，如图 2.5.3 所示。

图 2.5.3　吸附设置界面

三、元件封装绘制操作摘要

1. 创建封装库

封装库是将电子的元器件、芯片等的各种参数（如元器件的大小、长宽、直插、贴片、焊盘的大小、管脚的长宽、管脚的间距等）用图形方式表现出来，以便在画 PCB 图时进行调用。封装库工具的使用方法与 PCB 下的“PCB 工具”一致，只是工具栏内少一些不需要的功能。

如果需要一个 PCB 封装，但在元件库中不存在，那么可以自行进行创建，且创建器件也需要一个封装库才能完成。创建封装库与创建元件符号库几乎一致。

2. 绘制元件封装

新建元件库后，所有的元件符号都可以保存在同一元件库里。在开始页点击“新建封装”按钮或者打开文档后在顶部菜单→文件→新建→封装，完成新建。

1）新建封装

功能步骤：顶部菜单→文件→新建→封装。

封装名称命名建议使用科学的命名规则，方便管理和复用。根据器件的数据手册来绘制相应的封装。

扫描二维码获取需要绘制的元件规格书：

获取元件规格书

2）根据规格书获取封装信息

阅读规格书，获取封装尺寸、方位信息。绘制封装时需要注意封装 0°方向（0°就是当前绘制的角度，当封装放置在 PCB 里面后它的角度在属性面板显示为 0°），利于 SMT 贴片。

3）绘制封装

查看封装的尺寸、引脚方向与极性，然后放置焊盘在画布上。需要根据自己实际情况适当调整焊盘的形状和大小。元件引脚方向如图 2.5.4 所示，按逆时针计数 1 到 8 脚。

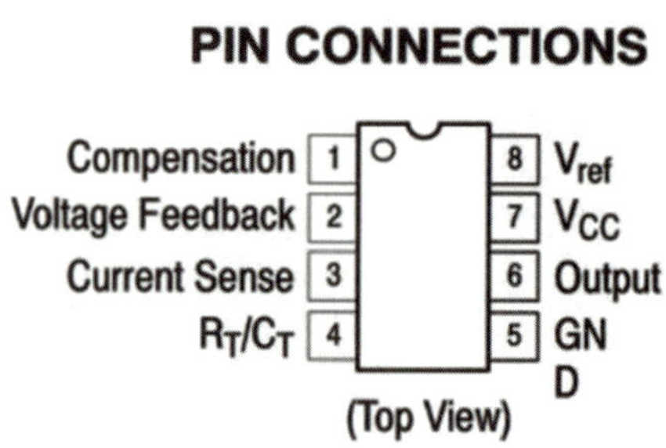

图 2.5.4　元件引脚图示例

元件尺寸参数如图 2.5.5 所示，方向为横向摆放。

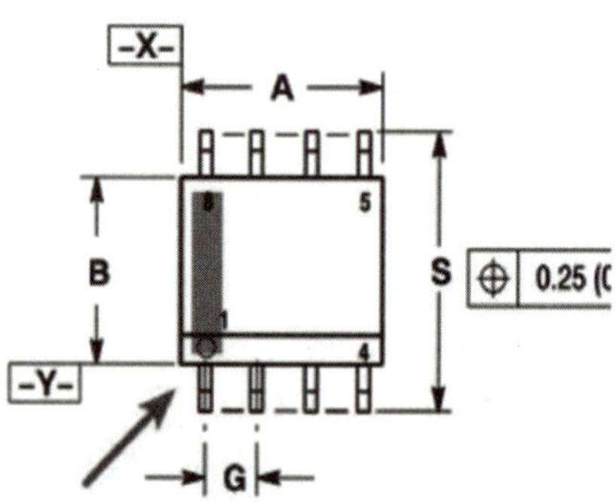

图 2.5.5　元件尺寸参数示例

根据元件尺寸图放置焊盘在顶层（有些金手指封装需要顶层和底层同时放置），如图 2.5.6 所示。需要修改焊盘的属性，其中包括焊盘编号、类型、大小。先确定第一个焊盘的坐标，然后放置多个，使用顶部菜单的对齐工具进行平均分布。如果移动焊盘步进距离不合适可以在右边修改栅格大小。

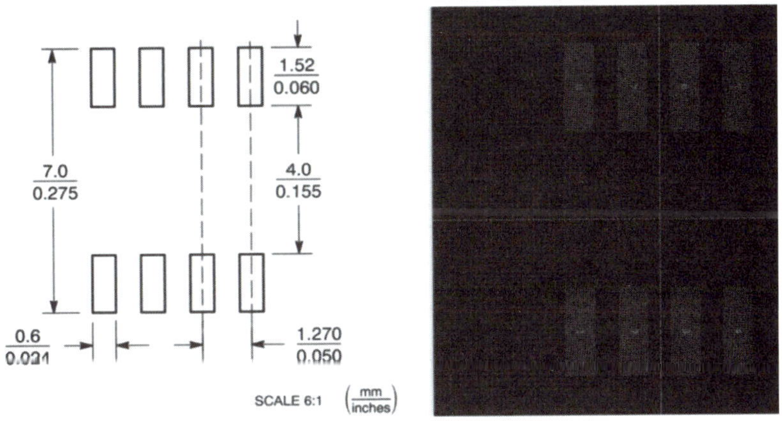

图 2.5.6 规格书尺寸与封装绘图结果

绘制元件边框丝印，可以在机械层、文档层放置对应标识图形。

将层切换至顶层丝印，如图 2.5.7 所示。

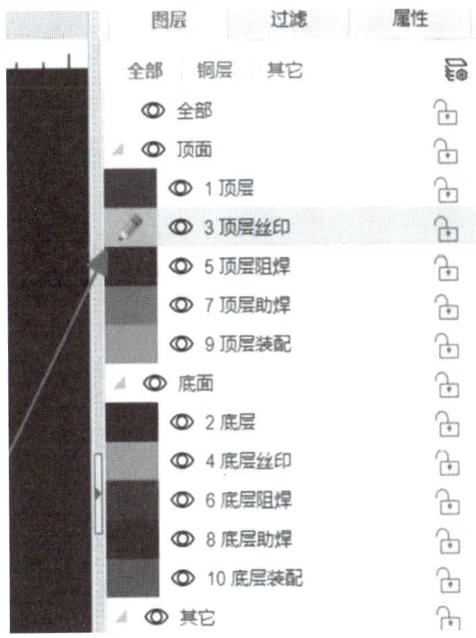

图 2.5.7 进入丝印层

使用导线、圆弧等工具绘制元件丝印，如图 2.5.8 所示。

放置的焊盘至少要一个中心点尽量在格线上，以免使用封装时出现导线连接焊盘困难的问题。

焊盘编号可以设置数字和字母，其需与元件的引脚编号一一对应，否则在原理图中指定该封装时，封装管理器会报错，无法转为 PCB 文件。焊盘编号通过鼠标放置可以递增，如果通过复制/粘贴放置，编号将保持不变。

绘制完封装后，封装的坐标原点建议修改到封装正中央，以利于放置或旋转时保持鼠标在图形正中心，也利于 SMT 机器在识别元件中心时减少元件调整工作。

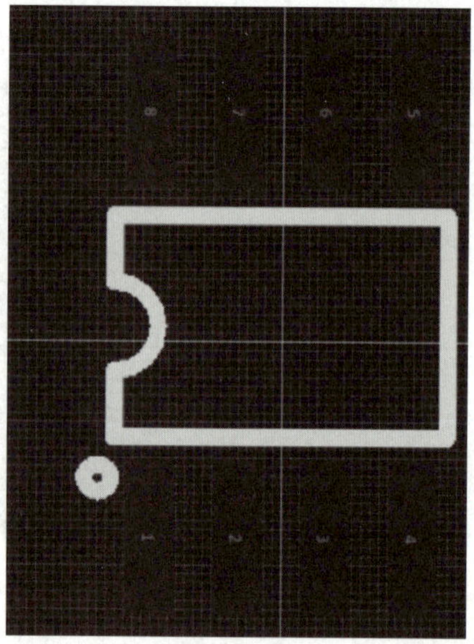

图 2.5.8 绘制丝印

3. 封装属性

封装界面右侧面板显示整个封装的属性、位号、分类以及其他的信息，如图 2.5.9 所示。

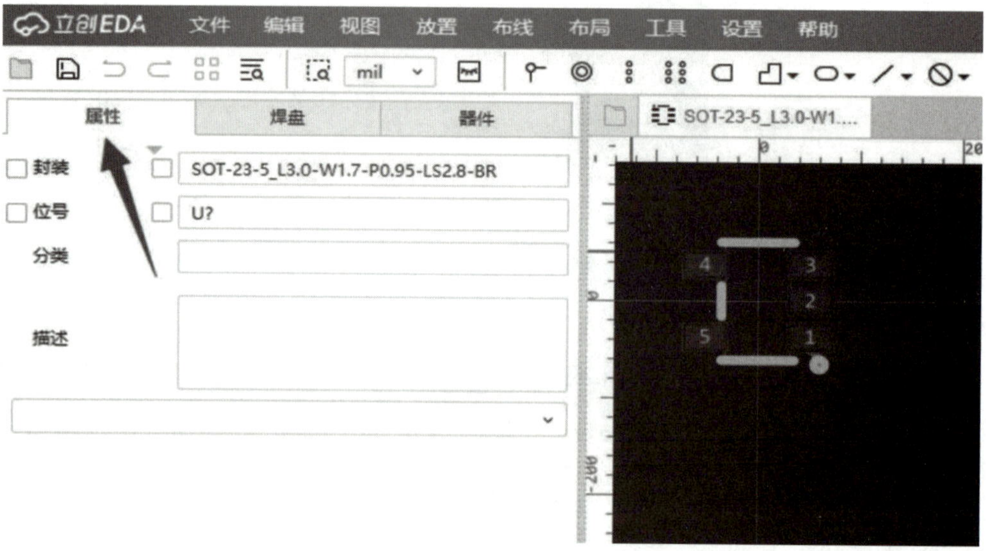

图 2.5.9 封装界面右侧面板

界面说明：

（1）封装：用来对封装的命名，勾选旁边的复选框后，可以在封装里面显示封装的名称，如图 2.5.10 所示。

（2）位号：对封装进行位号设置。

（3）分类：可以修改封装的分类，方便后期的管理和维护。点击“分类”的输入框，弹出选择窗口，即可在这里修改分类，如图 2.5.11 所示。

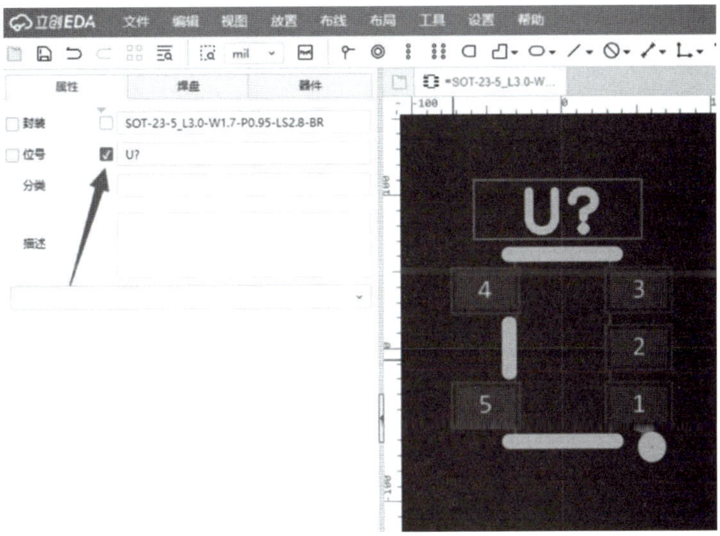

图 2.5.10　封装显示内容选择

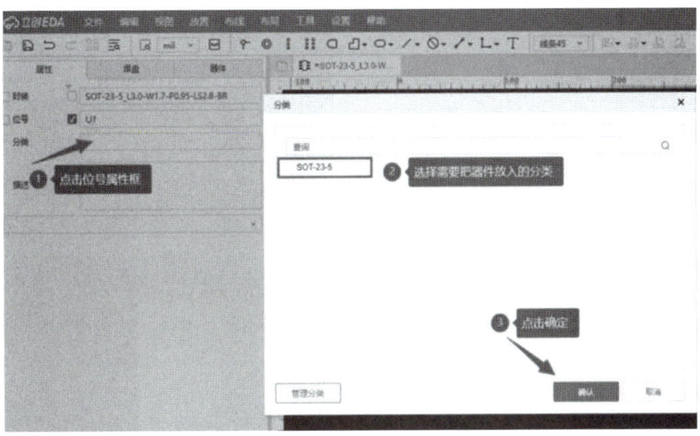

图 2.5.11　封装分类设置

（4）描述：用于对封装增加一些文字描述，如图 2.5.12 所示。

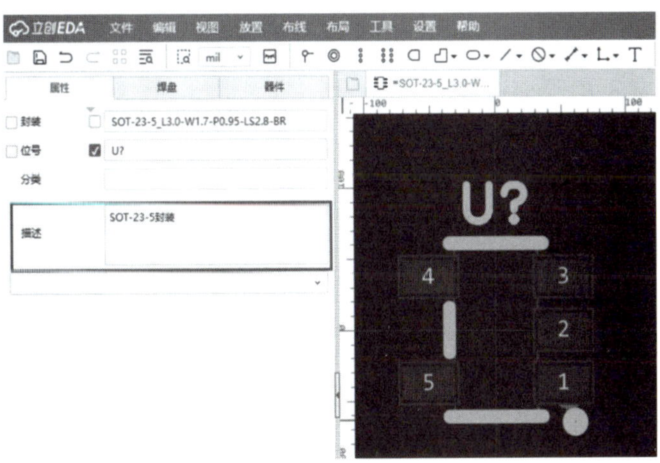

图 2.5.12　添加描述

（5）属性添加：用于对焊盘的属性添加，单击右侧的下拉选择框，点击需要添加的属性，即可完成添加，如图 2.5.13 所示。

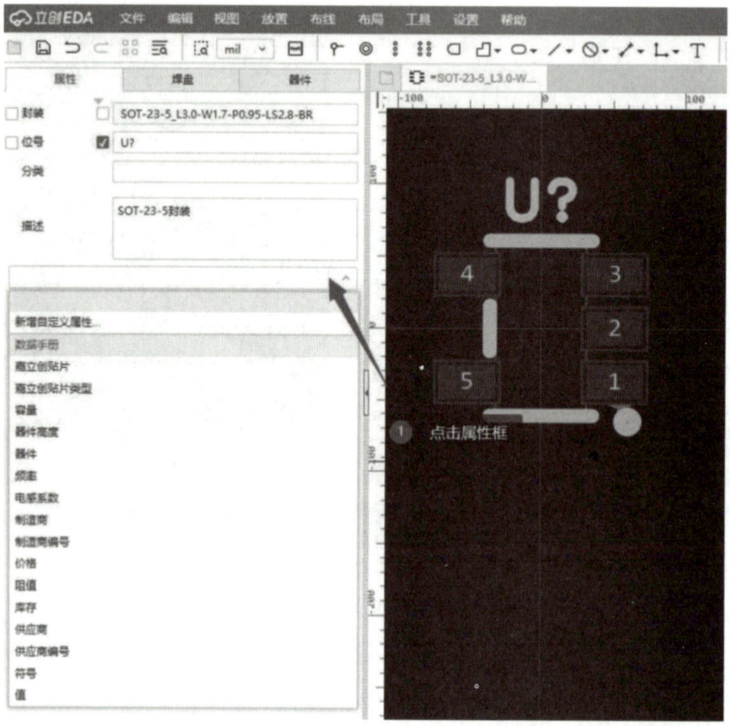

图 2.5.13　添加属性

将鼠标悬停在添加属性的空白处中间，点击鼠标右键可删除添加的属性，系统默认属性不可删除，如图 2.5.14 所示。

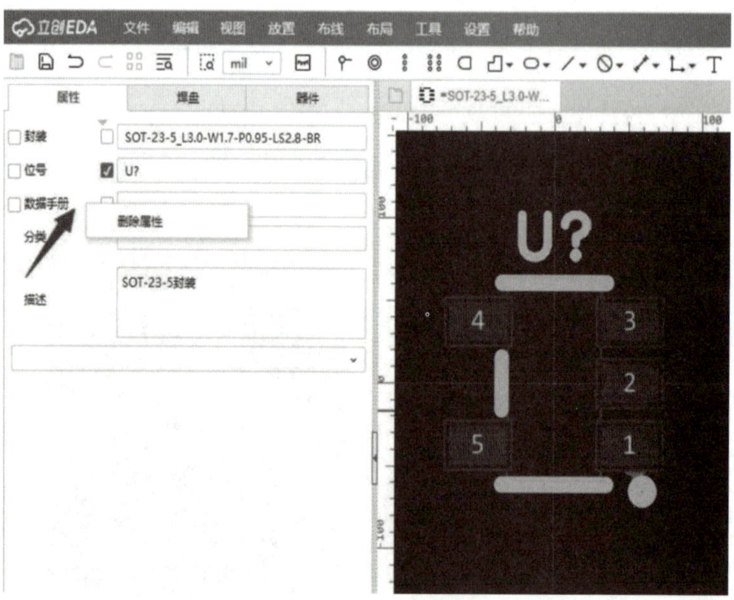

图 2.5.14　删除属性操作

4. 焊盘编辑器

封装焊盘编辑器可对封装图纸页内所有的焊盘进行编辑查看。双击列表可修改焊盘的属性，如图 2.5.15 所示。

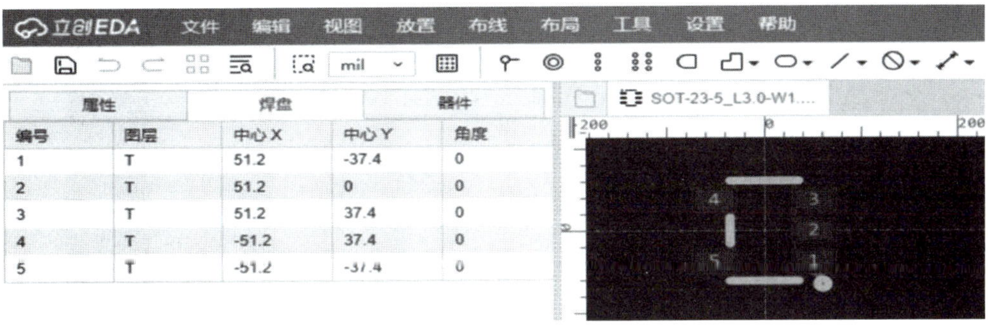

图 2.5.15　双击列表修改焊盘的属性

① 编号：表示焊盘的编号。
② 图层：T 是顶层的焊盘，B 是底层的焊盘，M 是通孔类型的焊盘。
③ 中心 X：表示焊盘在封装页面的 X 坐标值。
④ 中心 Y：表示焊盘在封装页面的 Y 坐标值。
⑤ 角度：可设置焊盘的角度。

5. 封装向导

软件提供一个常用封装且功能强大的创建向导，使用封装向导可以快速根据规格书进行创建封装。

操作入口：左侧面板→向导，如图 2.5.16 所示。

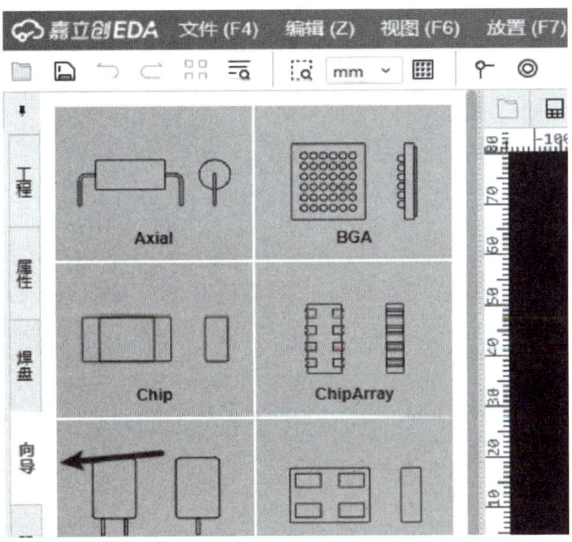

图 2.5.16　向导入口

点击封装类型缩略图可以进入参数填写界面，在参数填写界面点击预览图和顶部导航可以返回上一级，如图 2.5.17 所示。

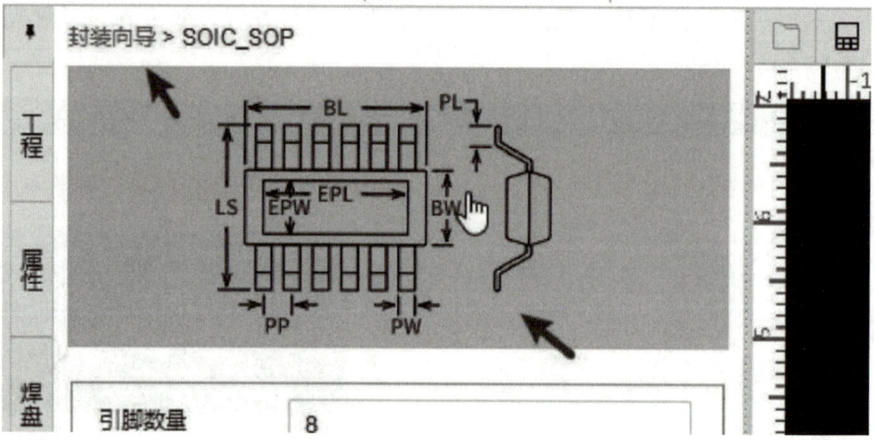

图 2.5.17　返回上一级

使用步骤：

（1）选择需要创建的封装类型。点击示意图进入，例如选择 SOIC_SOP 类型封装，如图 2.5.18 所示。

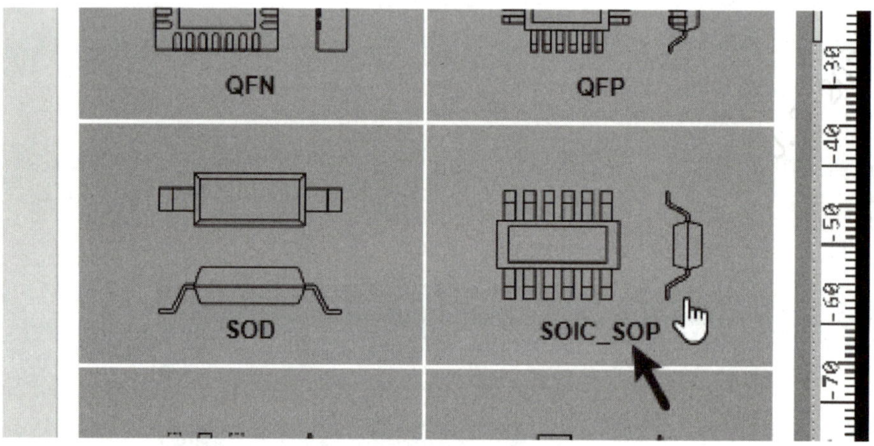

图 2.5.18　选择 SOIC_SOP 类型封装

（2）根据规格书设置封装的物理尺寸，涉及外形长（BL）、外形宽（BW）、引脚跨距（LS）、引脚间距（PP）、引脚大小（PW），如果有散热焊盘还有散热焊盘长（EPL）、焊盘宽（EPW）。

例如需要创建一个 SOP-8 的封装，根据规格书可以得知该封装的物理尺寸如图 2.5.19 所示。

① 引脚数量：8；

② 焊盘形状：矩形；

③ 引脚跨距（LS）：5.80 和 6.20 mm，对应尺寸 E 的最小、最大值；

④ 本体长度（BW）：3.80 和 4.00 mm，对应尺寸 E1 的最小、最大值；

⑤ 本体宽度（BL）：4.80 和 5.00 mm，对应尺寸 D 的最小、最大值；

⑥ 引脚长度（PL）：0.40 和 1.27 mm，对应尺寸 L 的最小、最大值；

⑦ 引脚宽度（PW）：0.31 和 0.51 mm，对应尺寸 b 的最小、最大值；

⑧ 引脚间距（PP）：1.27 mm，对应尺寸 e 的值。

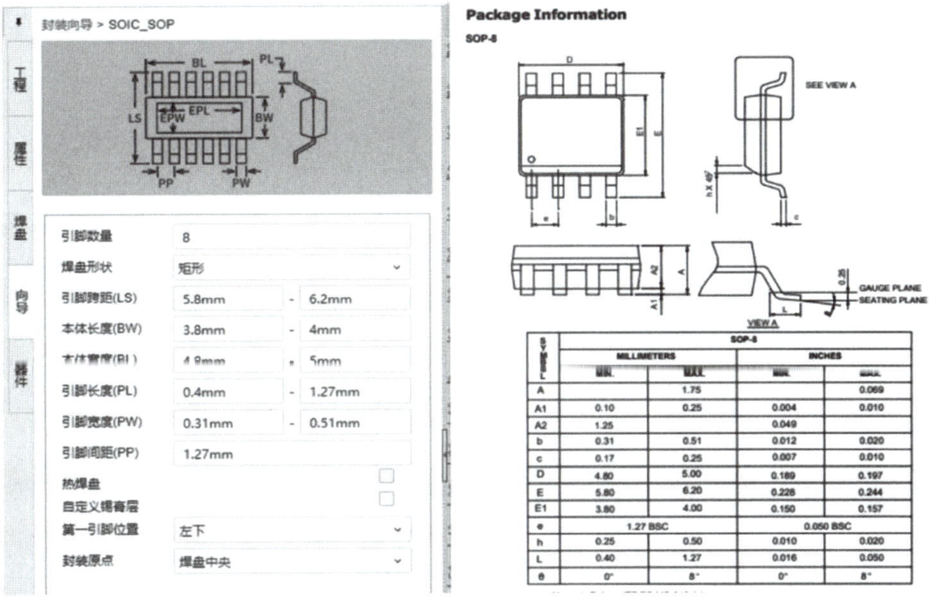

SYMBOL	SOP-8			
	MILLIMETERS		INCHES	
	MIN.	MAX.	MIN.	MAX.
A		1.75		0.069
A1	0.10	0.25	0.004	0.010
A2	1.25		0.049	
b	0.31	0.51	0.012	0.020
c	0.17	0.25	0.007	0.010
D	4.80	5.00	0.189	0.197
E	5.80	6.20	0.228	0.244
E1	3.80	4.00	0.150	0.157
e	1.27 BSC		0.050 BSC	
h	0.25	0.50	0.010	0.020
L	0.40	1.27	0.016	0.050
θ	0°	8°	0°	8°

图 2.5.19　SOP-8 封装尺寸

如果需要自定义热焊盘和自定义锡膏层，可以勾选并设置相应的参数。第一引脚位置通常在左下，封装原点通常在焊盘中央。

（3）点击下方的“生成封装”按钮后，画布会生成对应的封装内容。开启元件相关的层就可以看到生成的引脚焊接大小和元件外形大小，如图 2.5.20 所示。

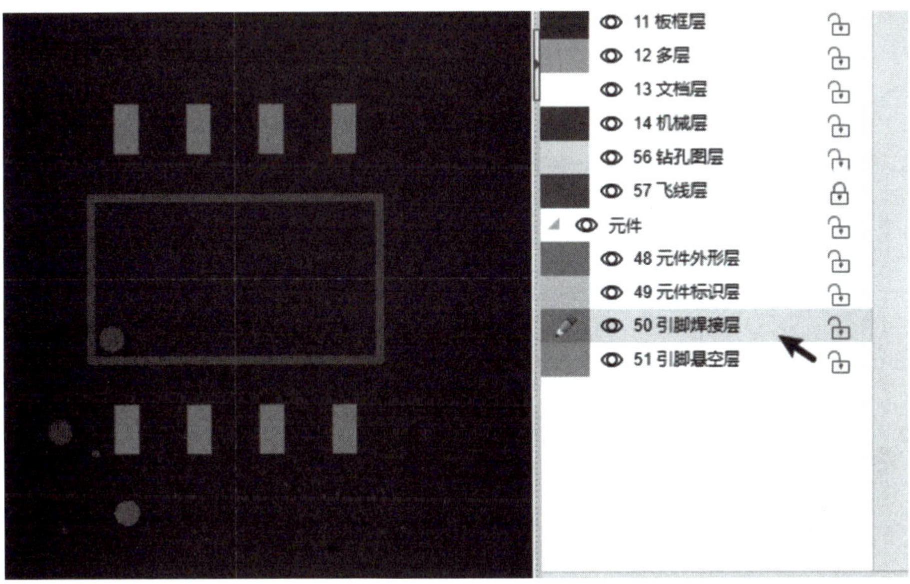

图 2.5.20　封装生成结果

注意：

向导填写的是封装的物理尺寸，并不是封装焊盘的尺寸，向导会根据填写的参数自动预留余量来生成焊盘。

封装向导提供的参数和生成的尺寸仅供参考，生成后的封装尺寸需要根据规格书的建议值和实际生产的相关信息进行调整。

6. 放置焊盘

焊盘是表面贴装装配的基本构成单元，用来构成电路板的焊盘图案（Land Pattern），即各种为特殊元件类型设计的焊盘组合。

操作入口：使用快捷键“P”或顶部的快捷工具栏放置。

当选中一个焊盘时，可以在右边属性面板修改它对应的属性，或者双击鼠标左键，弹出属性对话框来修改它的属性，如图 2.5.21 所示。

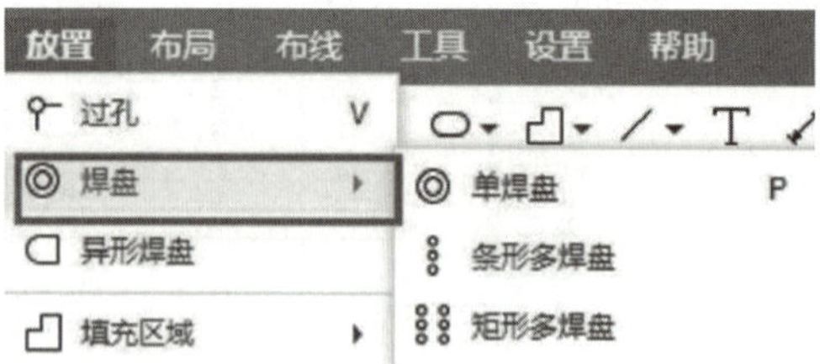

图 2.5.21　放置焊盘菜单

（1）条线形焊盘：根据绘制的条形生成焊盘阵列，也可以通过在动态输入框内输入的数值来生成焊盘阵列。只有绘制直线才能生成焊盘阵列，多边形不能生成；不支持同时多个方向生成焊盘，一次只朝一个方向生成。

（2）矩形多焊盘：根据绘制的矩形生成焊盘阵列，也可以通过在动态输入框内输入的数值来生成焊盘阵列。选中焊盘，在右侧的属性面板里将图层设置为顶层或底层，即可修改焊盘为贴片焊盘，如图 2.5.22 所示。

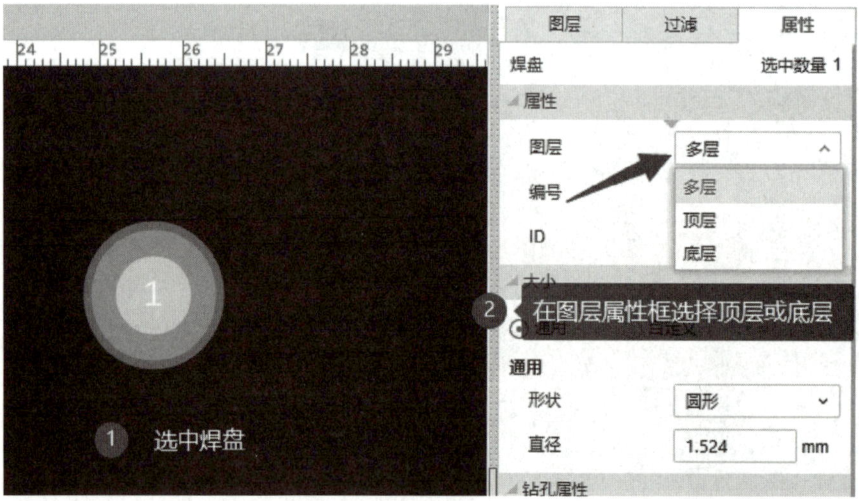

图 2.5.22　修改贴片焊盘

一般不规则的焊盘被称为异形焊盘，典型的有金手指、大型的器件焊盘或者板子上需要添加特殊形状的铜箔，如图 2.5.23 所示。

放置异形焊盘步骤：顶部菜单→放置→异形焊盘，或在顶部快捷栏选择异形焊盘。

图 2.5.23　放置→异形焊盘菜单

当光标变成十字状态即可开始绘制异形焊盘。绘制完异形焊盘后弹出属性窗口，如图 2.5.24 所示，可以设置异形焊盘的属性如下：

① 图层：可将异形焊盘设置为顶层和底层或者多层。

② 编号：异形焊盘的编号，不可重复。

③ ID：系统默认，不可修改。

④ 形状：默认异形焊盘，不可修改。

⑤ 中心 X：焊盘绘制的 X 轴位置。

⑥ 中心 Y：焊盘绘制的 Y 轴位置。

⑦ 角度：异形焊盘的角度设置，默认为 0。

⑧ 锁定：锁定异形焊盘，不可移动。

⑨ 阻焊扩展：默认跟随系统规则。

⑩ 助焊扩展：默认跟随系统规则。

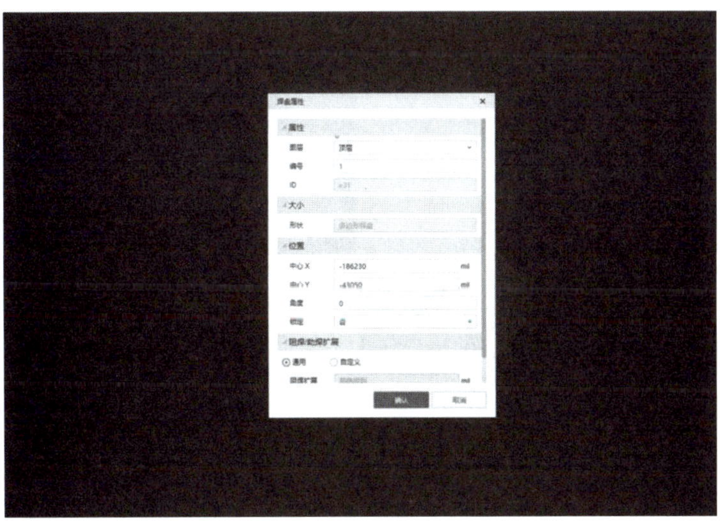

图 2.5.24　异形焊盘的属性

点击创建完成的异形焊盘可在左侧面板修改属性，如图 2.5.25 所示。

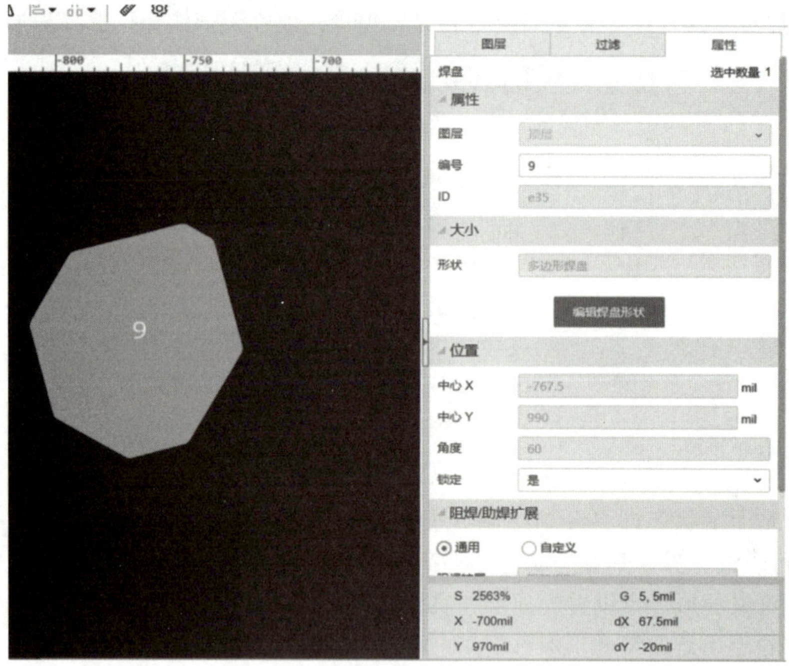

图 2.5.25　修改属形

7. 画布原点

对绘制好的封装设置原点位置，如图 2.5.26 所示，操作步骤：顶部菜单→放置→画布原点→从光标。说明如下：

（1）从光标：选择“从光标”后，可用鼠标来选择原点位置，选择后那里的坐标值将会变为 0。

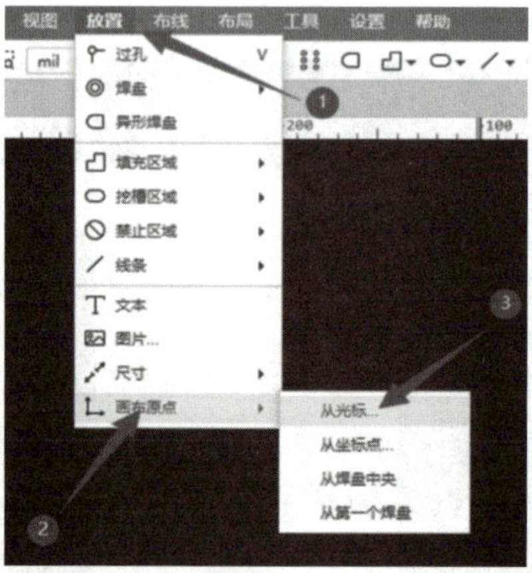

图 2.5.26　鼠标点击位置坐标原点

（2）从坐标点：点击后会弹出一个对话框，在里面输入想要设置为原点的坐标值，即可将输入的坐标值调整为原点。

（3）从焊盘中央：点击后，系统就会选择两边焊盘的中间为原点。

（4）从第一个焊盘：将焊盘的第一个引脚设置为原点，如图 2.5.27 和图 2.5.28 所示。

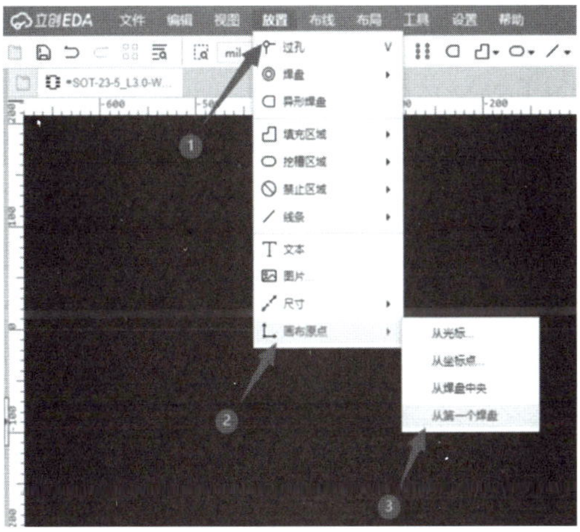

图 2.5.27　将焊盘的第一个引脚设置为原点

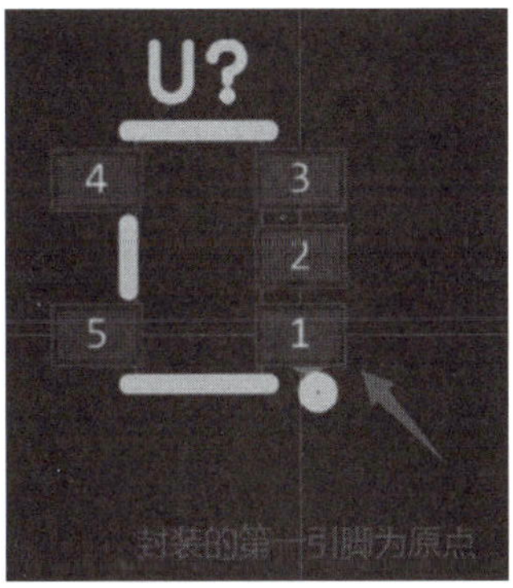

图 2.5.28　原点为焊盘的第一个引脚

8. 自动裁剪丝印

自动裁剪丝印是把绘制在焊盘上的丝印裁剪掉，在快速绘制封装外形丝印时使用。

操作方法：顶部菜单→布线→剪裁丝印。

如图 2.5.29 所示，自动裁剪丝印只能用于折线；矩形、圆形等图元无法生效使用；剪裁丝印功能默认为启动。

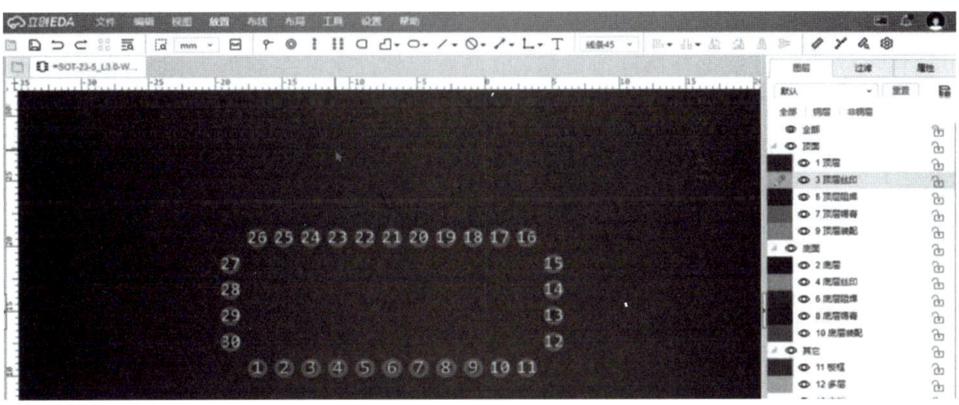

图 2.5.29　自动裁剪丝印

9. 智能尺寸

智能尺寸功能用于测量和快速绘制封装。使用方法：顶部菜单→工具→智能尺寸。

焊盘四周出现白色的小圆圈时，智能尺寸功能开启成功。

10. 检查尺寸

检查尺寸功能用于快速地检查封住的尺寸大小，不能进行编辑，但显示的内容会比智能尺寸显示的信息多。

使用方法：顶部菜单→工具→检查尺寸。

说明：检查尺寸显示的内容是根据当前器件来生成的，器件修改或编辑后会自动退出检查功能。

11. 重新编号焊盘

如果放置了非常多的焊盘，需要重新对焊盘进行编号，可以使用重新编号焊盘功能，如图 2.5.30 所示。

入口：工具→重新编号焊盘；画布右键菜单→重新编号焊盘。

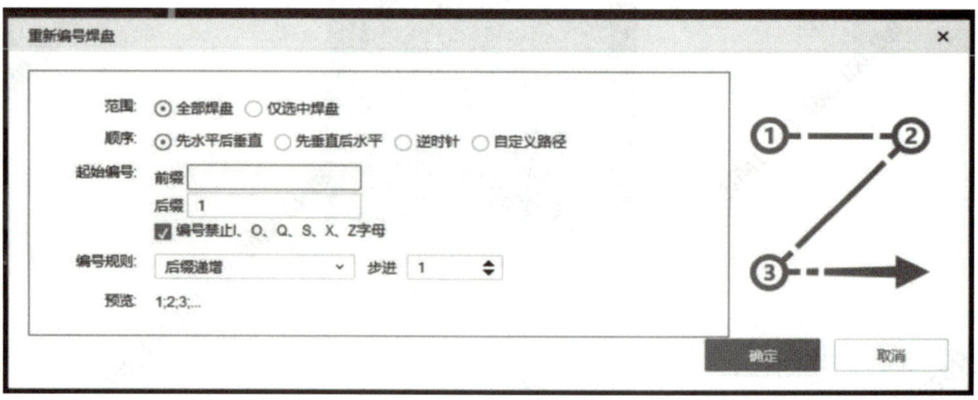

图 2.5.30　重新编号焊盘

12. 关联封装

器件需要关联封装和符号才可以被放置在原理图或者 PCB。封装界面右侧面板的器件标签页可以展示这个封装被哪些器件所关联，方便新建器件关联当前封装，也方便直接在已有绑定的器件中直接移除这个封装的绑定关系。

模块六　PCB 版图布局

一、PCB 版图布局界面

PCB 版图布局界面主要的菜单有放置（P）、设计（D）、布线（U）、布局（O）、工具（T）、导出（R）、下单（A）和设置（I）。

1. 放置（P）

放置菜单可以绘制 PCB 的过孔（V）、缝合孔、焊盘（P）、异形焊盘、板框、铺铜区域、填充区域、挖槽区域、禁止区域、约束区域、线条（L）、测试点、FPC 补强板、文本、图片（G）、尺寸（D）、堆叠表、钻孔表、画布原点、3D 外壳相关构成等，如图 2.6.1 所示。

图 2.6.1　放置菜单

2. 设计（D）

设计菜单包括从原理图导入变更、更新 PCB 到原理图、从复用模板更新布局布线、设计规则、检查 DRC、检查 DRC（自定义）、清除错误、实时 DRC、分配位号、交叉选择、网络类管理器、差分对管理器、等长网络组管理器、焊盘对组管理器、更新工程库、重置元件唯一 ID 等内容，如图 2.6.2 所示。

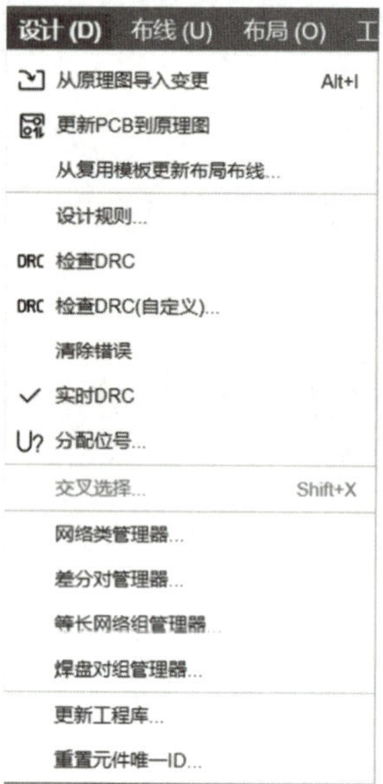

图 2.6.2　设计菜单

3. 布线（U）

布线菜单能完成单路布线、拉伸导线、差分对布线、等长调节、差分对等长调节、自动布线、扇出布线、布线模式、布线拐角、布线宽度、移除回路、清除布线等操作，如图 2.6.3 所示。

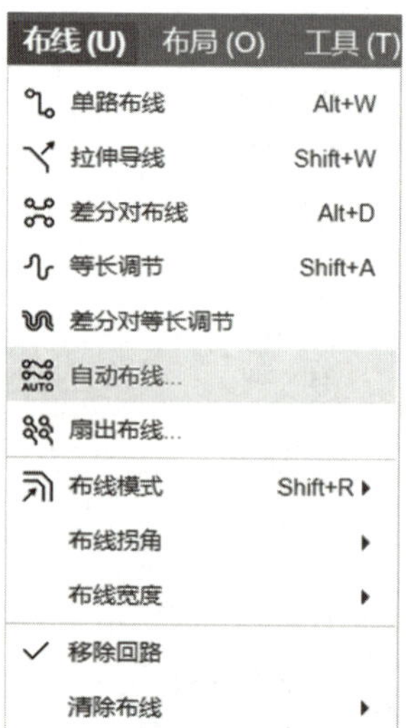

图 2.6.3　布线菜单

4. 布局（O）

布局菜单实现 PCB 版图自动布局（预览版）、组合、属性位置、互换位置、翻面、偏移、对齐、分布、旋转、翻转等操作，如图 2.6.4 所示。

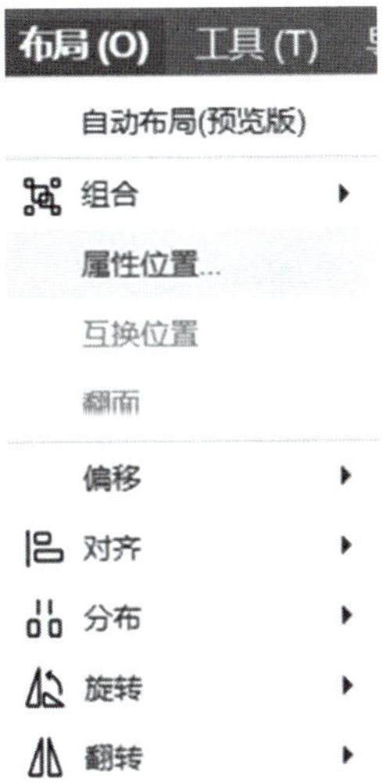

图 2.6.4　布局菜单

5.工具（T）

工具菜单可以实现测量距离、命令、泪滴、拼板、移除未使用的焊盘、日志、连接焊盘、器件管理器、图层管理器、铺铜管理器、3D 模型管理器、嘉立创 SMT 选型工具、焊接辅助工具等任务，如图 2.6.5 所示。

图 2.6.5　工具菜单

6. 导出（R）

导出菜单可实现导出物料清单（BOM）、PCB 制版文件（Gerber）、坐标文件、3D 文件、3D 外壳文件、测试点报告、PDF/图片（G）、DXF、ODB++、Altium Designer、自动布线（DSN）、PCB 信息等文件信息，如图 2.6.6 所示。

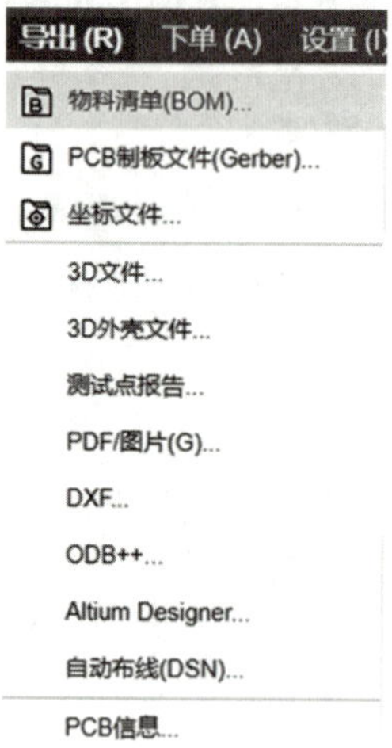

图 2.6.6 导出菜单

7. 下单（A）

下单菜单实现元件购买、SMT 元件购买、PCB 印制、3D 外壳制作等网上下单操作。也能使用嘉立创的其他服务，如图 2.6.7 所示。

图 2.6.7 下单菜单

二、PCB 版图布局设置

1. 画布属性

打开 PCB 后，在右边属性面板可以设置画布常用的参数，这些参数在顶部菜单、右键菜单都可以修改。设置的参数可以保存进 PCB 中，下次打开 PCB 会优先应用设置的参数，如图 2.6.8 所示。

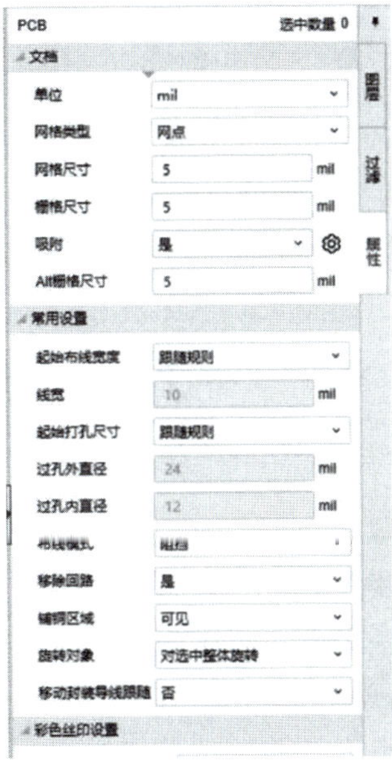

图 2.6.8　画布属性

2. PCB/封装通用设置

PCB 中操作相关的设置入口：系统设置→PCB/封装→通用，可以查看和修改它的属性，如图 2.6.9 所示。

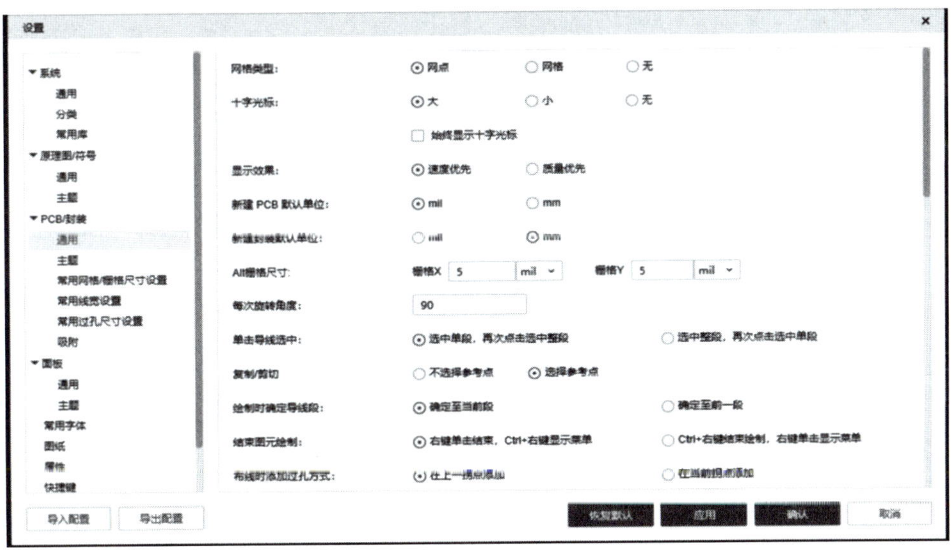

图 2.6.9　PCB/封装通用设置

① 网格类型：分为网格、网点、无。

② 十字光标：更改在 PCB 编辑器里光标的大小。

③ 默认单位：修改 PCB 编辑器的单位，也可以快捷键“Q”进行修改。

④ Alt 栅格尺寸：Alt 吸附尺寸（在绘制过程中按“Alt”键吸附应用该参数）。

⑤ 每次旋转角度：器件旋转的角度设置。

⑥ 移动元件，导线跟随方式：移动器件时，导线的跟随方式设置。

⑦ 始终显示十字光标：选中之后鼠标会一直是十字光标形状。

⑧ 显示效果：速度优先的会使编辑器的性能提升，但质量有所下降。质量优先是开启抗锯齿，开启后显示会比较平滑，对电脑配置有更高的要求。

⑨ 显示缩放尺：关闭和开启顶部快捷栏下方的缩放尺，如图 2.6.10 所示。

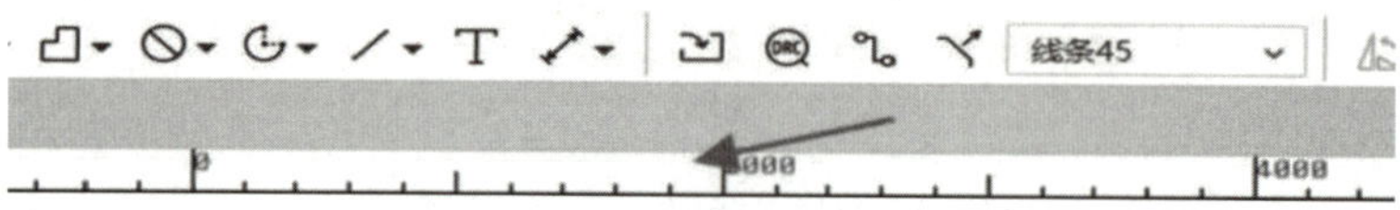

图 2.6.10　显示缩放尺

⑩ 焊盘显示网络：显示、隐藏器件焊盘的网络。

⑪ 焊盘显示编号：显示、隐藏器件焊盘的编号。

⑫ 导线显示网络：隐藏和显示导线上的网络。

⑬ 过孔显示网络：显示、隐藏过孔的网络。

⑭ 布线切层时优先放置盲埋孔：在布线切换层放置过孔时，设置对过孔或者盲埋孔进行优先设置。

⑮ 移动元件时导线跟随：移动器件时可以导线可以跟随着器件的移动跟随过去。

⑯ 生成制造文件前检查网络连接：导出 Gerber 文件时会检查 PCB 网络的连接是否完成。

⑰ 粘贴时保留位号：将复制好的器件粘贴在 PCB 时，保持原有的位号。

⑱ 使用动态输入框：在绘制板框、圆、铺铜时，会有一个动态输入框，在动态边框输入数据，即可按照输入的数据生成绘制的元素，如图 2.6.11 所示。

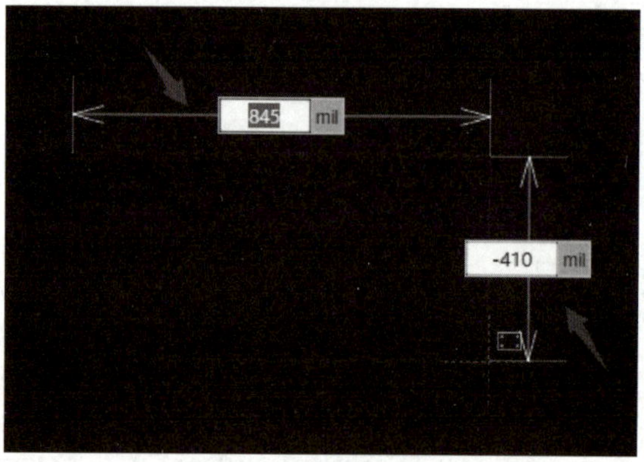

图 2.6.11　使用动态输入框

⑲ 移动封装，导线跟随：勾选上后移动器件，导线会跟随器件移动。

3. 主题设置

用户可根据个人喜好设置 PCB 界面的一些颜色配置，也可以选择其他 PCB 软件的主题。

4. 常用网格设置

设置常用直角坐标系和极坐标网格尺寸，方便布线时切换网格显示的大小。

5. 常用线宽设置

设置导线的常用线宽，在布线时可快捷切换导线的宽度。

6. 常用过孔尺寸设置

设置常用的过孔尺寸，在放置过孔时可快捷切换过孔的尺寸。

7. 工具栏

与原理图顶部面板工具栏相似，PCB 顶部面板中的工具栏是一些常用工具的快捷方式。

8. 设置快捷栏

入口：顶部菜单→设置→顶部工具栏。

在“顶部工具栏”窗口进行原理图、符号、PCB、封装的顶部工具栏设置，如图 2.6.12 所示。

（a）左段

（b）右段

图 2.6.12　PCB 顶部工具栏

9. 自定义顶部工具栏

相应界面的顶部工具栏的设置，如图 2.6.13 所示。窗口的左边是可以添加到顶部工具栏的一些快捷工具。窗口的右边则是已经设置在顶部工具栏的快捷工具。先在右侧选择需要添加快捷功能的位置，然后在左侧选择需要添加到左侧的快捷功能，点击中间的箭头或者把复选框勾上，点击“确定”，即可添加到选择的位置。

图 2.6.13　自定义 PCB 顶部工具栏

10. 元件库

底部面板中，元件库中的器件库可以直接在 PCB 界面中放置器件，符号、封装和复用图块则不能放置。

元件库中包含了器件库、符号库、封装库、复用图块等，而器件库中包含了系统库、个人库、工程库、收藏库和模块库，如图 2.6.14 所示。

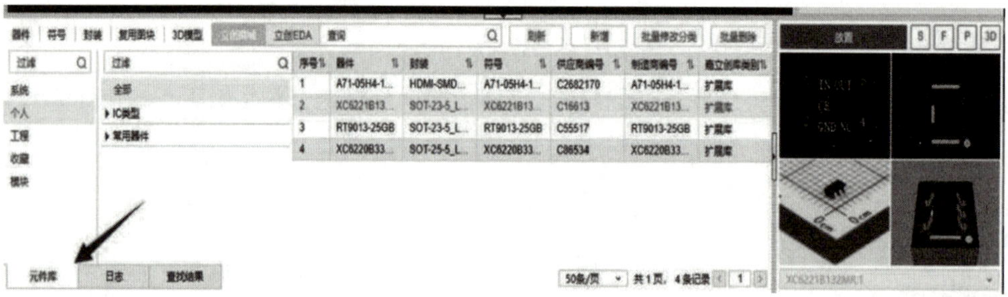

图 2.6.14 元件库

11. 设计规则

设计规则操作用于设置 PCB 基本设计原则，在设计规则中输入一个安全设计规则，可以保证 PCB 的设计不会出现设计问题。

操作入口：顶部菜单→设计→设计规则→规则管理。

在规则管理器下，可以在每一种类型的规则下新增、修改、删除规则，对没有特殊设置规则的网络，会使用默认的规则。目前有间距、物理、平面和扩展四大类规则，每个具体规则下创建有一个或多个规则，如图 2.6.15 所示。

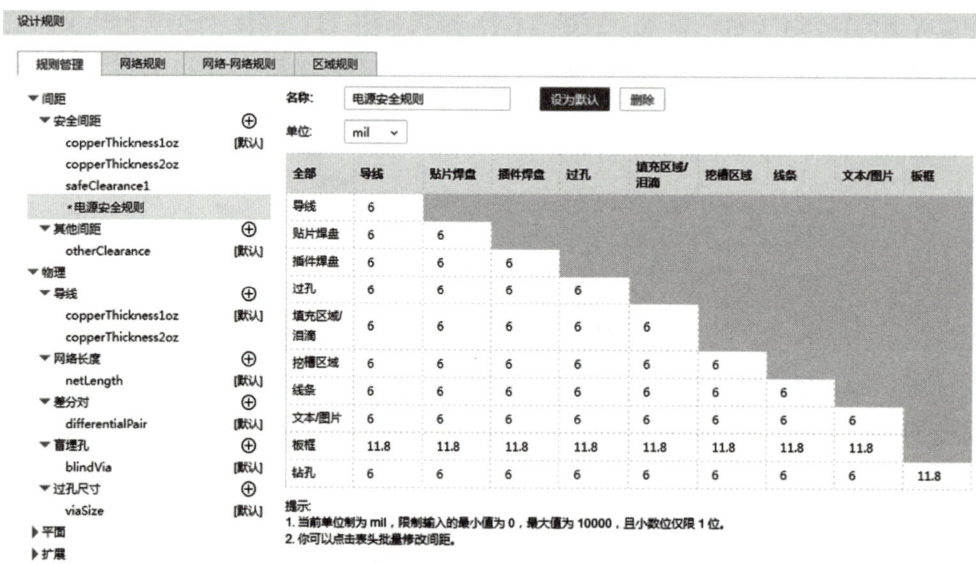

图 2.6.15 规则管理器界面

1）新增规则

如果需要新增规则，则在对应的规则类型右边点击“⊕”图标，即可新增一个规则。输入规则名称（如：电源安全规则）后，鼠标在输入框外部点击一下即可创建规则，如图 2.6.16 所示。

新增设计规则后需要重新对规则命名，需要注意的是同一类型下的规则名称不能重复。

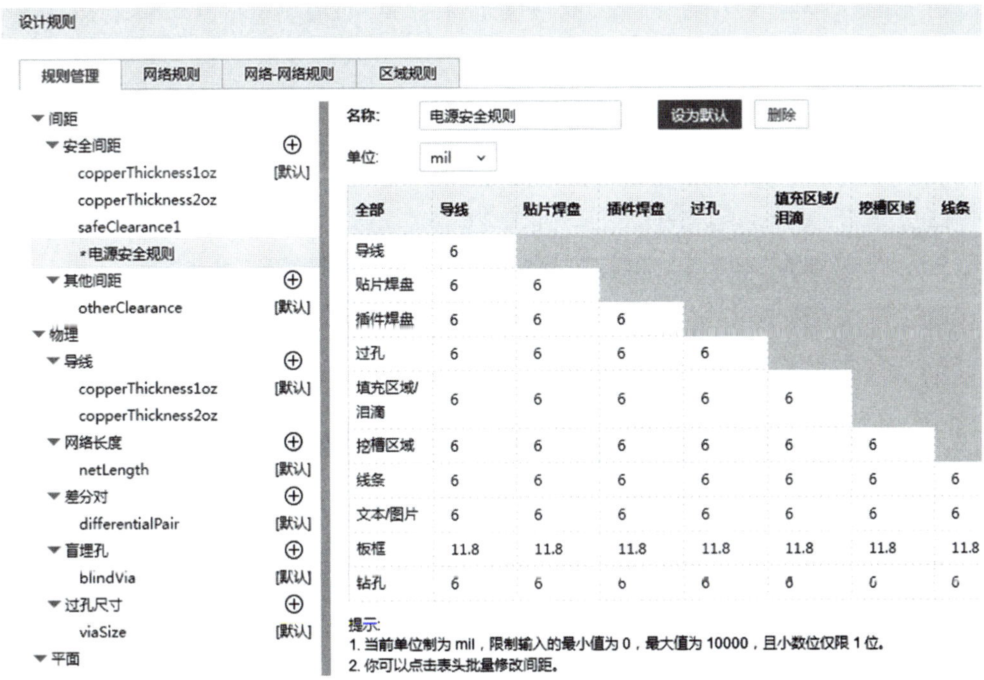

图 2.6.16　新增规则编辑界面

2）设置为默认规则

左侧栏的“默认规则类型”下仅有一个，该规则会置顶。如果想要将某个规则设为默认规则，在该规则视图下点击设为默认按钮即可。

3）删除规则

非默认规则支持删除，在要删除的规则视图下点击删除按钮，即可删除该规则。

4）安全间距规则

通过安全间距（Safe Clearance）表格，可以设置两个不同网络图元之间的间距要求，如图 2.6.17 所示。双击任意一个表格内的值，可修改规则的数值，也可点击表格顶部的名称，批量修改数值。

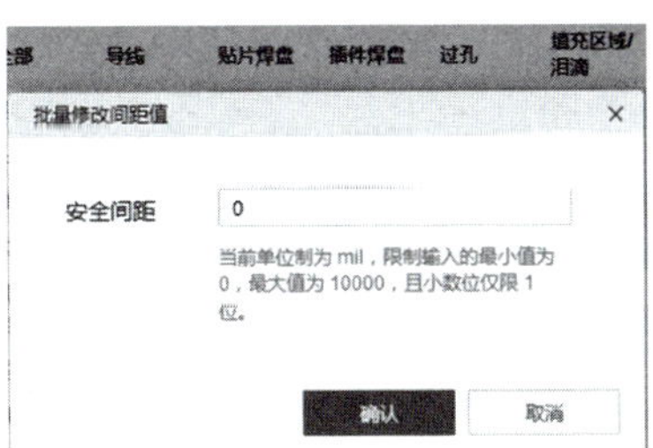

图 2.6.17　批量修改数值

5）其他间距规则

目前支持器件到器件的间距规则，并以元件整体轮廓围成的矩形来检测。

6）导线规则

可以在“导线规则”中设置导线的最小、默认和最大线宽。PCB 中的导线线宽如果不满足最小线宽到最大线宽的范围，将被 DRC 检测出来。默认线宽则是指每次布线时默认取的线宽，但当布线从一条导线发起时，则会以那条导线的线宽作为开始布线的线宽。

7）网络长度

网络长度规则用于设定检查单网络走线的总体长度，这个规则不能应用于设计上限制，但可以在布线时查看。走线时符合设定的规则长度会有一个指示，在符合规则走线的情况下，指示会标绿色，大于或小于规则会标红色，如图 2.6.18 所示。

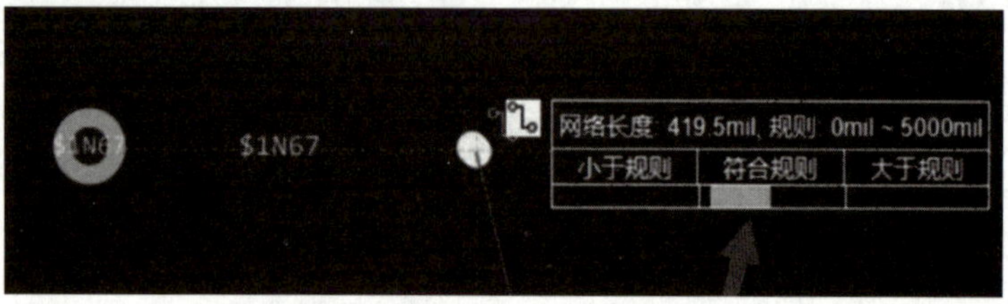

图 2.6.18　标示绿色表示符合规则走线

8）盲埋孔规则

盲埋孔通常用于多层板设计，在新增盲埋孔之前需要先确定设计的 PCB 是否已经设置为多层，如果未设置，需要到图层管理器中进行设置。

PCB 如果需要盲埋孔，需要首先在设计规则中添加。

（1）新增盲埋孔：点击“新增”按钮，即可在盲埋孔列表中新增一个盲埋孔，输入盲埋孔的名称，设置起始层和结束层，点击“应用”即可添加成功。

（2）删除盲埋孔：在盲埋孔列表中选中某一个盲埋孔，再点击“删除”按钮，即可删除该盲埋孔。

（3）上移/下移盲埋孔：在盲埋孔列表中选中某一个盲埋孔，点击“上移”、“下移”按钮调整其在列表中的顺序，在布线时放置盲埋孔会根据该排序放置。

9）过孔尺寸规则

可以在“过孔尺寸规则”中设置过孔外径/内径的最小、默认和最大尺寸。PCB 中的过孔尺寸如果不满足最小到最大的范围，将被 DRC 检测出来。默认孔径则是指每次放置过孔时默认取的尺寸。

10）内电层规则

（1）网络间距：设置铺铜时铺铜填充到不同网络元素的间距。

（2）到边框/槽孔间距：设置铺铜填充到边框、挖槽区域的间距。

（3）焊盘连接方式：分为发散、直连和无连接。设置为发散时，可以分别设置发散线宽和发散间距。设置为直连时，铺铜会直接连接到焊盘。设置为无连接时，铺铜不会连接到焊盘。

（4）发散间距：焊盘对铜皮的发散间距设置。

（5）发散线宽：连接焊盘导线铜皮发散间距的设置。

（6）发散角度：支持内电层铜皮链接方式角度的设置。

11）铺铜规则

铺铜规则与内电层规则基本相同，如图 2.6.19 所示。当铺铜的焊盘发散线宽设置为 0 时，将根据焊盘的尺寸自动生成连接线宽。铺铜相比内电层规则，多了一个导线连接方式设置，支持设置为无连接。设置为无连接时，铺铜不会和导线相连，也就不会看起来导线被铺铜覆盖了。

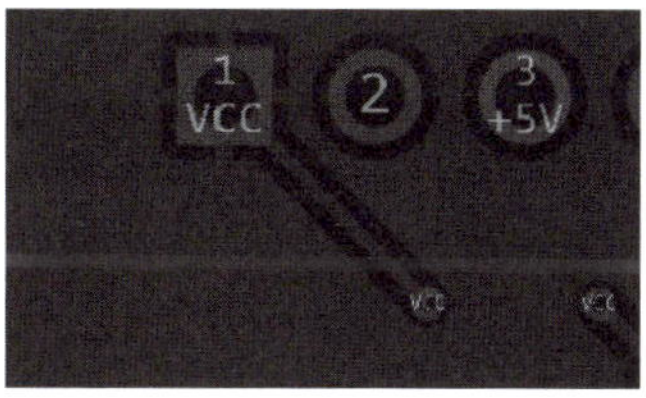

图 2.6.19　设置铺铜为无连接

12）助焊扩展规则

“助焊扩展”用于贴片封装的焊盘，当焊盘的助焊扩展属性设置为“通用”时，就会以设计规则中的助焊扩展作为其助焊，如图 2.6.20 所示。

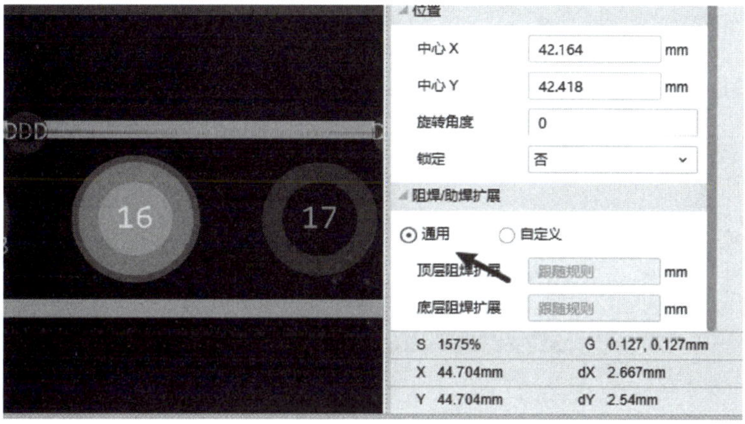

图 2.6.20　助焊扩展属性设置为通用

13）阻焊扩展规则

可以在“阻焊扩展”中分别设置焊盘和过孔的阻焊扩展，如果不想对过孔开窗，将阻焊扩展数据设置为一个小于孔径的数字（如 -1000 mil）即可。与助焊扩展类似，默认焊盘和过孔的阻焊扩展都是“跟随规则”。如果需要自定义某个焊盘或过孔的阻焊，需要在属性面板修改其阻焊扩展自定义参数。

14）网络规则

在网络规则中，可以对当前 PCB 所有的网络进行规则分配。首先在左侧树选择要分配的规则类型，然后查看右侧视图的网络列表，默认所有网络都是在默认规则下，如果需要修改某个网络的规则，直接在对应网络的规则下拉框切换即可，如图 2.6.21 所示。

网络规则中，提供了快速创建网络类和加入网络类的功能，在网络列表中单击右键，选择“新建网络类功能”用来新建网络类。在新建后，网络类会置顶。

在网络列表中通过“Ctrl” + 多选网络，右键添加网络类功能，将选择的网络加入到网络类中。对网络类分配一个设计规则，该网络类下面的所有网络都会变为这个规则，如图 2.6.22 所示。

图 2.6.21　网络规则设置

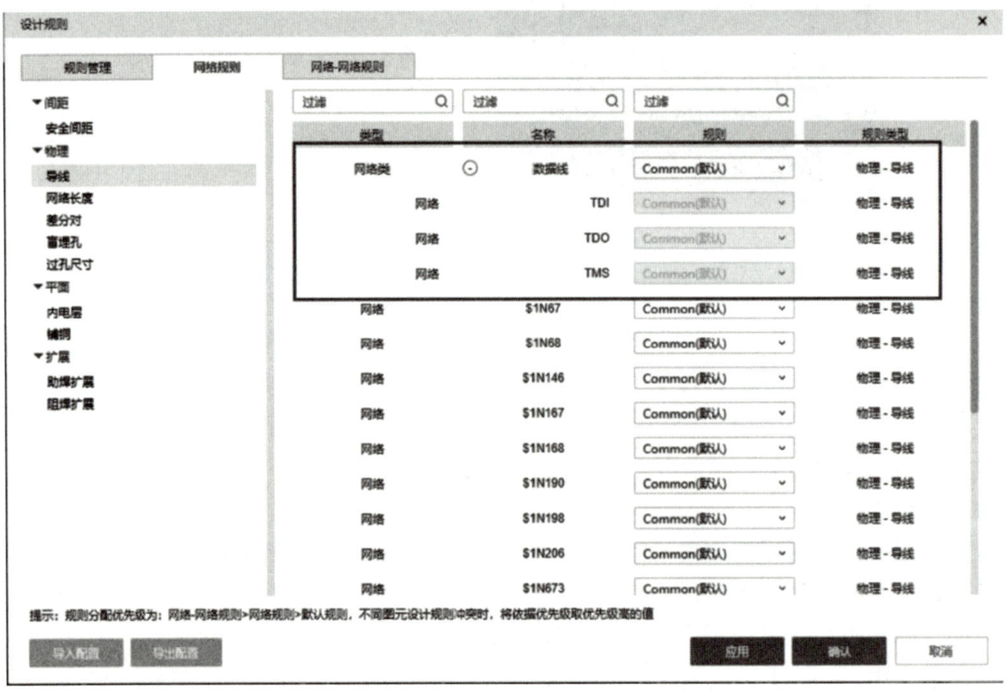

图 2.6.22　网络类功能

15）网络-网络规则

在“网络-网络规则”界面，可以设置两个不同的网络规则之间的规则约束，支持安全间距、内电层、铺铜生效的规则设置，也可以设置网络或者网络类，并分配不同的规则。

演示视频 5　设计规则 DRC 检查

三、PCB 版图绘图

1. 创建 PCB

在创建工程后，在工程中将会默认创建好一个原理图、图页、板子文件和 PCB。

入口：顶部工具栏→点击→文件→新建→PCB。

新建一个 PCB 文档后，在下边导航面板的“元件库”中搜索和放置所需要的封装。可对每个封装添加自定义属性，以便于导出 BOM 表。

2. 导入 DXF

软件可以将导入 DXF 的文件作为板子的边框，也可作为其他用途，如图 2.6.23 所示。

操作入口：顶部菜单文件→导入→导入 DXF。

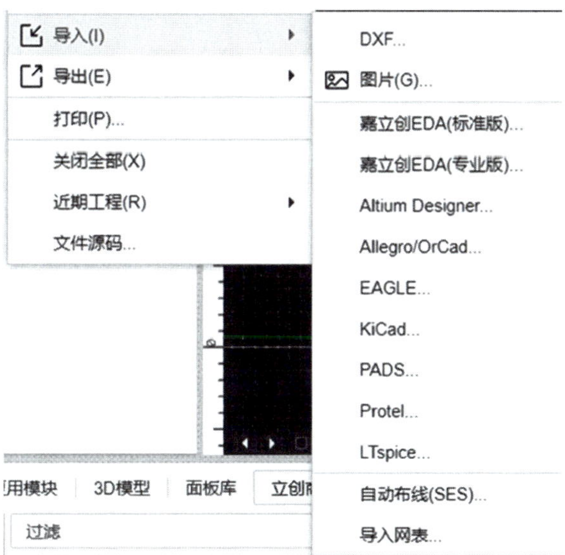

图 2.6.23　导入子菜单

导入子菜单说明：

① DXF 单位：默认单位 mm，不可修改。

② 缩放比例：对导入的 DXF 缩放比例修改。

③ 线宽：导入的 DXF 线条的宽度，默认单位是 inch，不可修改。

④ 参考点：DXF 原文件的参考点和 DXF 的中心点。

⑤ 导入层：双击“导入层”，可以选择导入的图层，如图 2.6.24 所示。

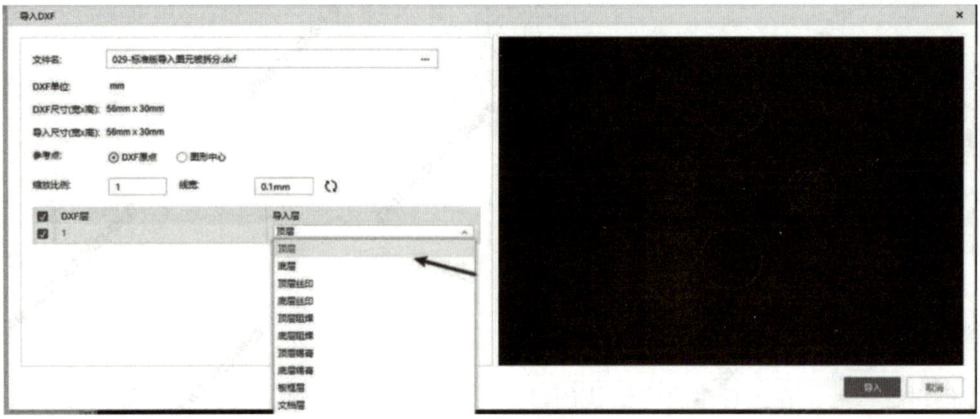

图 2.6.24　导入 DXF 页面

3. 导入网表

网表也称网络表，是网络连接和连接表示，其内容主要是电路图中各个元件类型、封装信息、连接关系等信息。修改导出的源码后再次导入可应用到工程中。

操作入口：顶部菜单→文件→导入→网表。

4. 器件搜索

器件库顶部的搜索是全局搜索，可在整个元件库中搜索，而下面的搜索框是对系统或个人的器件库进行分类搜索。

5. 编辑元件

在元件库中选择任意器件，点击鼠标右键，可对个人的器件修改，如图 2.6.25 所示。

说明：系统库不支持修改。

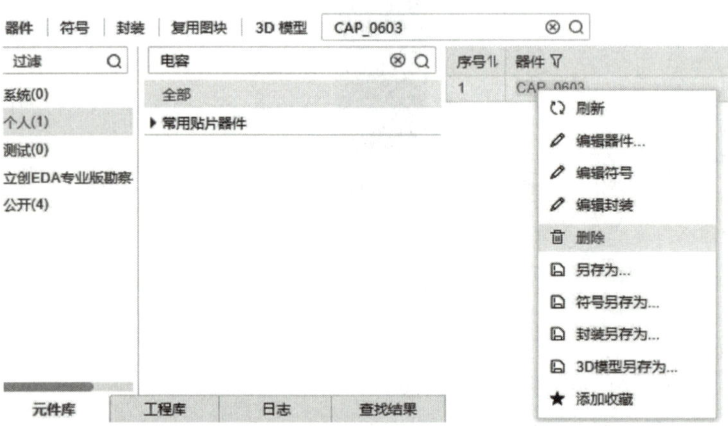

图 2.6.25　器件鼠标右键菜单

6. 新增器件

在元件库中点击右上方的“新增”按键，可快速创建器件，符号和封装操作相同。

四、界面工具使用

1. 工程库

PCB 的工程库与原理图的工程库相同，是当前放置在工程里所有的器件库，包括符号、封装和复用图块。在工程中添加器件和特殊符号，都可以在工程库中显示；在工程里面删除的器件工程库不会跟着删除，会保留在工程库里面做一个历史记录，同时也可以再次使用或者修改。在工程库中修改的器件只能应用于当前工程，对元件库没有影响，但是不能在工程库里面删除已经放置的器件。

2. 图层

（1）图层切换：PCB 设计会经常使用层工具，它可以随意拖动位置，用来展示当前活动层。在这里对不同层进行切换编辑。点击层对应的眼睛图标可以使其是否显示该层；点击层的颜色标识区，将铅笔图标切换至对应层，表示该层为活跃层，已进入编辑状态，可进行布线等操作；也可以使用命令来切换图层，使用快捷键“C”调出命令输入框，输入“L + 图层的 ID”即可切换图层，如图 2.6.26 所示。

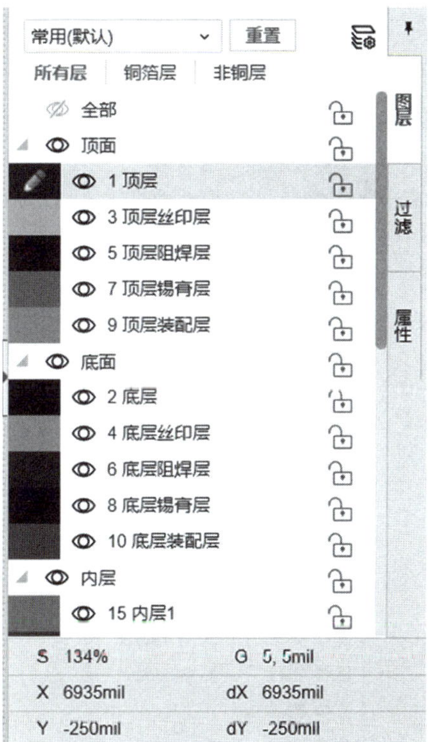

图 2.6.26　右侧面板——图层

切换层的快捷键如下：

① T：切换至顶层；

② B：切换至底层；

③ 1：切换至内层 1；

④ 2：切换至内层 2；

⑤ 3：切换至内层 3；

⑥ 4：切换至内层 4；

⑦ Shift + S：高亮当前层的所有元素，隐藏其他层的元素。

注意：隐藏 PCB 层只是视觉上的隐藏，在照片预览、3D 预览和导出 Gerber 时仍会导出对应层。

（2）图层锁定：软件支持单独锁定整个图层。当锁定一个图层的时候，属于该层的元素将无法被鼠标移动。也可以在过滤面板取消勾选批量过滤其他对象。

（3）图层设置：点击图层管理器图标，可以进行图层设置。

3. 过滤

过滤拾取：在 PCB 界面的右侧面板筛选需要选择的元素，取消勾选了其中一元素后，对应的那个元素将在画布中无法被鼠标拾取，但可以通过快捷键批量选中，如图 2.6.27 所示。

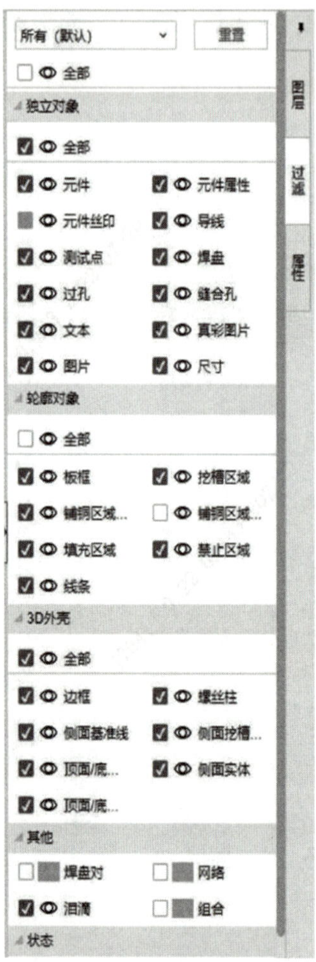

图 2.6.27　右侧面板——过滤

也可以快速切换内置的过滤类型，并且可以保存自己的过滤偏好，如图 2.6.28 所示。

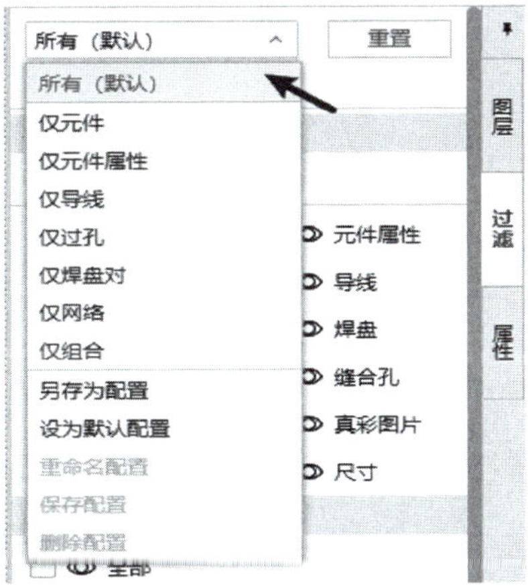

图 2.6.28　内置的过滤

画布右键菜单中的过滤功能和在过滤面板直接切换过滤的配置一样，可以快速切换过滤配置，如图 2.6.29 所示。

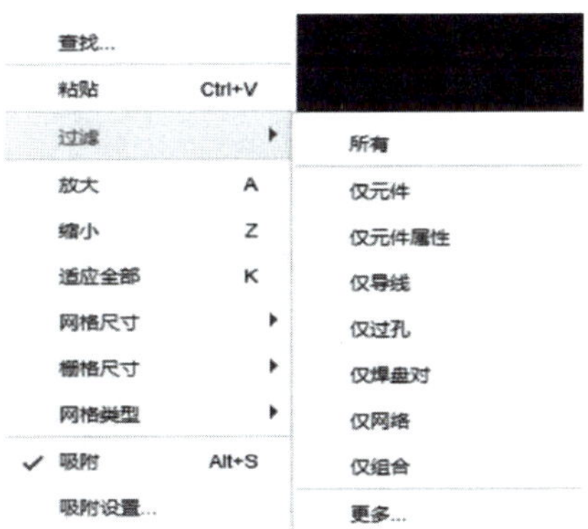

图 2.6.29　右键菜单——过滤子菜单

也支持根据锁定状态来进行过滤，如图 2.6.30 所示。

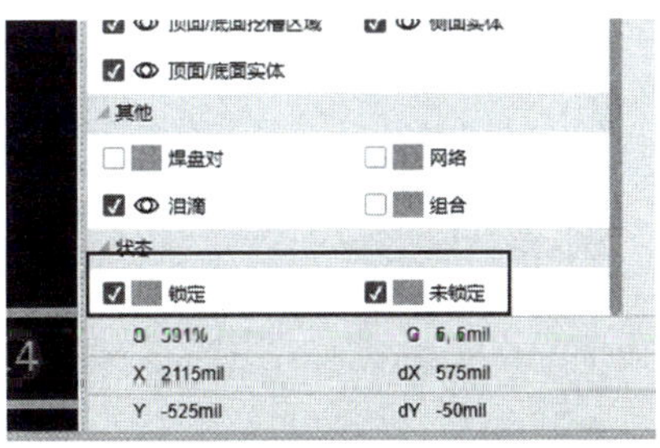

图 2.6.30　锁定状态

其他类型过滤：

① 焊盘对：勾选后，点击画布一个焊盘或者导线可以把导线相连的两个焊盘对选中。

② 网络：勾选后，点击一个有网络的图元，这个网络全部的图元都会被选中。

③ 泪滴：可以鼠标选中泪滴。

④ 组合：勾选后，可以选中整个组合，方便移动，拾取组合。

4. 属性

1）画布属性

当点击了画布空白处，可以点击切换到画布属性设置界面。软件提供了很多个常用设置项，方便后续的画图操作，如图 2.6.31 所示。

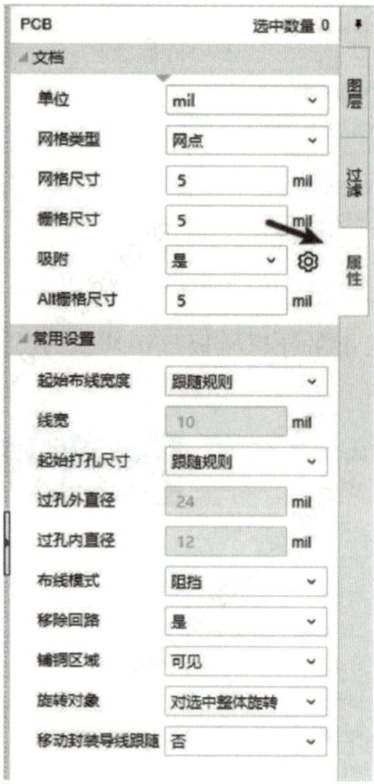

图 2.6.31　画布属性设置

① 单位：画布的单位切换。

② 网络类型：画布的网格设置。

③ 网格尺寸：画布的网格尺寸。可以看见的网格。

④ 栅格尺寸：吸附时的移动格点尺寸。

⑤ 吸附：是否自动吸附，可以设置吸附的对象选项。

⑥ Alt 栅格尺寸：当按住“Alt”键时的吸附格点尺寸。

⑦ 起始布线宽度：其中的“跟随规则”是指跟随设计规则里面设置的网络的导线宽度；“自定义”是指自定义起始布线导线的宽度，会忽略掉设计规则里面的导线宽度设置。

⑧ 起始打孔尺寸：其中的“跟随规则”是指跟随设计规则里面设置的过孔尺寸；“自定义”是指自定义打孔尺寸，会忽略掉设计规则的里面的过孔尺寸设置。

⑨ 布线模式：导线布线的拐角模式。

⑩ 移除回路：导线绘制时是否自动移除回路的导线。

⑪ 铺铜区域：是否显示铺铜区域的铺铜填充。

⑫ 旋转对象：对选中整体进行旋转或单独进行旋转。

⑬ 移动封装导线跟随：移动封装的时候，连接的导线是否自动延长跟随。

2）对象属性

当点击选中画布一个或多个对象时，这里可以修改器件或者其他元素的属性，如图 2.6.32 所示。

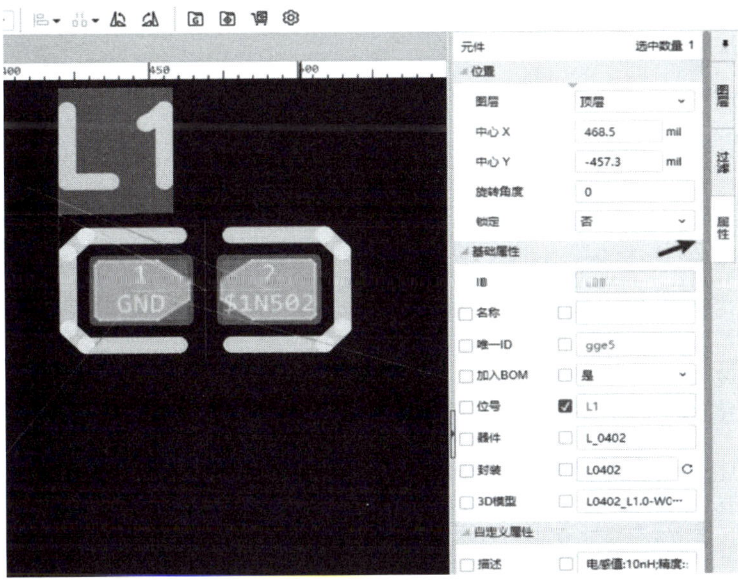

图 2.6.32　右侧面板对象属性设置

选中多个对象时，属性面板支持通过过滤展示不同对象的聚合的相同属性，方便快速修改相同的属性。

具有宽、高的图元，在属性面板修改宽高时，可以设置是否等比例调整。点击高宽右侧居中的等比例图标“”，可锁定宽高比例，如图 2.6.33 所示。

图 2.6.33　锁定宽高的等比例图标

拖动属性名宽度调节按钮，可以修改属性面板属性名和属性值的宽度比例，并且会记录到个人偏好中。

再设置网络的图元，单击“选择网络”按钮可以快速点击画布图元，进行网络名设置。

5. 状态

打开文档后，右侧面板右下角区域显示当前画布和光标状态，如图 2.6.34 所示。

S	100%	G	0.1inch
X	17.5inch	dX	4inch
Y	1.4inch	dY	-2.5inch

图 2.6.34　右侧面板——状态

参数说明：

① S（Scale）：画布缩放倍数。

② G（Grid）：画布格点 X、Y 尺寸，原理图只有一个值。

③ X：光标当前坐标 X。

④ Y：光标当前坐标 Y。

⑤ dX（Distance X）：当前光标在 X 轴移动的距离。

⑥ dY（Distance Y）：当前光标在 Y 轴移动的距离。

6. 移动

移动工具用于把选择的元素进行移动。

操作入口：选择器件顶部菜单→编辑→移动或选择器件点击鼠标右键。

（1）根据中心移动：选择器件→顶部菜单→编辑→移动→根据原点移动；选择器件→点击鼠标右键→移动→根据中心移动；或快捷键“M”。

（2）根据原点移动：选择器件→顶部菜单→编辑→移动→根据原点移动；鼠标右键→移动→根据原点移动；选择后即可将器件根据封装的原点进行拖动。

（3）根据参考点移动：将选择的器件根据用户选择的参考点移动，点击后选择一个作为移动的参考点来进行拖动。操作入口：选择器件→顶部菜单→移动→根据参考点移动；鼠标右键→移动→根据参考点移动。

7. 吸附

吸附功能类似捕捉功能，能吸附焊盘的中心、过孔中心和线条的中心点，如图 2.6.35 所示。

配置入口：顶部菜单→编辑→吸附；鼠标右键→吸附；快捷键“Alt + S”；PCB 画布右侧属性面板设置吸附。

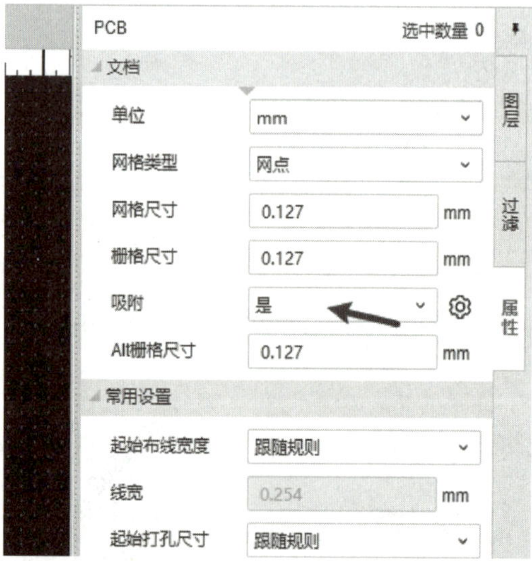

图 2.6.35　吸附配置入口

可以在“吸附”设置界面配置自己想要的吸附距离和吸附位置等内容，如图2.6.36所示。

图 2.6.36　吸附设置界面

1）通用设置

（1）全部：通用吸附全选或取消。

（2）网格点：开启吸附网格点，关闭则是关闭吸附网格的格点。

（3）延长线：在导线或者折线的延长段会出现一段延长线，延长线只会在线条的平行和垂直间才能吸附到并出现，如图 2.6.37 所示。

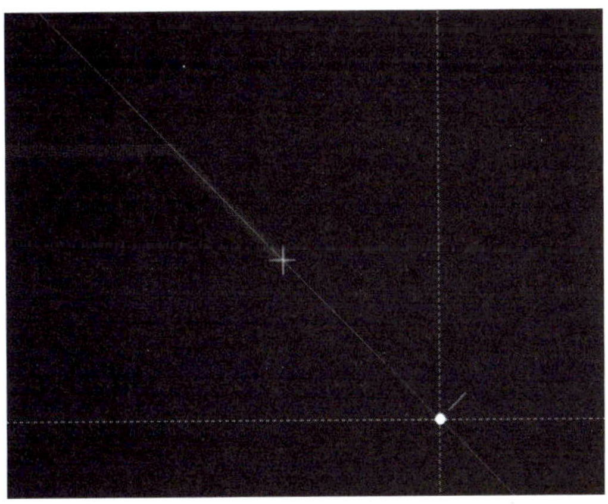

图 2.6.37　延长线吸附

2）布局布线设置

（1）封装原点：开启后吸附封装的原点。封装的原点是在绘制封装时设置的。

（2）封装中心：封装的中心点。封装的中心点和封装的原点只能选其一进行吸附。

（3）焊盘中心：勾选后可吸附焊盘的中心点，取消勾选则不能吸附焊盘的中心点。

（4）过孔中心：勾选后可吸附过孔的中心点，取消勾选则不能吸附过孔的中心点。

（5）导线中心：勾选后可导线的中心点，取消勾选则不能吸附导线的中心点，此设置只对导线有效，折线除外。

3）轮廓对象设置

（1）端点：折线末端的端点，此设置只对折线有效。

（2）中点：勾选后可吸附一条导线和折线的中心点。

（3）交点：勾选后可吸附两条或者多条线之间的相交点。

（4）圆心：勾选后可吸附圆形和圆弧的中心点。

（5）切点：圆形和圆弧与中心的相切点，勾选后可吸附圆形和圆弧的相切点。

（6）区域中心：勾选后可吸附铺铜区域、填充区域或禁止区域的中心点。

8. 选择对象

（1）选择对象：支持多种选择方式，方便选择所需的对象。操作入口：顶部菜单→编辑→选择对象。

（2）选择全部：选择在 PCB 编辑器里所有的器件，选择后可进行批量修改。操作入口：顶部菜单→编辑→选择对象→全部；使用快捷键“Ctrl + A”。

（3）连续选择：连续选择和按住“Ctrl” + 鼠标点击连续选择相似。

（4）矩形内部：基本和普通的框选一样，框选一个矩形，内部的图元可以被选中。

（5）矩形外部：顶部菜单→编辑→选择对象→矩形外部。将会选择矩形外部的所有元素，而矩形内部的元素为不选择状态。

（6）多边形内部：顶部菜单→编辑→选择对象→多边形内部。

（7）多边形外部：在绘制的多边形内的元素为不选中状态，多边形外部的则全部选中。

（8）触碰到线条的：触碰到线条的元素将会选中，没有触碰到的元素则不会被选中。

（9）选择重叠对象：当两个图元重叠在一起时，鼠标点击拾取可能不好选中所需的那个，可以择重叠功能。使用快捷键“G”可以连续循环选中鼠标周围的图元。

9. 阵列对象

器件阵列和封装库的阵列功能相似，只是在封装库的基础上多加了一些功能。

操作入口：选择器件→顶部菜单→编辑→阵列对象

1）窗口阵列设置

默认是矩形的属性面板，界面说明如下：

（1）类型：可选择阵列的形状。

（2）位置：矩形阵列的位置是默认为选中器件的位置，而圆形阵列则需要自己选择。

（3）分布类型：只能选择先水平后垂直或先垂直再水平的阵列排序设置。

（4）每行数量：设置阵列每行的数量。

（5）每列数量：设置阵列每列的数量。

（6）列距：设置阵列的列间距离。

（7）行距：设置阵列的行间距离。

2）圆形阵列设置

属性面板说明如下：

（1）元素旋转的角度：设置阵列后摆放的角度。

（2）位置：设置圆形阵列的中心点。

（3）方向：可设置阵列的方向为逆时针阵列还是顺时针阵列。
（4）起始旋转角度：选择位置后系统会默认起始的角度。
（5）旋转角度：设置起始阵列对象的旋转角度。
（6）数量：设置阵列对象的数量。
（7）间隔角度：设置每个阵列对象的间距。
（8）半径：默认和选择的半径，不可更改。
（9）选择对象是否以适合圆形：选择器件是否适合圆形阵列的使用。

3）矩形阵列设置

选择矩形，阵列的起点默认为选中的器件位置。“分布类型”可以选择先水平后垂直或先垂直后水平，根据个人需求选择，如图 2.6.38 所示。

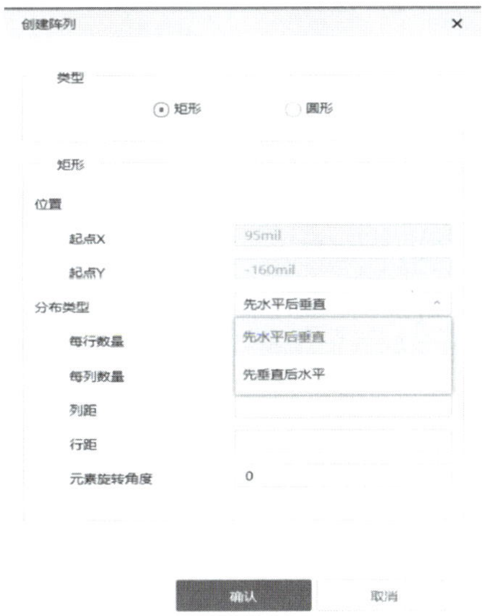

图 2.6.38　矩形阵列设置

设置阵列的属性，旋转的角度先不设置，点击“确定”生成阵列。
阵列旋转：阵列的本体是不会随着阵列生成旋转的，如图 2.6.39 所示。

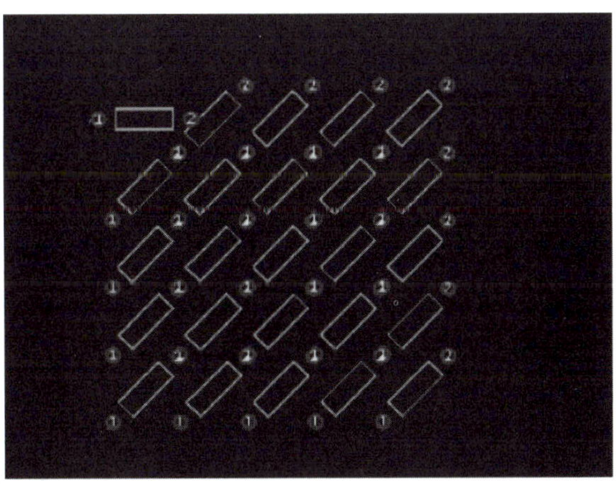

图 2.6.39　阵列旋转

4）圆形阵列的属性

选择圆形阵列的中心位置时，可以点击“单击选点”按钮并通过使用鼠标来选点，也可以手动输入原点坐标。设置方向、起始角度、起始旋转角度、数量、间隔角度、半径和旋转对象以适合圆形等属性，点击“确定”，即可生成。

10. 锁定/解锁

将选中的元素锁定，不可移动和删除。点击需要锁定的元件，通过鼠标右键选择“锁定”或在左侧面板中锁定中选择“是”，即可把元件锁定。

单图元锁定：在其属性的锁定属性设置为“是”。

批量锁定：在右侧过滤面板，直接把对应图元或者状态的对象进行取消勾选即可锁定；在图层面板，把对应的层进行锁定也可以批量进行。

11. 二维（2D）预览

二维（2D）预览功能用于把设计好的板子生成 2D 预览，操作步骤：顶部菜单→视图→2D 预览；顶部工具栏→点击 2D 符号，即可预览。

开启 2D 预览的 PCB 和生产出来的 PCBA 相似。在 2D 界面的右侧面板中，可以修改当前板子的颜色来仿真生成 PCBA。

（1）板面：切换查看顶面还是底面的预览。

（2）背景颜色：2D 模式界面的背景色设置。

（3）板子颜色：PCB 板的颜色设置。

（4）焊盘喷镀：PCB 板焊盘喷镀的预览，是镀锡还是镀金色。

（5）丝印：可更改显示或者隐藏。

注意：此 2D 功能的预览是一个生成文件的仿真图预览，不能作为实物，具体的结果需要按照生成的结果来看。

12. 三维（3D）预览

三维（3D）预览功能用于把设计好的板子生成 3D 预览，操作步骤：顶部菜单→视图→3D 预览；顶部工具栏→点击 3D 预览图标。

开启 3D 预览的 PCB 和生产出来的 PCBA 相似。在 3D 界面的右侧面板中，可以修改当前板子的颜色来仿真生成的 PCB 和 3D 模型。如果 PCB 的元件没有绑定元件 3D 模型，需要在 PCB 的顶部菜单→工具→3D 模型管理器，先进行绑定 3D 库。

属性说明：

（1）背景颜色：预览界面的背景色设置。

（2）板子颜色：PCB 板的颜色设置，支持七种颜色设置。

（3）焊盘喷漆：PCB 板焊盘喷镀的颜色预览，金色或者银色。

（4）层发散：每个图层的间距，设置可以分开查看每一层的图形。

（5）PCB 距外壳底面高度：支持设置 PCB 板子到底面外壳的高度，预览位置。

（6）板厚/层厚信息：根据 PCB 的图层管理器里面的层堆栈设置的层厚进行展示。修改入口：顶部菜单→工具→图层管理器→层堆栈。

预览工具条支持多种功能，当鼠标悬浮在图标上时可以提示对应的功能名称，如图 2.6.40 所示，包括：

（1）正常视图、轮廓视图、Gerber 视图；

（2）顶面、底面、左面、右面、前面、后面；

（3）爆炸：3D 外壳预览使用；

（4）适应全部：当前预览适应视图区域；

（5）导入变更：导入 PCB 的变更；

（6）刷新：回归默认视角。

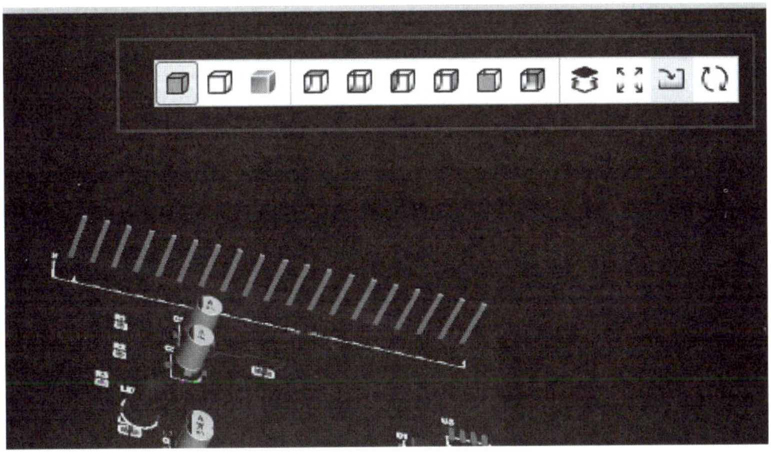

图 2.6.40 3D 视角控制

图层切换：支持在右侧隐藏不需要的一些图层，3D 外壳也可以在这里隐藏。

顶部工具栏：在顶部工具栏支持导出图片和 3D 模型。导出的图片默认宽度为 2 160，根据当前画布状态进行导出，背景透明。

13. 3D 外壳预览

软件提供 3D 外壳的同步预览，方便在绘制 3D 外壳的过程中快速进行预览，查看是否绘制正确。在设计 3D 外壳的时候，若没有打开 3D 外壳预览，会提示是否打开 3D 外壳预览，方便绘制 3D 外壳。

操作入口：在顶部菜单→视图→3D 外壳预览。

属性和图层的设置和 3D 预览的设置一致。支持把“PCB 距外壳底面高度”的设置同步回 PCB 中。预览工具条支持调整上下外壳的间距。

14. 翻转板子

翻转板子工具用于将 PCB 翻转，方便用于布线，入口：顶部菜单→编辑→翻转板子；快捷键“F”。

15. 单位切换

单位切换功能用于切换 PCB 界面的单位设置，支持的切换单位有 mm 和 mil。

操作入口：顶部菜单→视图→单位；快捷键“Q”。

16. 网格尺寸

网格尺寸工具可以修改 PCB 界面网格的大小，如图 2.6.41 所示。

网格切换：将网格切换到网格、网点或无。

修改网格大小：顶部菜单→视图→网格或鼠标右键→网格。

常用网格设置：顶部菜单→设置→PCB/封装→常用网格尺寸；顶部菜单→视图→网格→常用网格大小。

添加网格设置：在网格设置窗口中点击顶部的“+”号添加。双击刚刚添加的网格属性设置，修改完后点击“确认”，即可保存当前配置。

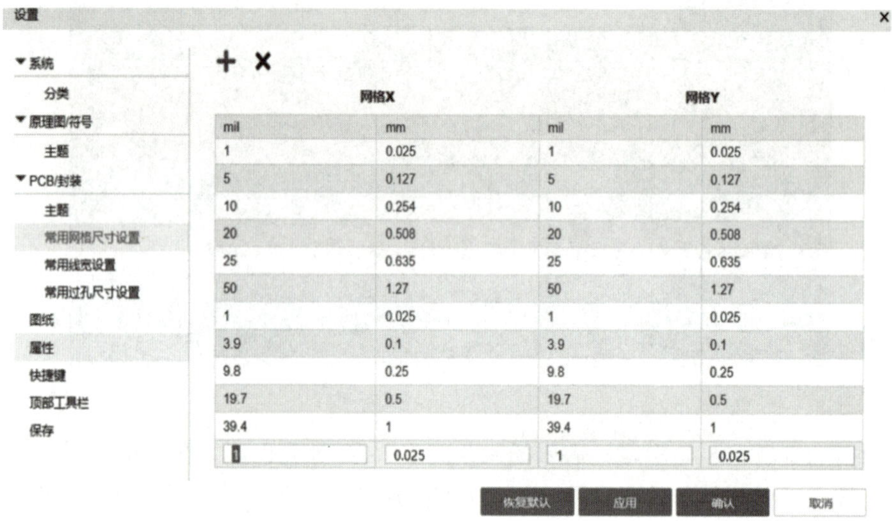

图 2.6.41　添加网格设置

删除网格设置：在网格设置窗口中，选择需要删除的网格大小设置，在网格设置窗口中点击顶部的“×”号进行删除。

极坐标系，即极坐标系网格尺寸列表，如图 2.6.42 所示。

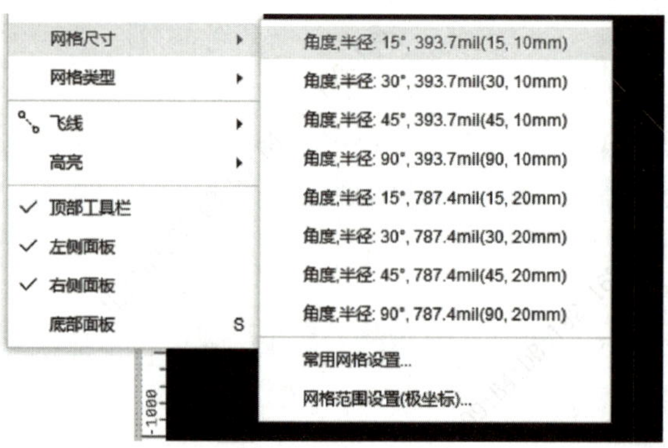

图 2.6.42　极坐标系网格尺寸列表

支持设置极坐标系范围大小，如图 2.6.43 所示。

图 2.6.43　设置网格范围（极坐标系）

17. 网格类型

网格类型功能支持切换两种网格类型：直角坐标系和极坐标系。也可以设置画布内网格是格线、格点，还是无网格显示。直角坐标系最常用，普通的板子均使用该坐标系即可完成设计。极坐标系是以圆心为原点往外扇形外扩的一种坐标系，一般在设计环形板子和布局的时候使用，如图 2.6.44 所示。

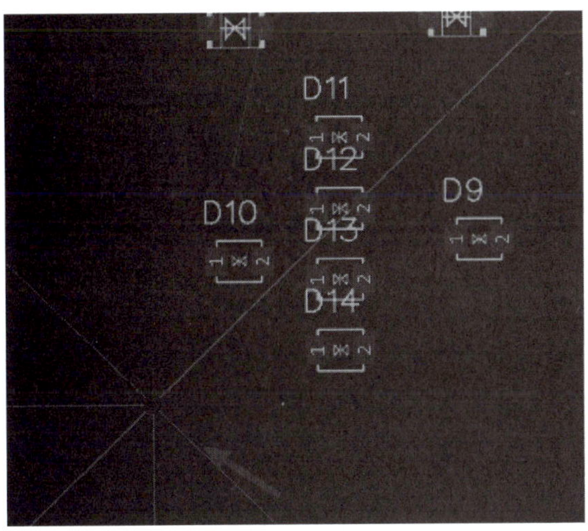

图 2.6.44　极坐标系

18. 飞线

飞线是基于相同网络产生。当两个封装的焊盘网络相同时，会出现飞线，表示这两个焊盘可以通过导线连接。嘉立创 EDA 专业版支持器件飞线的隐藏和显示。通过顶部菜单→视图→飞线，可实现隐藏、显示、单器件飞线隐藏和显示全部飞线等。

19. 高亮

软件支持器件、网络高亮选择。封装高亮操作步骤与原理图高亮操作相似，包括全部高亮、取消全部高亮、高亮器件、取消高亮器件和高亮选中等。

20. 器件

（1）放置器件：当原理图转到 PCB，或 PCB 导入更新时，会自动放置器件到 PCB 中；也可以在底部元件库放置新的器件在 PCB。鼠标选中元件后，可以拖动摆放元件位置，如图 2.6.45 所示。

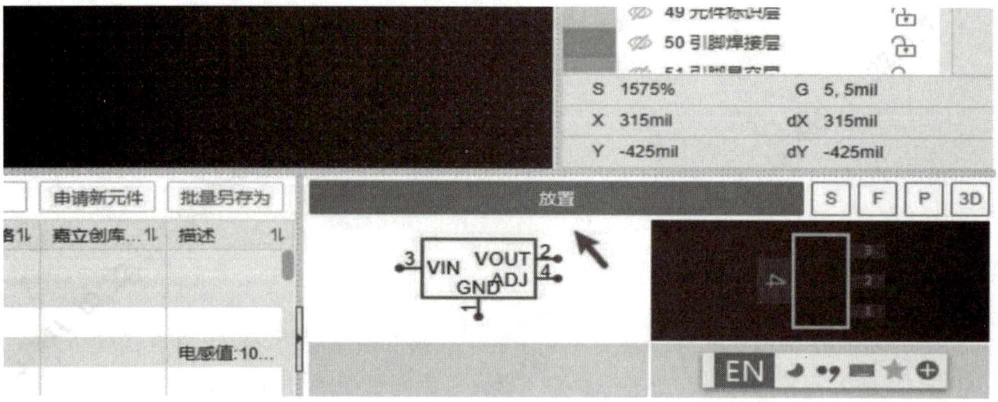

图 2.6.45　在底部元件库放置新的器件在 PCB

（2）器件属性：点击一个元件后，可以在右边属性面板查看和修改元件的属性，如图 2.6.46 所示。

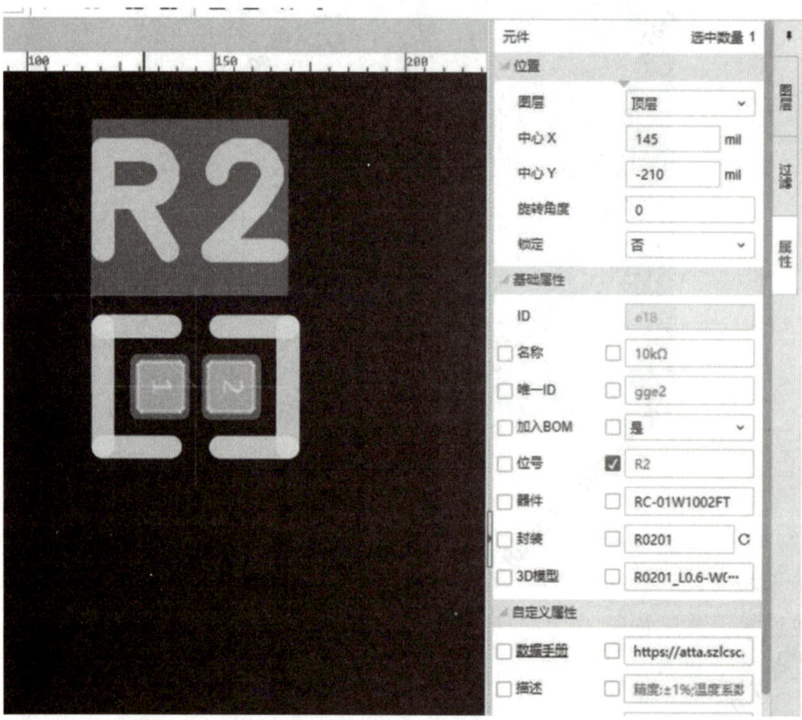

图 2.6.46　器件属性

（3）编辑封装：如果需要在 PCB 里面直接对封装进行修改焊盘等操作，可以点击封装内焊盘进行属性修改（如修改焊盘大小、坐标），修改后不会影响其他相同的封装。当对封装进行右键编辑封装时，将打开修改前的封装模板，如图 2.6.47 所示。

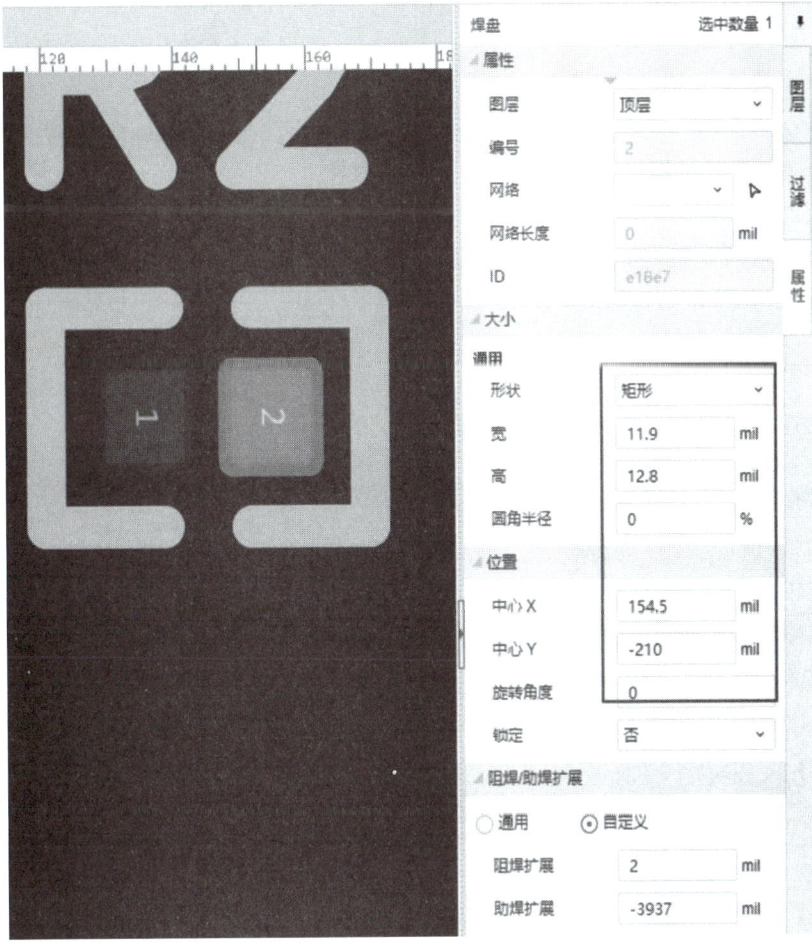

图 2.6.47　修改封装

如果需要恢复原本的封装模板，在选中元件后，点击右边属性面板的封装属性的恢复按钮图标，即可还原修改，如图 2.6.48 所示。

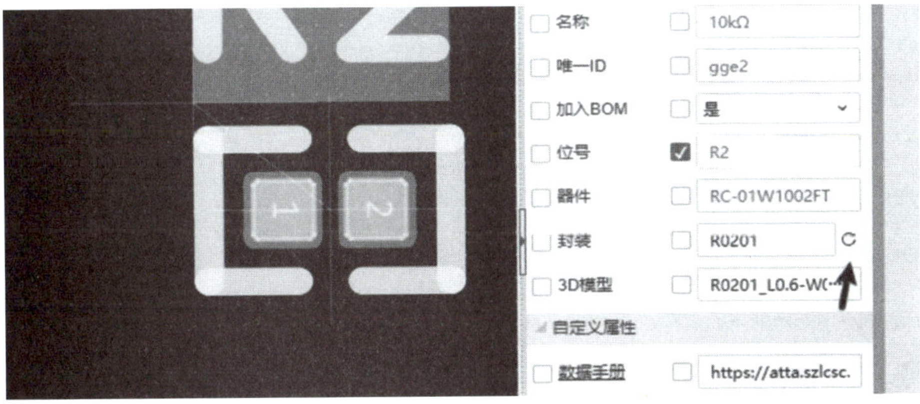

图 2.6.48　恢复封装

也可以通过封装右键，编辑封装的方式。该方式可以直接修改工程库模板，支持同步修改全局封装。编辑封装会打开封装编辑界面，保存后自动同步到 PCB。

21. 过孔

过孔也称金属化孔。在双面板和多层板中，为连通各层之间的印制导线，在各层需要连通的导线的交会处钻上一个公共孔，即过孔。过孔的参数主要有孔的外径和钻孔尺寸。当需要绘制一个双层板或多层板时可以放置过孔，使顶层和底层导通。

在走线上放置两个过孔，就可以将两个过孔间的走线切换至他层，或者移除。布线过程中，使用快捷键换层可以自动添加过孔。

22. 盲埋孔

盲孔是指连接内层之间而在成品板表层不可见的导通孔。埋孔是指在内层过孔，表底层是看不到的，用于内层信号互连。埋孔可以减少信号受干扰的概率，保持传输线特性阻抗的连续性，并节约走线空间，适用于高密高速的电路板设计。

在放置盲埋孔前需要在规则设置里添加盲埋孔。设置盲埋孔的前提是必须在两层板以上才能添加。点击“+”添加盲埋孔，添后给盲埋孔命名，选取起始层和结束层。

注意：起始层为顶层时，结束层不能是底层。添加完盲孔和埋孔，点击“确认”即可把盲埋孔的规则设置完成，如图 2.6.49 所示。

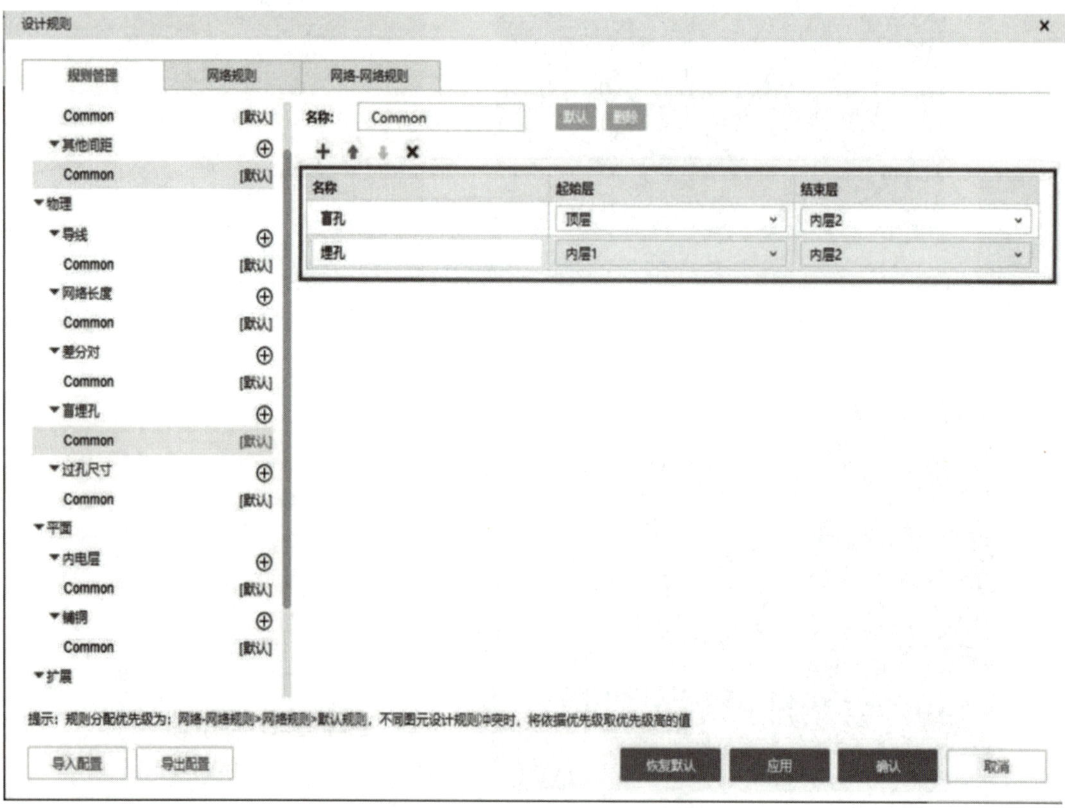

图 2.6.49　添加盲埋孔

在放置盲埋孔之前需要先放置一个过孔，在右侧面板找到过孔的属性，选择刚刚添加的盲埋孔，如图 2.6.50 所示。

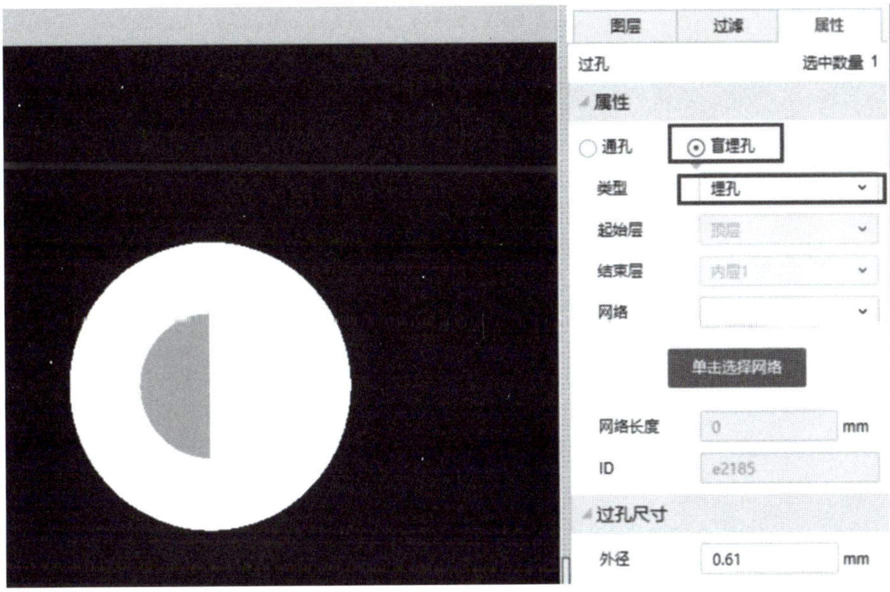

图 2.6.50　盲埋孔属性

在布线模式下右键添加盲埋孔，放置盲埋时，需要切换到相应的层才能放置。也可以在系统设置里，勾选“布线时切层时优先放置盲埋孔”。

演示视频 6　布线模式下设置盲埋孔

23. 缝合孔

缝合孔操作可以将不同层中的较大的铜箔连接到一起，在板结构中进行垂直连接，同时保持较低的阻抗和较短的回流路径。在 RF 设计中，缝合孔与护环一起创建一个过孔墙，以创建电磁屏蔽 PCB。缝合孔也可以被用来连接那些独立于网络的铜箔，将其与网络连接起来。

放置方法一：顶部菜单→放置→缝合孔→矩形/多边形/线条；设置缝合孔的属性，点击“确定”，然后再在 PCB 里绘制一个矩形，就能根据绘制的矩形放置缝合孔。缝合孔放置时会自动避让。

缝合孔的属性如图 2.6.51 所示，包括：

① 网络：设置缝合孔的网络。

② 外径：缝合过孔的外径。

③ 内径：缝合过孔的内径。

④ 行间距：设置缝合孔的行间距。

⑤ 列间距：设置缝合孔的列间距。

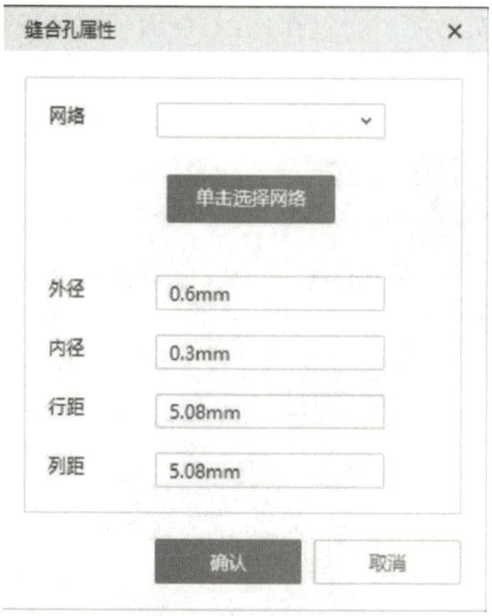

图 2.6.51　缝合孔的属性

放置方法二：选中铺铜→右边属性面板→自动放置缝合孔，如图 2.6.52 所示。

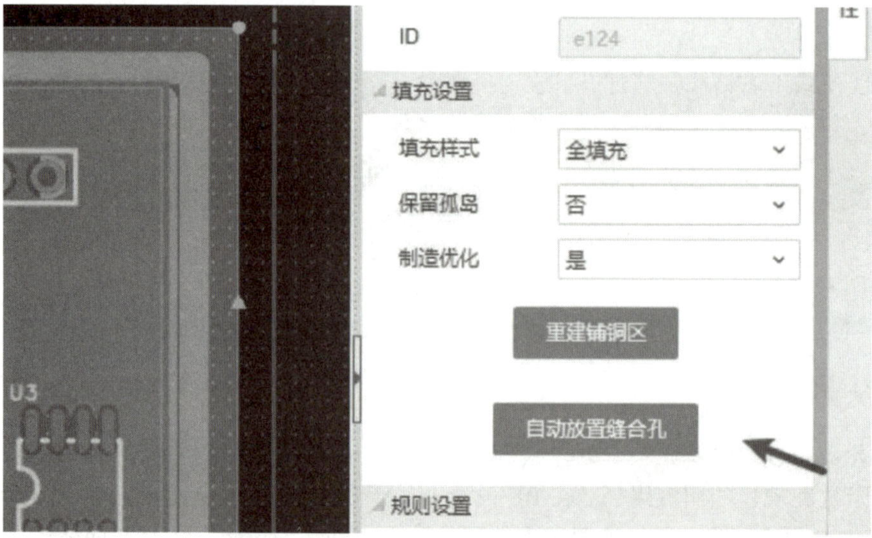

图 2.6.52　右边属性面板自动放置缝合孔

可以进行新增或移除当前铺铜的缝合孔。设置好参数后，点“确认”，会在当前铺铜的填充区域放置缝合孔，并且会自动避让 DRC 错误的图元。

24. 焊盘

软件支持放置游离的焊盘，方便制作简单的金属化定位孔。可以通过设置焊盘的属性来修改焊盘的层和形状，还可以修改每一层的形状等。

操作入口：顶部菜单栏→放置→焊盘；或快捷键“P”。

非金属化定位孔可以通过放置圆形挖槽区域实现，如图 2.6.53 所示。

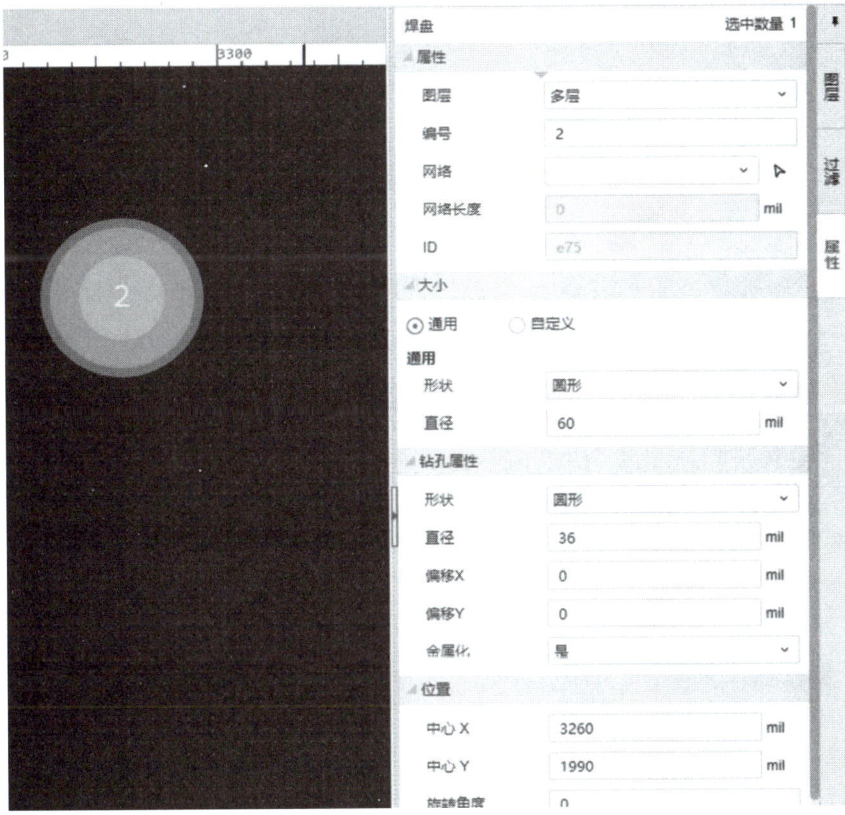

图 2.6.53　焊盘属性设置

游离焊盘和封装的焊盘右键支持多种功能，方便使用。

在属性面板时，可以通过鼠标拾取图元快速给焊盘分配网络，如图 2.6.54 所示。

图 2.6.54　鼠标拾取图元快速给焊盘分配网络

焊盘形状支持圆形、矩形、长圆形和多边形。多边形需要通过绘制异形焊盘生成。矩形焊盘支持设置圆角半径实现圆角矩形焊盘，以短边作为 100%基准，设置圆角半径比例。

不同焊盘形状在不同层时，可以设置不同的属性，如多层焊盘的槽型孔焊盘，如图 2.6.55 所示。

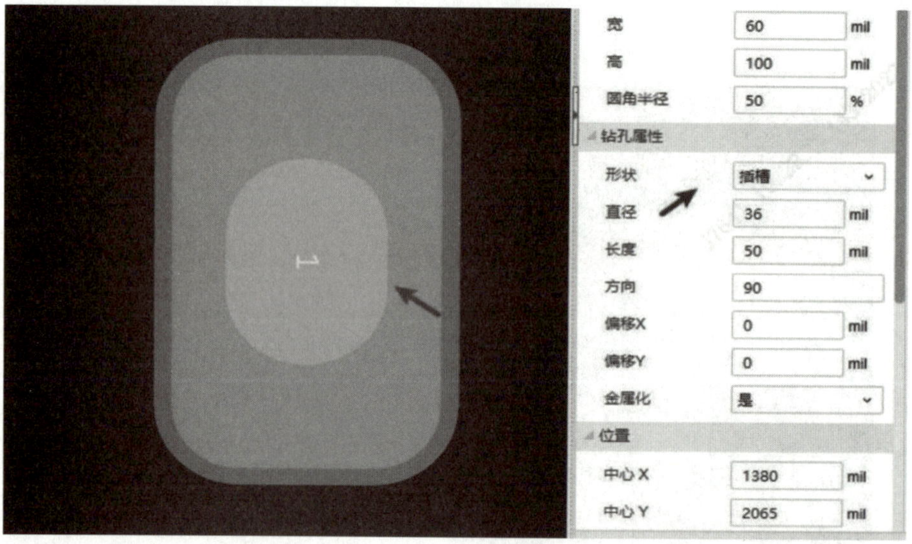

图 2.6.55　焊盘属性设置

25. 异形焊盘

异形焊盘，也称之为多边形焊盘，很多不规则形状的焊盘可以通过该功能进行绘制，如天线。

绘制异形焊盘：点击菜单进入绘制模式，和绘制填充区域类似，通过修改布线拐角（快捷键“L”），可以切换不同的拐角，进而绘制不同的形状，点击右键完成绘制；设置焊盘的属性参数，点击“确定”完成绘制，如图 2.6.56 所示。

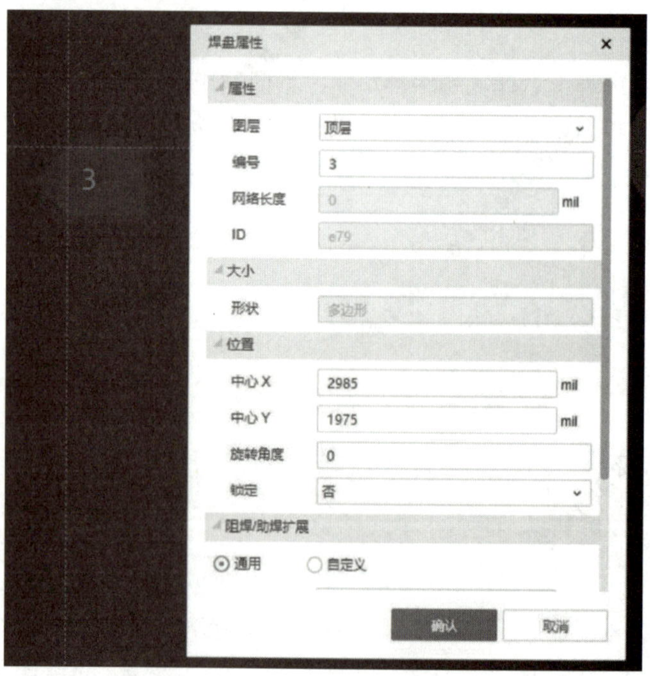

图 2.6.56　异形焊盘属性设置

编辑形状：点击异形焊盘，在右边属性面板有一个按钮“编辑焊盘形状”，如图 2.6.57 所示。

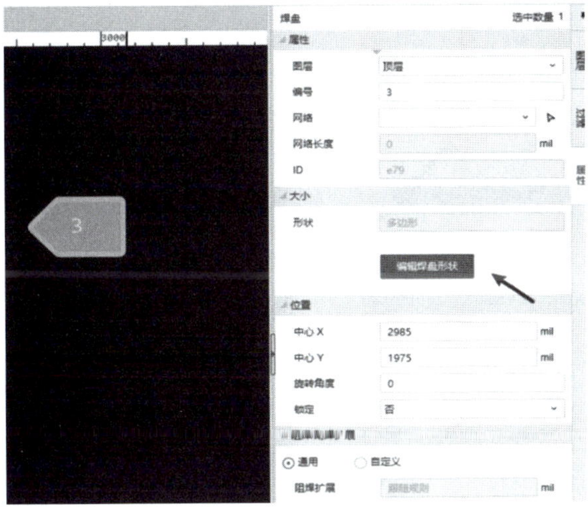

图 2.6.57　编辑形状

点击后，光标进入编辑模式，可以拖动节点或双击节点编辑焊盘形状。

26. 边框/板框绘制

在开始 PCB 设计前，首先需要给板子创建板框。可以通过直接绘制和导入 DXF 两种方式创建板框。一个板框内只能放置一个板框，多余的板框会转为挖槽区域。

直接绘制：顶部工具栏板框进入绘制模式，提供矩形、圆形、多边形三种方式的绘制。板框、铺铜区域、填充区域、挖槽区域、禁止区域的绘制方式完全相同。

导入 DXF：可以通过轮廓对象的任意类型切换成板框，如果线条未闭合，会提示自动闭合轮廓。该功能多用于在导入 DXF 后，将导入的线条转换为期望的类型（板框、挖槽区域、禁止区域等）。

（1）点击顶部菜单文件→导入→DXF 选择要导入的 DXF 文件，如图 2.6.58 所示。

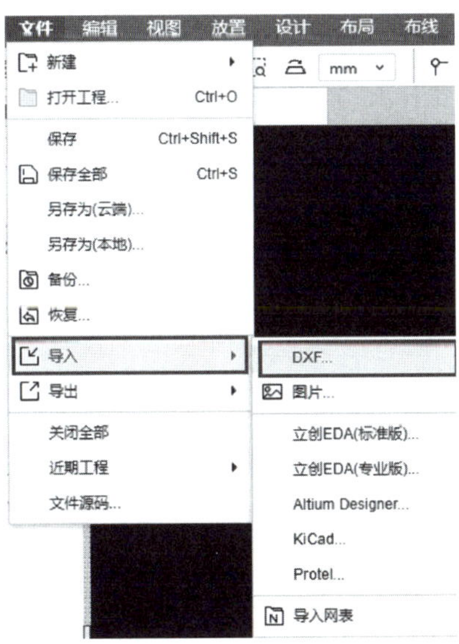

图 2.6.58　导入子菜单

（2）选择完文件后，会弹出导入 DXF 窗口显示预览，如图 2.6.59 所示。

图 2.6.59　导入 DXF 界面

界面说明如下：

① DXF 单位：系统会根据自动读取的 DXF 的单位显示出来，默认为 mm。

② 缩放比例：默认为 1，可以根据需要调整。

③ 宽、高：系统根据选择的缩放比例自动计算出导入图形的宽、高。

④ 参考点：默认放置时的参考点取 DXF 文件的原点，如果 DXF 文件的原点距离图形很远，建议切换参考点到图形中心。

⑤ 导入配置：根据需要勾选 DXF 层以及导入到 Eda 的层，导入后的图元类型均为线条，需要在放置后手动切换类型为板框或挖槽区域。

（3）点击导入按钮，将根据选择的参考点进入待放置模式，左键点击画布，即可完成图形的放置。

（4）导入后的图形全部为线条类型，需要手动调整类型为板框或挖槽区域。

注意：板框和挖槽区域要求必须闭合，如果选择的线条不是闭合的，需要多选这几段线条后，通过右键菜单合并为闭合对象，合并成一个整体，再进行板框的转换。板框层的非闭合线条也会作为板框层导出，不影响用线条绘制板框。

添加圆角：选择矩形的板框，在右边属性面板可以设置圆角半径。也可以选择板框（板框需要为一个完整的闭合回路才能生成圆角），通过鼠标右键添加圆角；在窗口中输入圆角的半径，点击“确定”即可给板框生成圆角。

添加斜角：选中轮廓后右键添加倒角。

27. 禁止区域

在设计 PCB 中，有些电路对信号比较敏感，容易受干扰，通常会设置一个禁止区域。禁止区域包括禁止布线、覆铜、器件。

操作步骤：顶部菜单→放置→禁止区域→矩形/圆形/多边形。

十字光标出现后，即可在 PCB 里面绘制一个矩形的禁止区域，也可在动态输入框输入需要绘制矩形的数值，如图 2.6.60 所示。

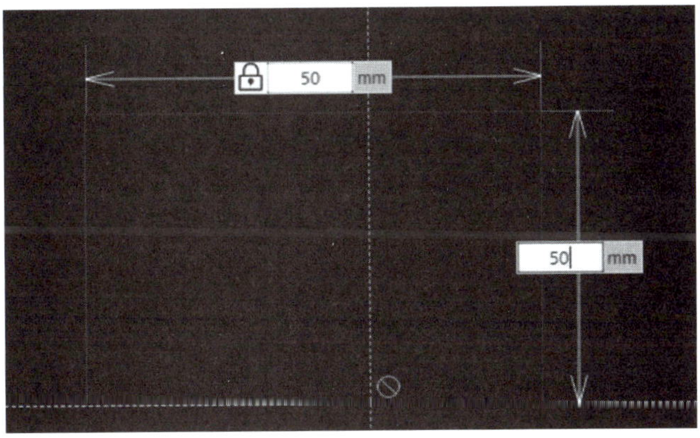

图 2.6.60　动态输入框输入

绘制完后弹出属性窗口，这里可以对禁止区域进行属性设置，如图 2.6.61 所示。

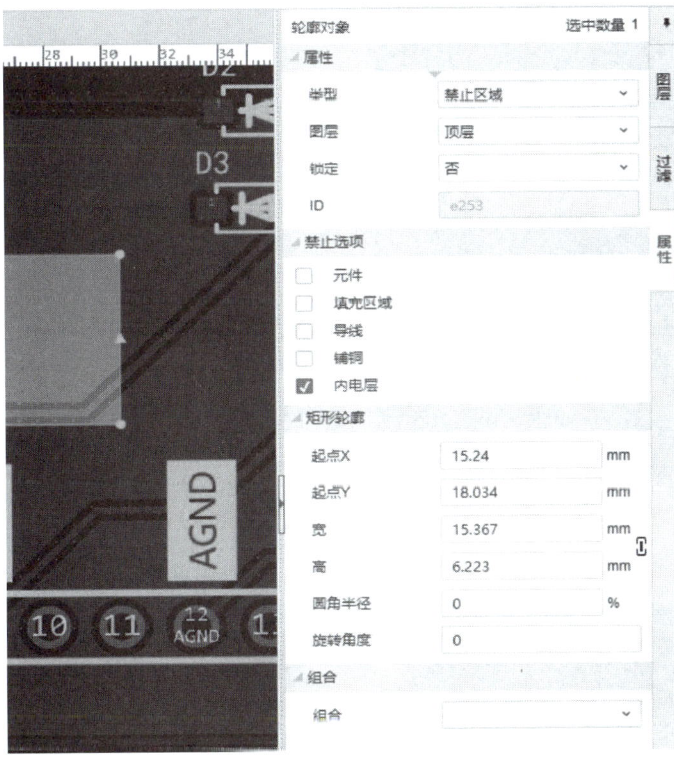

图 2.6.61　禁止区域属性设置

禁止选项说明如下：

（1）元件：勾选后，无法在当前绘制的禁止区域放置器件。

（2）填充区域：勾选后，无法在当前绘制的禁止区域绘制填充区域，也无法从外部绘制进入禁止区域。

（3）导线：勾选后，无法在当前绘制的禁止区域绘制导线，也无法从外部绘制进入禁止区域。

（4）铺铜：勾选后，无法在当前绘制的禁止区域绘制铺铜区域，全局铺铜和重建铺铜会把禁止区域的铜皮给挖空。

（5）内电层：勾选后，当前绘制的区域将挖空内电层的区域的铜皮。

28. 挖槽区域

在 PCB 设计中无论是高压板卡爬电间距，还是板型结构要求，都会遇到板子需要挖槽（直接挖穿板子）的情况。挖槽就是在设计的 PCB 上进行挖空处理。

具体的操作步骤如下：

（1）顶部菜单→放置→挖槽区域→矩形/圆形/多边形。

（2）当光标变成十字就可以在 PCB 内绘制。

（3）绘制完之后 PCB 有着比较明显的一个黑色区域。

挖槽区域的层只能在多层，因为它是作用于全部层进行挖孔，如图 2.6.62 所示。

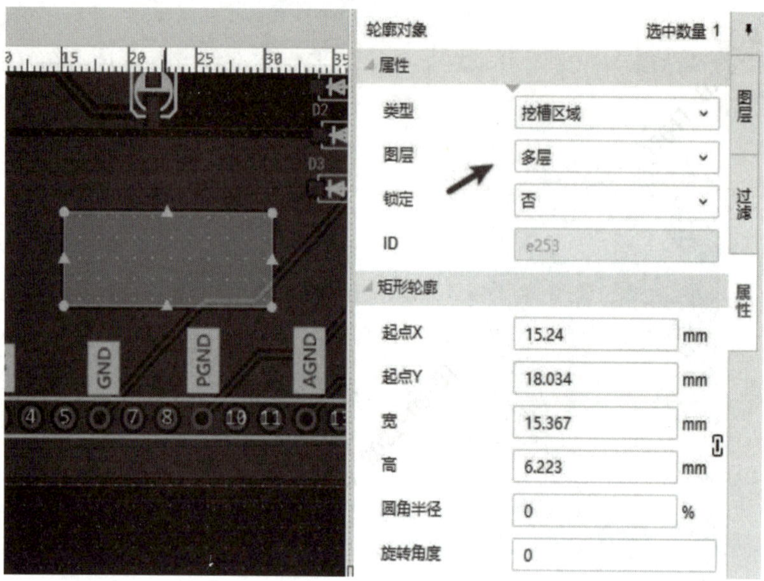

图 2.6.62　挖槽区域属性

挖槽预览如图 2.6.63 所示。

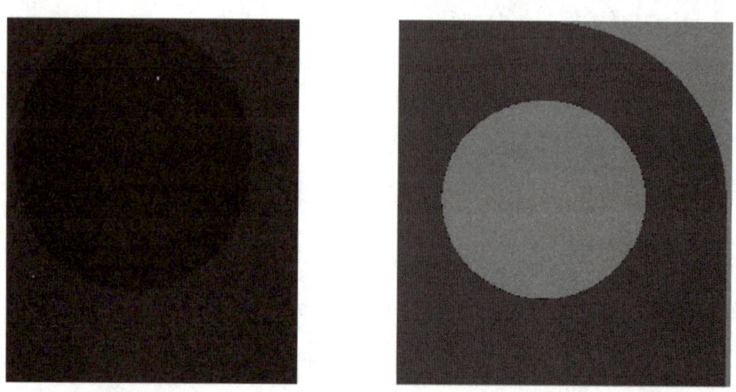

（a）2D 视图　　（b）3D 视图

图 2.6.63　挖槽预览

29. 填充区域

软件提供了一个填充区域，可以绘制所需的填充信息，该功能与铺铜类似，但是实心填充不能与不同网络的元素产生间隙。

入口：顶部放置菜单→填充区域→矩形/圆形/多边形。

绘制完之后窗口，选择需要放置的填充区域、层和网络，如图 2.6.64 所示。

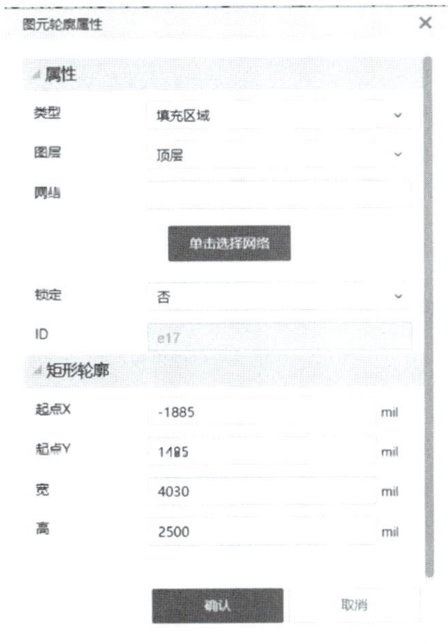

图 2.6.64　填充区域属性设置界面

属性界面说明：

（1）层：支持将实心填充切换至其他层：顶层、底层、顶层丝印、底层丝印等，这些层需要在层工具开启后才会全部显示出来。

（2）网络：在顶层和底层，或其他内层信号层时，可以对其设置网络，使其具有电气特性。如果使用实心填充直接连接两个焊盘，需要将它们的网络设为一样，实心填充需要盖过焊盘中心，并且需要用单个实心填充连接起来，否则飞线不会消失。

（3）类型：修改填充的区域，默认在填充区域层，不推荐改为其他层。

（4）编辑坐标点：支持实心填充坐标点编辑，编辑出所需要的形状，包括圆弧的形状。

30. 铺铜区域

如果想保留整块铜箔区域使其接地或者接电源，可以使用“铺铜”功能。点击后可以围绕想铺铜的区域绘制铺铜区，也可以直接在板子边框外部绘制，不需要沿着板子边框绘制，软件会自动裁剪多余的铜箔。

1）绘制铺铜

顶层和底层需要分别绘制。一块板子可以绘制多个铺铜区，并分别设置。

操作入口：顶部菜单→放置→铺铜区域；顶部工具栏→铺铜区域；快捷键“E”。

绘制矩形铜皮完成之后弹出属性窗口进行属性设置，如图 2.6.65 所示。

图 2.6.65　铺铜轮廓对象设置

铺铜属性说明如下：

（1）类型：EDA 默认为铺铜边框类型。

（2）名称：可以为铺铜设置不同的名称。

（3）图层：可以修改铺铜区的层，包括顶层、底层、内层 1、内层 2、内层 3、内层 4。当内层的类型是内电层时，无法绘制铺铜。

（4）网络：设置铜箔所连接的网络。当网络和画布上的元素网络相同时，铺铜才可以和元素连接，并会显示出来，否则铺铜会被认为是孤岛而被移除，如图 2.6.66 所示。

（5）锁定：仅锁定铺铜的位置。锁定后将无法通过画布修改铺铜大小和位置。

（6）填充样式：全填充指正常的铺铜填充样式。网格 45°指该区域的填充为 45°网格填充；网格 90°指该区域的铺铜填充为 90°的网络类型。

图 2.6.66　铺铜网络

（7）保留孤岛：是或否，即是否去除死铜。若铺铜的一小块填充区域没有设置网络，那么它将被视为死铜而去除，若想保留铺铜，可选择保留孤岛或为铺铜设置一个相邻焊盘相同的网络，并重建铺铜。

（8）制造优化：仅在填充样式为全填充时出现，网格铺铜默认启用制造优化。默认为是，将移除铺铜的尖角和小于 8 mil 的细铜线，利于生产制造；设置为否则显示尖角和细铜线，如图 2.6.67 所示。

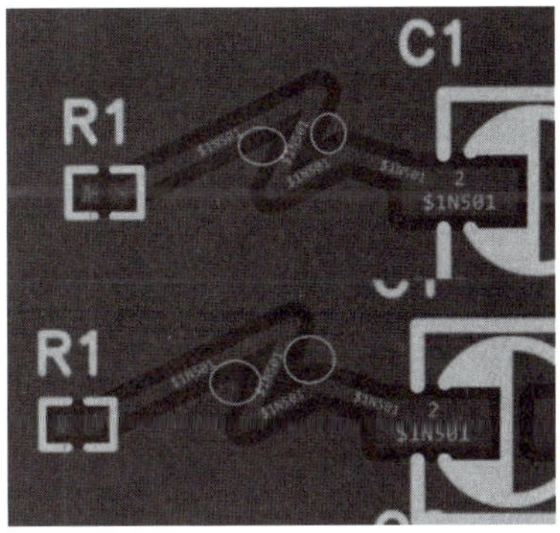

图 2.6.67　制造优化示例

（9）重建铺铜：根据选中的铺铜进行重建。快捷键“Shift + B”会把全部铺铜（包括内电层）一起重建。

（10）自动放置缝合孔：根据选中的铺铜自动放置缝合孔（批量过孔）。

（11）规则设置：可以根据网络切换铺铜规则，和自定义铺铜规则。不支持直接修改铺铜的属性，如图 2.6.68 所示。

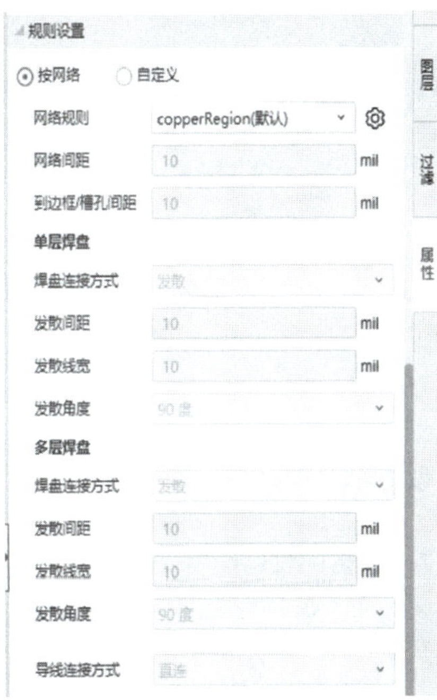

图 2.6.68　铺铜规则设置界面

选中铺铜区域后的右键菜单，提供了除了日常编辑功能之外，还有插入节点、编辑轮廓、分散为独立线条、转为、锁定、适应选中、高亮、添加圆角、添加斜角、铺铜区域、组合、偏移、旋转、翻转、翻面和属性等快捷功能。

（1）编辑轮廓：修改铺铜的轮廓形状。

（2）转为：把铺铜区域转为填充区域、禁止区域等。

（3）铺铜区域：可以显示/隐藏铺铜区域，重建铺铜区域等。

2）隐藏显示铺铜

软件支持多种隐藏铺铜的功能入口：点击铺铜右键菜单或顶部视图菜单进行隐藏显示；点击画布空白处右侧属性面板，隐藏铺铜区域；点击左侧对象树，点击铺铜分类的眼睛图标进行隐藏；也可以点击右侧过滤面板，点击铺铜分类的眼睛图标进行隐藏，如图 2.6.69 所示。

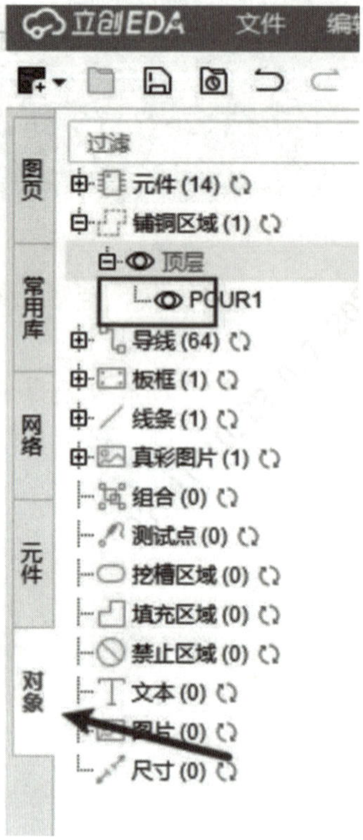

图 2.6.69　左侧对象树隐藏操作

31. 线条

线条工具与导线中的线条不同，是没有电气属性的，只能作为绘图工具使用，包括折线、圆弧、圆形和矩形。

注意：中心圆弧和两点圆弧、三点圆弧的绘制交互方式不一样，但绘制后都是圆弧。属性类型里面的圆弧类型也只是影响画布上的操作交互，但不会存入文件中。

32. 测试点

PCB 测试点工具用于测试 PCB 上的零器件是否符合规格和焊接性要求，或用于测试 PCB 的可用性。

放置方法：顶部菜单→放置→测试点，将测试点放置在需要测试电路附近，选择测试点的网络，即可完成测试点的添加，如图 2.6.70 所示。

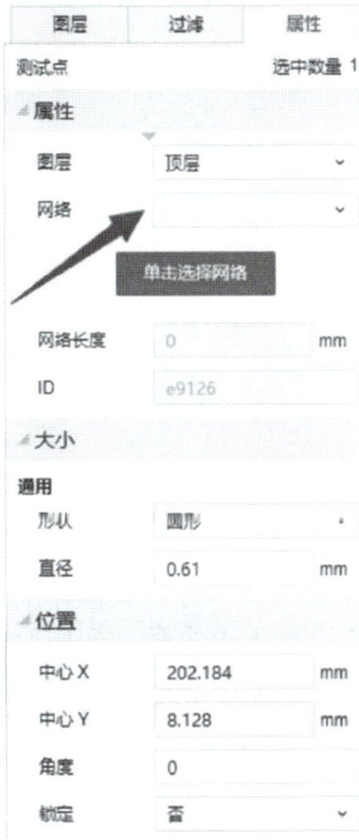

图 2.6.70　PCB 测试点属性

33. 导入彩色图片

软件支持导入彩色图片，需要先在 PCB 设置里面开启“使用嘉立创彩色丝印工艺”选项。

预览图片时，勾选“放置原图”，将会自动放在顶层丝印层，也可以切换到文档层或底层丝印层。

导入彩色图片，可以作为板子背景图，方便线路等细节对比；也可以放置在顶层或底层丝印层，后续导出 Gerber 可在嘉立创生产彩色丝印的板子；在 2D 和 3D 预览时，也可以同时预览彩色图片。

演示视频 7　导入彩色图片

34. 尺寸

尺寸工具用于测量长度、圆的半径以及角度。与测量距离的功能有所不同的是，尺寸放置是标注 PCB 板的长宽。放置尺寸方法：顶部菜单→放置→尺寸。

（1）长度测量：顶部菜单→放置→尺寸→长度；快捷键“Alt + N”。

点击放置好的尺寸标注可以在右侧视图修改信息。

① 尺寸类型：默认长度尺寸，不可修改。

② 图层：修改尺寸标注的图层。

③ 单位：可修改 mm、cm、inch、mil 四种单位。

④ 长度：修改尺寸的放置长度。

⑤ 宽：修改尺寸标注的宽度。

⑥ 字号：修改字体的大小。

⑦ 尺寸精度：可修改尺寸的精度，最多 4 位数。

（2）角度测量：顶部菜单→放置→尺寸→角度，用于测量角度的尺寸标注。

（3）半径测量：顶部菜单→放置→尺寸→半径，用于测量圆的半径尺寸。

35. 堆叠表

软件支持放置 PCB 层堆叠的表格，便于展示当前设计。

放置方法：顶部菜单→放置→堆叠表。

设置堆叠表线宽及字号等参数，点击“确定”后选择堆叠表左上角顶点的位置，即可放置堆叠表，默认放在文档层。放置后的堆叠表由多种图元组合而成，可以解散组合成单独的图元编辑。如果图层管理器有调整图层参数，需要删除并重新放置堆叠表，堆叠表不会自动更新钻孔表。

36. 钻孔表

当 PCB 设计规模比较大时，因工厂制造流程需要，PCB 通常会需要输出钻孔表以校对 PCB 制造时的钻孔类型和位置。

软件支持放置钻孔表，入口：顶部菜单→放置→钻孔表。点击后设置钻孔表的参数，再点击位置生成钻孔表数据。放置后默认在钻孔图层。

钻孔表会根据当前 PCB 中出现的钻孔类型（金属化孔 PTH 和非金属化孔 NPTH）和钻孔大小进行统计，并且用不同的标识符号标识出来。导出 PDF 或 Gerber 时，钻孔图层可以跟随导出，对应的钻孔位置会显示对应的标识符号。

37. 原点

原点也称为坐标原点，用于参考基准。具体操作如下：顶部菜单→放置→画布原点；生成原点后，焊盘的 X/Y 轴的坐标变为 0。

从光标：选择之后鼠标会变成一个十字，然后点击焊盘或者符号中心，就能设置坐标原点了。

从坐标：选择之后会弹出一个视图，选择想要设置原点的坐标，点击“确定”之后就会按照输入的坐标生成原点。

38. 3D 外壳-边框

软件支持简单的 3D 外壳设计，方便用户快速绘制和制造一个简单的外壳。设计 3D 外壳时，需要先绘制 3D 外壳的边框。操作入口：顶部菜单→放置→3D 外壳-边框。

绘制的图元会自动切换到 3D 外壳-边框层。点击“3D 外壳-边框”图元可以在右边属性面板设置其属性。绘制后，可以在：顶部菜单→视图→3D 外壳预览，进行同步预览，PCB 修改的 3D 壳相关的参数会同步更新到 3D 预览里面。3D 外壳预览会在新的独立窗口打开。

属性说明：

（1）类型：上下壳、推盖。软件提供了两种外壳类型，暂时只有矩形外壳边框才支持推盖，如图 2.6.71 所示。

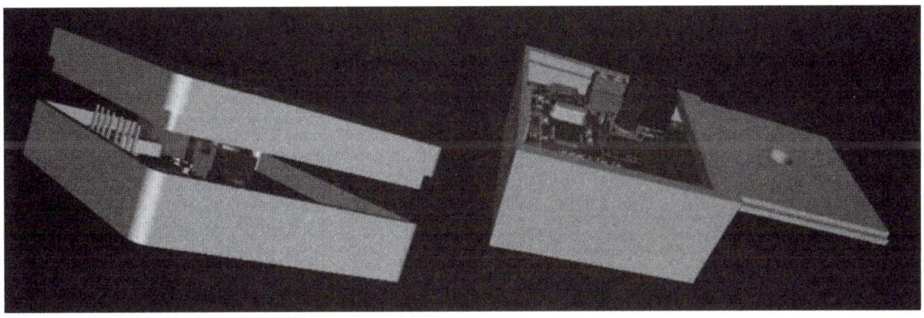

图 2.6.71　两种外壳类型

（2）图层：和其他线条一样，可以切换到其他图层。图层切换后，类型也会相应变化。

（3）推盖方向：推盖类型时，推盖的方向，如图 2.6.72 所示。

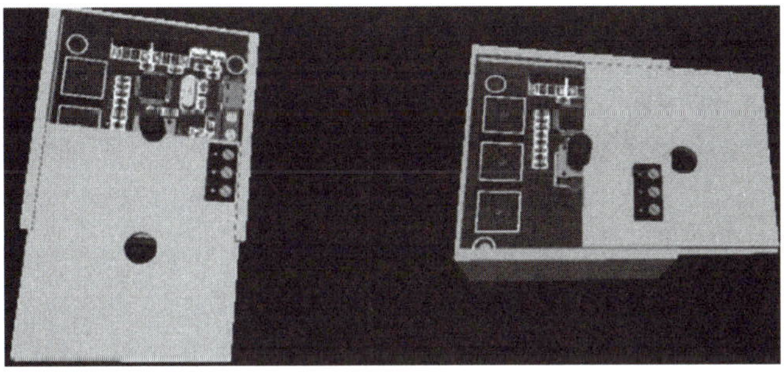

图 2.6.72　推盖的方向

（4）外壳整体高度：外壳的整体高度，是上下壳合并后的高度。注意：该属性包含外壳厚度。

（5）PCB 距外壳底面高度：PCB 板到底部外壳表面的高度，用于确定 PCB 的悬空高度。注意：该属性包含外壳厚度。

（6）下壳高度：下壳的高度。上壳的高度会根据整体高度自动算出。

（7）外壳厚度：建议外壳的厚度≥1.5 mm，否则制造的时候容易断裂。

（8）上壳内壁高度：上壳内壁的对位凹槽高度，如图 2.6.73 所示。

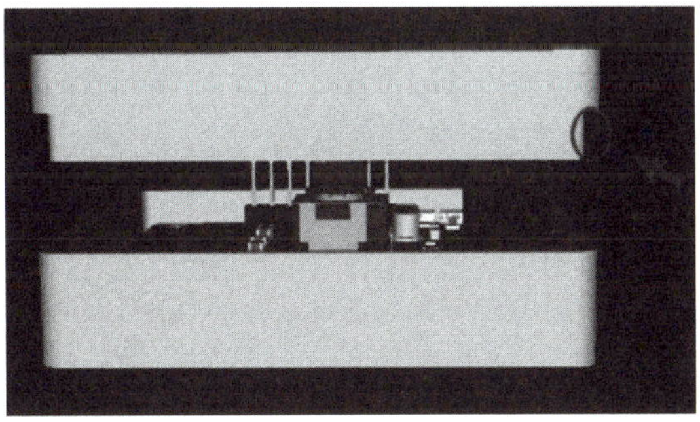

图 2.6.73　上壳内壁高度

（9）下壳内壁高度：下壳内壁的对位凹槽高度。

具体可以查看相关工艺要求：

演示视频 8　3D 外壳设计

39. 从原理图导入变更

当原理图修改完成后，可在 PCB 中选择从原理图导入变更，将最新的原理图更新至 PCB 中。操作入口：顶部菜单→设计→从原理图导入变更。

如果原理图存在错误，会直接弹窗提醒，如标注重复、封装缺失等。若无问题将弹出确认对话框，如图 2.6.74 所示。

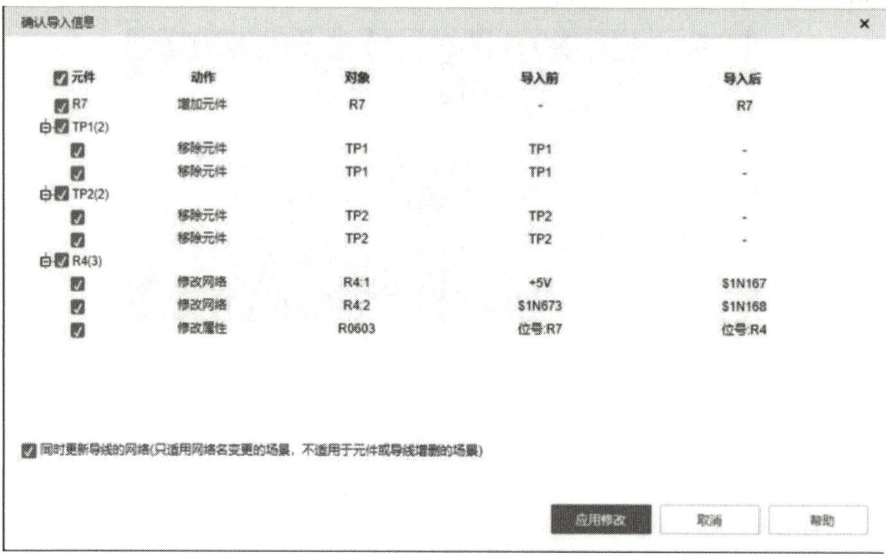

图 2.6.74　从原理图导入变更界面

如果需要同时更新 PCB 里面的导线网络，则勾选“同时更新导线的网络”选项。编辑器会根据焊盘的网络自动更新关联的导线网络。若确认无问题点击“应用修改”即可更新 PCB。

注意：

（1）因为原理图网络名是计算后生成，当修改了原理图后部分网络如果出现变更，那么更新至 PCB 后，原网络已经布好的走线并不会被删除。

（2）当勾选“同时更新导线的网络”后，会更新焊盘网络并把焊盘相关的导线跟随焊盘的网络更新，可能会出现导线网络变化的情况，需要手动将导线旧的网络名改为新的网络名。大部分原理图更新网络后都可以更新到 PCB，例如修改器件编号、网络标签等。但如果原理图有增删器件，PCB 的导线网络则需要手动修改，可以通过：点击导线→右键菜单→选择连接→右边属性修改网络，完成修改。

（3）PCB 导入变更后，有些变更将无法撤销。

40. 更新工程库

在修改完封装和符号后，不需要删除 PCB 里的封装也可以直接把修改完成的封装或器件更新到设计图中。

操作入口：顶部菜单→设计→更新工程库。

更新工程库会清除历史记录，无法进行撤销重做，更新工程库前先保存文件，再选择封装进行更新即可。更新前先进行预览对比差异，确认没有问题后更新，如图 2.6.75 所示。

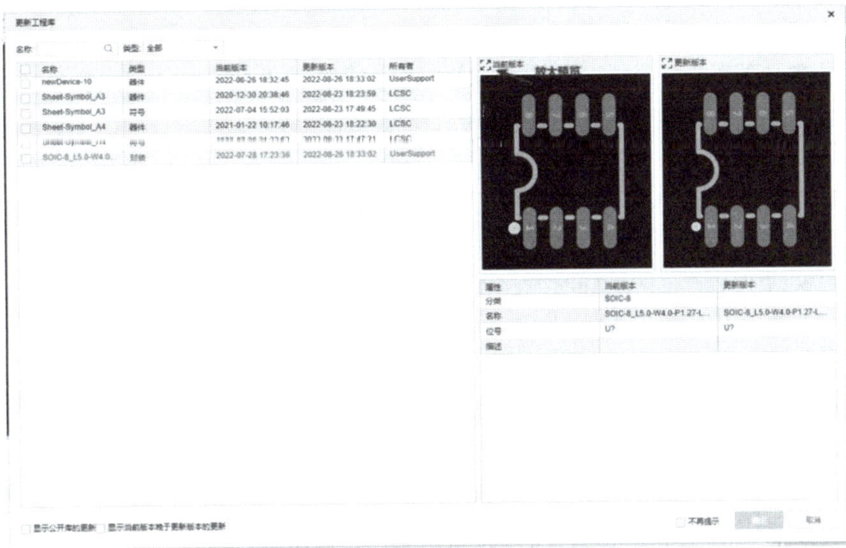

图 2.6.75 更新前预览对比差异

注意：更新工程库会影响整个工程，引用到这个库的文档都会被影响，下次打开文档就会使用新的库版本。如果只想改某个元件的封装，可以在封装右键→编辑封装→仅应用选中元件。

五、PCB 版图布局操作

1. 单路布线

单路布线的方法：通过顶部菜单→布线→单路布线，进入添加布线工作模式；双击一个导线/焊盘/填充区域/线条，即可开始布线，或先单击一个导线/焊盘/填充区域/线条，再选择的单路布线功能，将会以单击的点为布线起点开始布线。除了顶部菜单，还可以通过：顶部工具栏→单路布线、快捷键“W”、双击焊盘或者过孔，进入布线模式。

更多布线的操作设置可以在设置→PCB 设置中修改，如图 2.6.76 所示。

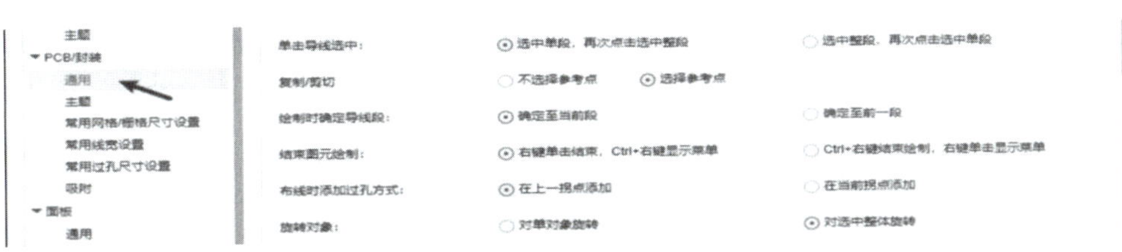

图 2.6.76 布线设置

（1）添加拐点：在布线的过程中在需要增加拐点的地方，单击左键以添加拐点。布线过程中使用快捷键“L”切换拐点。

（2）布线时添加过孔：在布线的过程中点击鼠标右键菜单，选择放置过孔功能，将在接下来的第一个待布线拐角处增加一个过孔，鼠标左键单击画布，添加过孔成功。在布线的过程中输入快捷键“V”也可以直接添加过孔。在布线的过程中切换到信号层，通过快捷键“TB1234”，也会自动添加过孔。

（3）回退布线：布线的过程中点击右键菜单，点击“回退”，或使用快捷键“Backspace”，可以手动将布线回退到上一个拐点。布线的过程中如果光标移动到了已经布线的部分，会自动回退到光标位置导线的上一个拐点。此时如果鼠标移回未产生回路部分，又会恢复之前隐藏的导线；添加拐点后，将确定新的拐点，之前自动回退的导线将无法再恢复。

（4）布线时切换过孔尺寸。

跟随规则：点击后接下来添加的过孔将会变为设计规则中的默认尺寸。

规则设置：点击后弹出设计规则对话框，可以在此处设置过孔尺寸的规则。

常用过孔尺寸列表：布线时通过右键菜单快速切换常用过孔尺寸，点击常用尺寸设置，弹出系统设置对话框，可以在此维护常用过孔尺寸列表。

输入过孔尺寸：点击后弹出窗口输入要修改的过孔外径和内径后回车，接下来添加的过孔将变为此尺寸。

如果需要在布线打孔时自动切层，可以在 PCB 设置里面开启“自动切层”选项。

（5）添加节点：支持双击导线或右键添加导线节点，以便调整导线。

（6）右键菜单：导线的右键菜单支持丰富的功能，可以快速实现多种操作。在布线的过程中点击鼠标右键菜单（或按住“Ctrl” + 右键，根据 PCB 设置项来），也有丰富功能，可以根据自己的需要进行使用。

（7）设置网络颜色：在左侧的网络树可以设置网络颜色，也可以选中导线，右键设置颜色。

（8）隐藏飞线：在布线时，先把其他暂时不需要布线的飞线隐藏，有利于减少干扰，专注于当前网络的布线。可以在左侧网络树隐藏飞线，也可以选中导线后，在视图菜单进行隐藏飞线。

2. 拉伸导线

入口：顶部菜单→布线→拉伸导线；顶部工具栏拉伸导线或者快捷键“Shift + W”。

单击一段导线即可开始拉伸，也可以先单击选中一段导线，再点击“拉伸导线”功能。移动光标进行导线的拉伸，再次点击鼠标左键，完成导线拉伸。当拉伸导线到与其他导线融合时，会停留在融合位置无法继续拉伸。

（1）拖动导线拉伸：选中一段导线，长按拖动也可以进行拉伸动作。当鼠标移动到导线头，鼠标位置变为手型图标时，表示可以拖动。

（2）拖动直角拐点：当鼠标移动到直角拐点，鼠标位置变为手型图标时，表示可以拖动。

3. 差分对布线

差分对布线是一项要求在印刷电路板上创建利于差分信号（对等和反相的信号）平衡的传输系统的技术。差分线路一般与外部的差分信号系统相连接，差分信号系统采用双绞线进行信号传输，一条信号线传送原信号，另一条传送的是与原信号反相的信号。差分信号是为了解决信号源和负载之间没有良好的参考连接而采用的方法，它对电子产品的干扰起到固有的抑制作用。差分信号的另一个优点是它能减小信号线对外产生的电磁干扰（EMI）。

设置差分走线步骤如下：

（1）创建差分对网络类：在进行差分对布线前，需要先设置差分对网络类。可以在左侧网络标签页，在差分对类别右键，新建差分对，如图 2.6.77 所示。

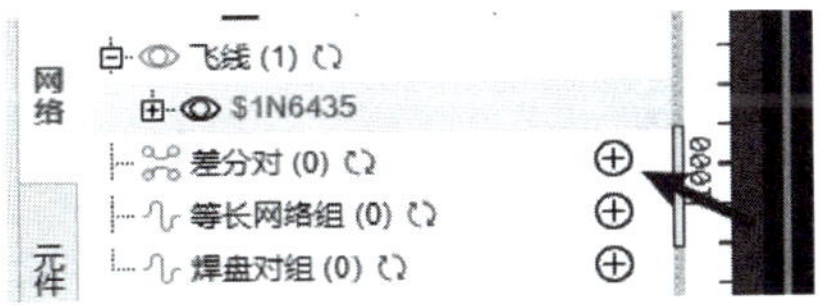

图 2.6.77　新建差分对

也可以直接点击：布线菜单→差分对布线，点击焊盘后如果检测到没有建立差分对，会弹窗提示创建差分对，选择“是”则新建差分对。或在设计菜单→差分对管理器，进行创建。

设置好差分对名称和包含的网络，如图 2.6.78 所示。

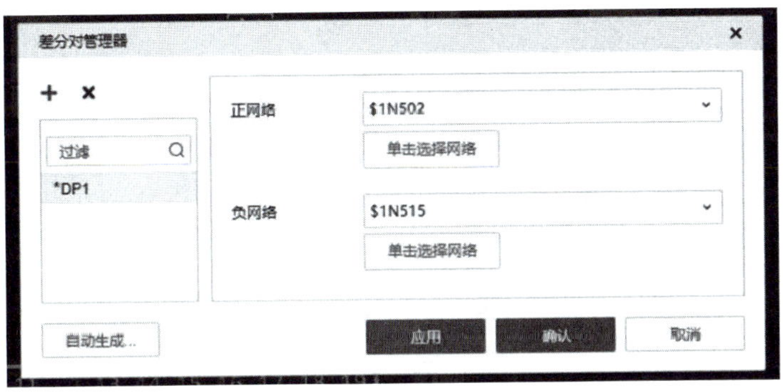

图 2.6.78　差分对管理器

也可以使用左下角的自动生成差分对，根据网络名的正负符号查询生成，如图 2.6.79 所示。

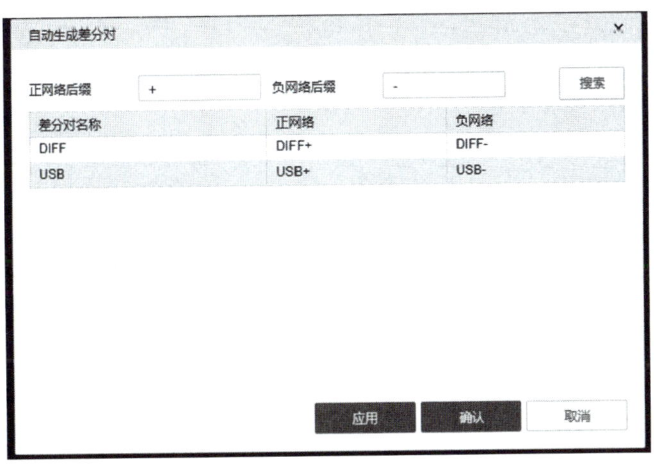

图 2.6.79　自动生成差分对

创建完差分对后，可以在左侧网络标签页看到。并且可以看到网络的导线总长度，如图 2.6.80 所示。

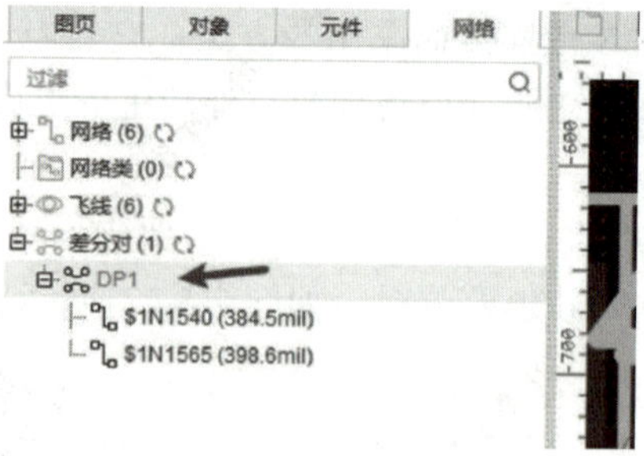

图 2.6.80　左侧网络标签页

（2）创建差分对规则：在设计菜单→设计规则，进行差分对规则管理设置（见图 2.6.81）和网络规则设置（见图 2.6.82）。

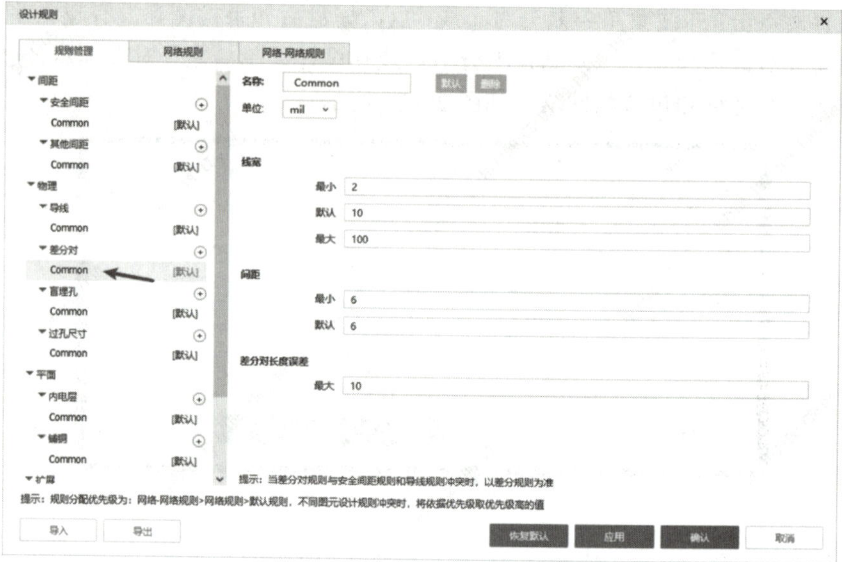

图 2.6.81　差分对规则管理设置

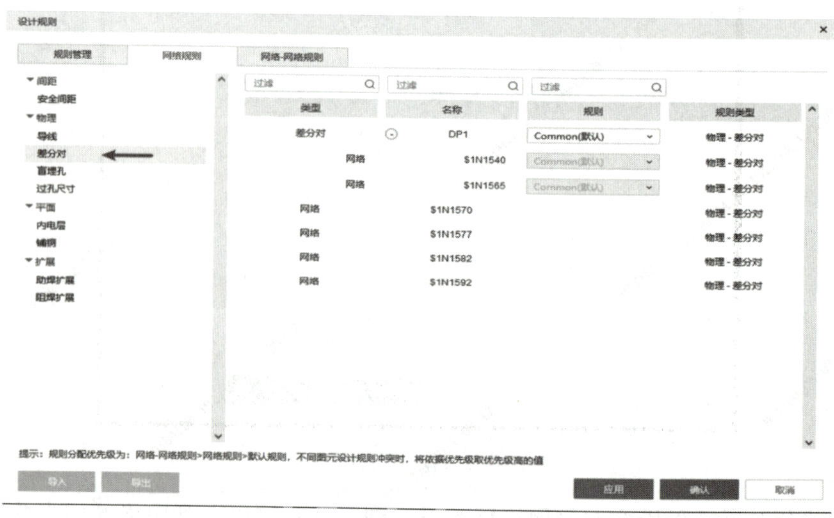

图 2.6.82　差分对网络规则设置

（3）绘制差分对：当完成了规则设置后，就可以点击差分对布线菜单，进行差分对布线，在布线过程中还可以实时查看布线长度和差异。

绘制过程中可以通过按空格键切换路径走向，使用快捷键“TB”进行切层。在通过快捷键切层绘制时，或添加过孔时，可以通过按空格键切换导线和过孔的扇出方向，如图 2.6.83 所示为过孔的导线走向的两种方式。

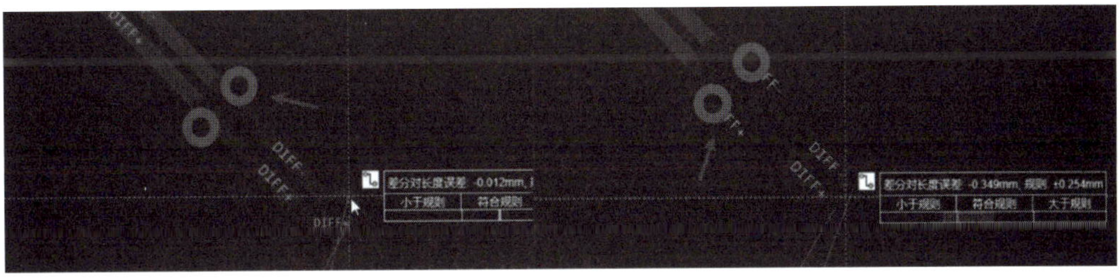

图 2.6.83 过孔导线走向的两种方式

在布线过程中，光标右上角会提示布线误差和是否符合规则，如图 2.6.84 所示。

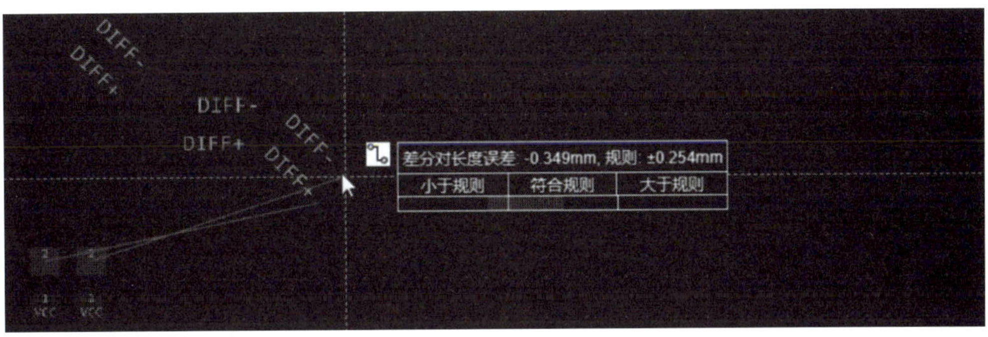

图 2.6.84 布线误差和是否符合规则提示

如果没有显示，可以在设置→PCB 设置→通用里面开启实时显示，如图 2.6.85 所示。

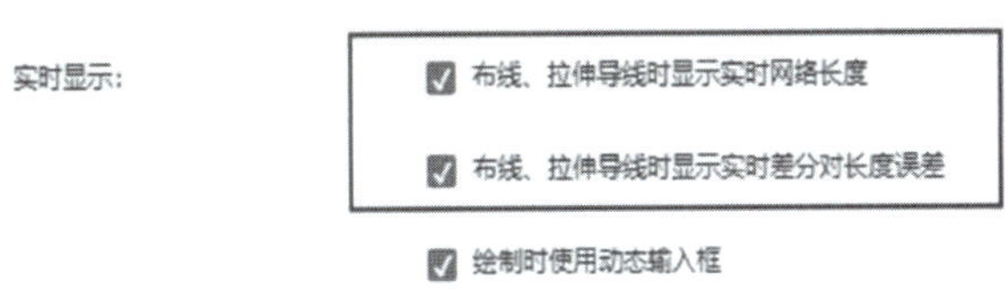

图 2.6.85 开启实时显示

演示视频 9 差分对布线与等长调节

4. 等长调节

等长调节又称等长绕线、延迟线，是 PCB 设计中一种特殊的走线形式，主要目的是补偿同一组时序相关的信号线中延时较小的走线，尽量减小同组信号之间的相对延时，避免出现时序问题。

操作步骤：顶部菜单→布线→等长调节；等长调节设置；激活等长调节后，点击“Tab”调出等长调节属性框，如图 2.6.86 所示。

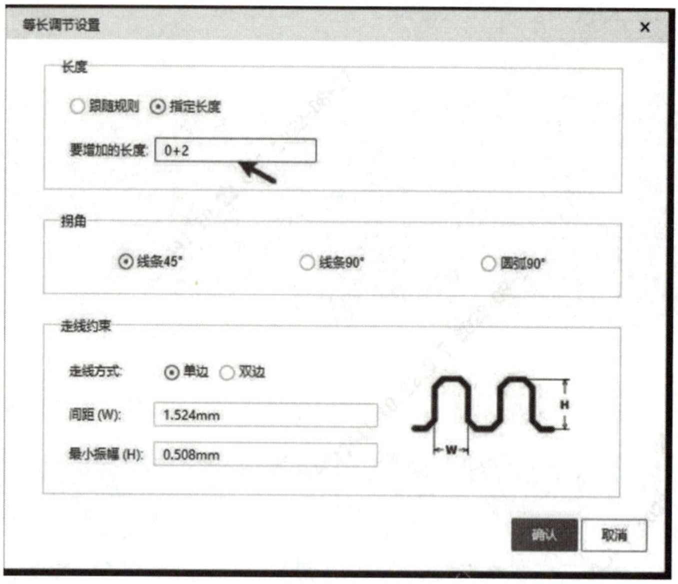

图 2.6.86　等长调节属性框

（1）要增加的长度：输入框可以通过输入四则运算表达式快速计算需要的数值，如输入“5 + 2”回车，会自动计算为“7”。

（2）拐角线条 45°：指设置等长绕线的拐角为角度 45°，如图 2.6.87 所示。

图 2.6.87　45°拐角

（3）拐角线条 90°：指设置等长绕线的拐角为角度 90°。

（4）圆弧 90°：是最常用的一种等长调节设置，这个角度设置也称为蛇形等长，如图 2.6.88 所示。

图 2.6.88　圆弧 90°

(5)走线方式：单边走线等长时只会往一个方向进行等长摆幅。双边走线等长则是线条的两边都能进行等长调节，如图 2.6.89 所示。

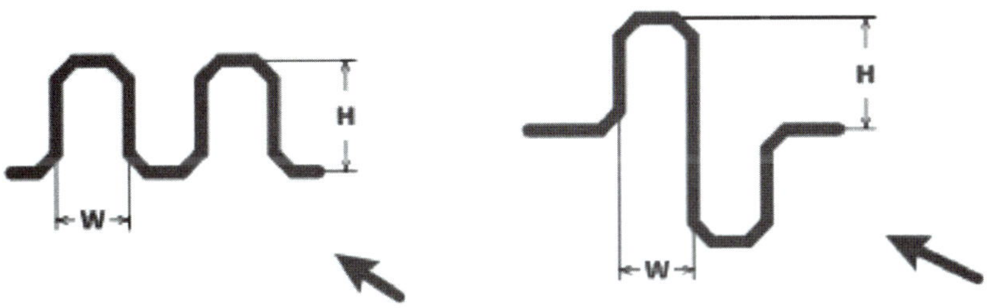

图 2.6.89　单边和双边走线

说明：

间距（W）：等长调节走线直接的宽度设置。

最小振幅（H）：等长走线的振幅设置，也就是高度的设置。

5. 内部自动布线

软件支持自动布线，目前软件的自动布线效果一般，需要手动再次调整。

操作入口：顶部菜单栏→布线→自动布线。

可以设置一些自动布线相关的参数，如图 2.6.90 所示。

图 2.6.90　自动布线设置

（1）布线拐角：45°或 90°。一般布线拐角都是 45°，如果板子要求不高，使用 90°布线也不会有什么影响。

（2）已有导线/过孔：保留或移除。在开始布线时，可以对已经存在的导线或者过孔进行保留或者移除，默认为“保留”。如果选择“移除”会自动清除全部导线或过孔进行布线。

（3）效果优先级：速度优先或完成度优先。如果想要快速布线就选择“速度优先”，在一定尝试时间内自动停止，可能有部分没有进行布线；如果不赶时间，则可以选择“完成度优先”，该选项会尽量完成布线。

（4）过孔数量：少、中或多。这个决定自动放置的过孔数量，过孔数量越多布线成功率越高。根据自己的接受程度选择，自动布线会自行生成过孔。

（5）网络优先级：根据设置的网络顺序从头到尾进行自动布线。不同的网络排序会影响布线成功率和最终布线效果。网络排序方式包括：

① 默认：编辑器程序直接读取到的 PCB 网络顺序，未再排序。

② 随机：随机生成网络排序进行布线。

③ 自定义网络名优先：网络名不是“$”开头的网络优先。按照首字母自然增序排序。

④ 焊盘从多到少：根据网络包含的焊盘数量从多到少进行网络排序。

⑤ 焊盘从少到多：根据网络包含的焊盘数量从少到多进行网络排序。

⑥ 焊盘从远到近：根据网络包含的焊盘的相互间距的总距离，从远到近进行网络排序。

⑦ 焊盘从近到远：根据网络包含的焊盘的相互间距的总距离，从近到远进行网络排序。

（6）布线图层：设置需要布线的图层。

（7）忽略网络：设置不需要进行自动布线的网络，点击下拉列表选择添加或移除网络。例如 GND 这种不需要自动布线，一般在最后进行铺铜连接。

（8）设计规则：自动布线根据设计规则进行布线和放置过孔。可以先设置设计规则后进行布线。

点击“运行”按钮后开始自动布线，布线过程中可以实时预览。如果布线角度是 45°，布线时是以 90°拐角进行布线，在最后面结束时才会优化为 45°布线。

在布线过程中停止布线，会保留已经完成的 90°布线和过孔，不需要则可以手动清除。

6. 外部自动布线

如果内置的自动布线器无法满足自动布线需求，软件还支持导出自动布线文件（dsn）和导入自动布线会话文件（ses），通过导出自动布线文件使用第三方自动布线工具进行布线，再导入 ses 文件即可。

操作步骤：

（1）打开 PCB 导出自动布线文件，建议把不需要的过孔和导线先移除。

入口：顶部菜单→导出→自动布线（DSN），或顶部菜单→文件→导出→自动布线（DSN）。

（2）打开第三方自动布线工具，打开自动布线文件。

第三方自动布线工具有：Freerouting、ELECTRA、TopoR 等。

（3）把自动布线会话文件导入 PCB 中，完成导入。

入口：顶部菜单→文件→导入→自动布线（SES）。

（4）编辑器会自动生成导线和过孔，完成自动布线。

演示视频 10　自动布线

7. 布线模式

（1）布线时切换布线模式。

操作步骤：通过右键菜单或顶部菜单→布线→布线模式切换。

推挤：开启后，在布线下可推挤其他的线条位置，如图 2.6.91 所示。

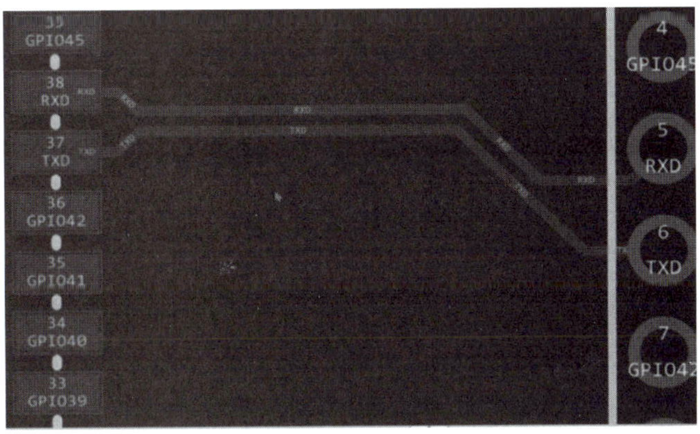

图 2.6.91　推挤

演示视频 11　推挤布线

阻挡：开启后，在布线模式下导线遇到线条将会被阻挡，如图 2.6.92 所示。

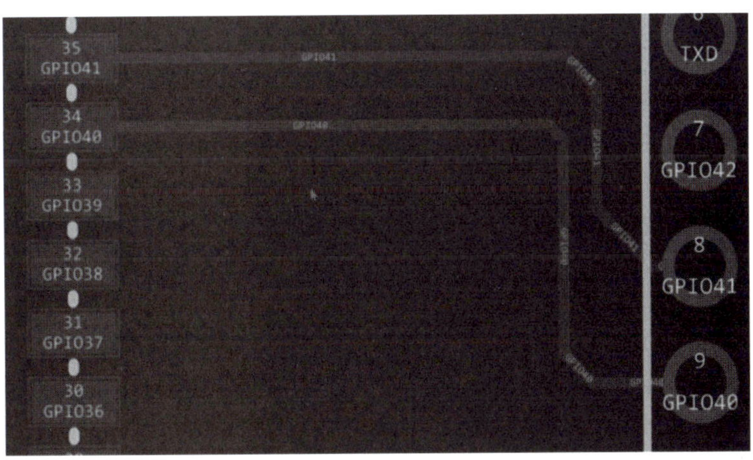

图 2.6.92　阻挡

环绕：开启后，在 PCB 走线遇到阻碍时，会自动绕过阻碍的元素走线，如图 2.6.93 所示。

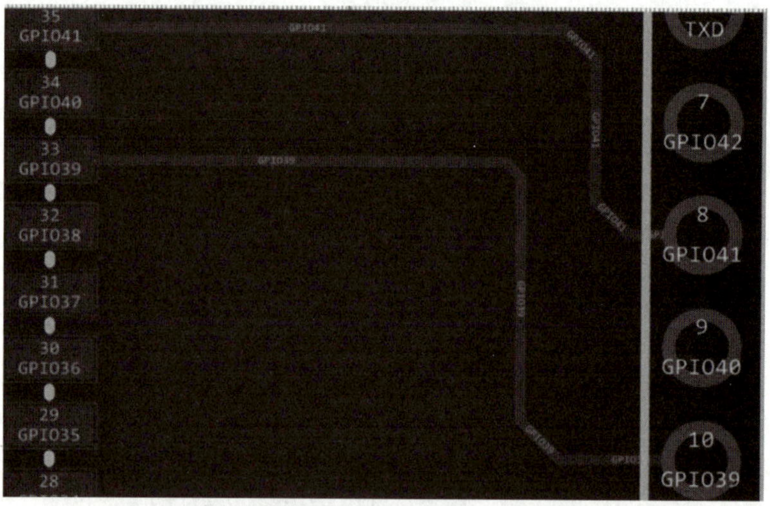

图 2.6.93　环绕

忽略：开启后，忽略走线规则，如图 2.6.94 所示。

图 2.6.94　忽略

（2）取消布线：右键菜单点击“取消”，或快捷键“ESC”，退出本次布线，已经完成的布线不会删除。

（3）完成布线：右键菜单点击“完成”，或快捷键“Enter”，完成本次布线，根据当前光标位置添加拐点并完成布线。“Ctrl + ”鼠标右键或单击鼠标左键，也可以直接完成布线，根据当前光标位置添加拐点并完成布线。

8. 布线角度

在布线时候切换走线的角度，支持 45°、90°、圆弧 45°、圆弧 90°、圆弧自由角度、线条自由角度。

操作方法：顶部菜单→布线→布线拐角，或顶部工具栏的“布线拐角”去快速切换拐角模式。在布线模式通过快捷键“L”可改变布线的角度，如图 2.6.95 所示。

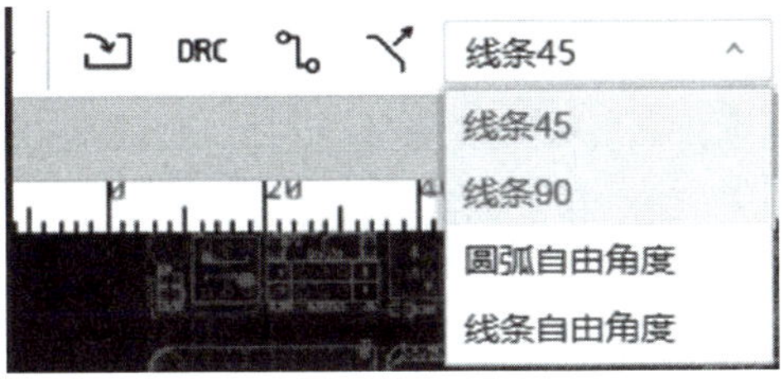

图 2.6.95　工具栏布线角度

在布线的过程中点击右键菜单，可通过布线拐角菜单快速切换拐角模式。

9. 布线宽度

在 PCB 布线时可切换已设置好的导线宽度。

设置方法：顶部菜单→布线→布线宽度；鼠标右键菜单→布线宽度；快捷键“Shift + W”。

（1）规则设置：点击后弹出“设计规则”对话框，可以在此处设置导线的规则。

（2）常用线宽列表：布线时通过右键菜单快速切换常用线宽，点击“常用线宽设置”，弹出系统设置对话框，可以在此维护常用线宽列表。

（3）输入宽度：点击后弹出窗口输入要修改的线宽后回车，接下来布的导线将变为此线宽。

布线时使用命令“W + ”可以快速切换线宽到指定值；使用快捷键“Shift + W”可切换常用导线宽度，如图 2.6.96 所示。

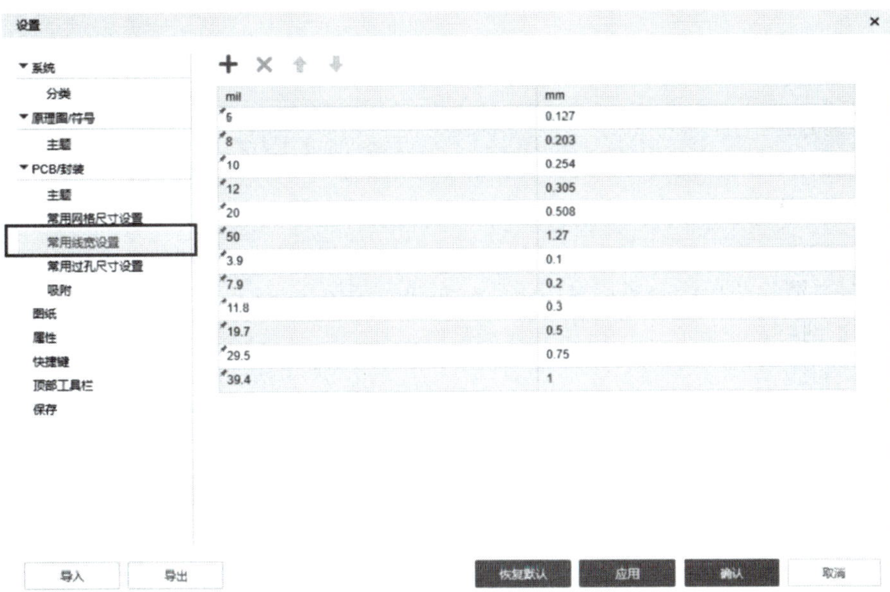

图 2.6.96　常用导线宽度设置

演示视频 12　切换布线宽度

10. 移除回路

在布线过程中，如果需要自动移除导线环路进行修正布线，需要开启移除回路功能。

操作入口：顶部菜单栏→布线→移除回路；布线过程中右键菜单（默认按“Ctrl”＋右键）；画布右侧属性面板，如图 2.6.97 所示。

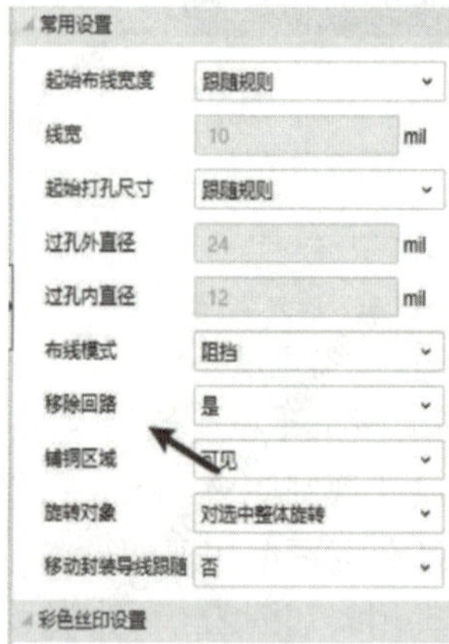

图 2.6.97　开启移除回路功能

当开启移除回路功能时，绘制的导线检测到有回路时，会自动把上一个回路消除，减少手动删除的操作。移除回路功能会自动删除过孔。

11. 清除布线

清除布线功能是将 PCB 中绘制的导线清除。

清除导线操作入口：顶部菜单→布线→清除布线；选择导线→鼠标右键→清除布线；清除布线→连接。

清除同一个焊盘的导线操作步骤：选择需要清除的导线→顶部菜单→布线→清除布线→连接；选择需要清除的导线→鼠标右键→清除布线→连接。

清除布线-网络：把同一个网络的导线清除。操作入口：选择需要清除的导线→顶部菜单→布线→清除布线-网络；选择需要清除的导线→鼠标右键→清除布线-网络。

清除布线-全部：将 PCB 中绘制的导线全部清除。操作入口：顶部菜单→布线→清除布线-全部；或者是选择任意一条导线→鼠标右键→清除布线-全部。

12. 自动布局

软件支持简单的自动布局功能。操作入口：顶部菜单→布局→自动布局。

当后续开发完成后会根据原理图的元件位置和元件的连接关系，以及 PCB 板子的大小、间距规则等自动布局。

如果有绘制板框，自动布局会根据板框自动摆放元件，如果没有绘制板框，自动布局将自动生成一个最优的矩形边框，并自动布局。

注意：自动布局会根据内置的规则进行布局，并不能完全替换人工，在自动布局后需要注意检查是否符合设计要求，可能需要进行手动修正布局。

13. 组合

组合功能是把多元件组成一个模块，可将模块内的器件一起拖动。

组合操作如下：选择需要组合的器件（必须在两个或者两个以上）→顶部菜单→布局→组合-组合选中；或者是选择需要组合的器件→鼠标右键→组合-组合选中；也可以选择需要组合的器件→快捷键“Ctrl + G”。

再给该组合命名，点击“确定”，即可将这两个器件组合成一个模块。组合好的模块可在左侧面板查看，具体有取消组合、取消全部组合、加入组合等操作。

14. 复用布局布线

软件支持一个很快速的方法进行相似的电路进行重复布局布线，不需要使用复制粘贴也不需要逐一布局。

入口：顶部菜单→布局→复用布局布线。

操作步骤：

（1）先在原理图绘制好多组电路，如多通道电路模块，如图 2.6.98 所示。

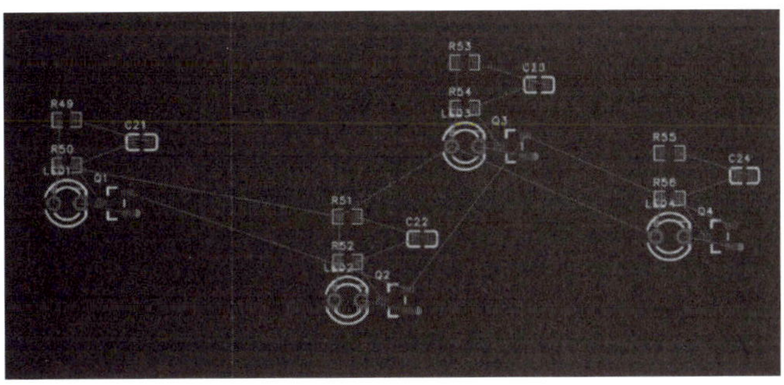

图 2.6.98　多组电路图

（2）完成后原理图转到 PCB。默认会大致归类各组在一起。

（3）回到原理图，框选其中一组电路，使用交叉选择功能（右键菜单→顶部设计菜单，或快捷键“Shift + X”），选中 PCB 对应的元件，如图 2.6.99 所示。

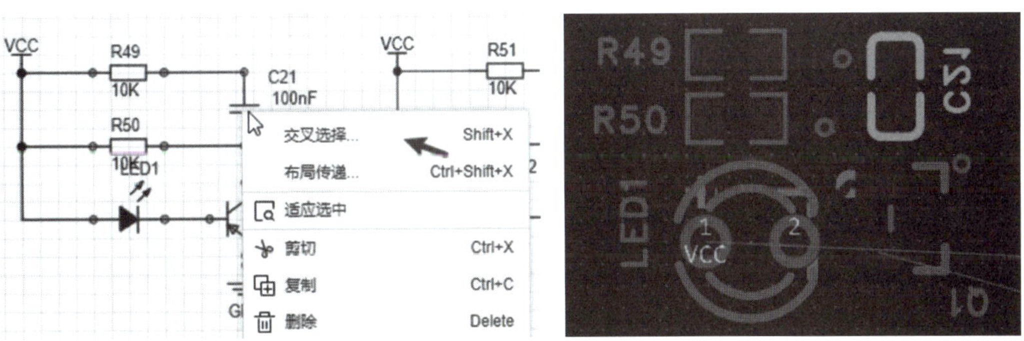

图 2.6.99　交叉选择

（4）会自动切换到 PCB 并选中对应的元件，手动拖动到一旁后，完成布局、布线、添加过孔等操作。

（5）框选完成后的电路，右键选择“组合-组合选中”，组合为一个新组合。

（6）回到原理图，框选第二组电路，右键使用交叉选中功能。选中 PCB 对应的元件后，再右键菜单→组合→复用布局布线。

（7）出现十字光标后选择第一个组合并点击，第二组的元件将自动组合为一个新组合，并复用第一组电路的元件位置和布线等，如图 2.6.100 所示。

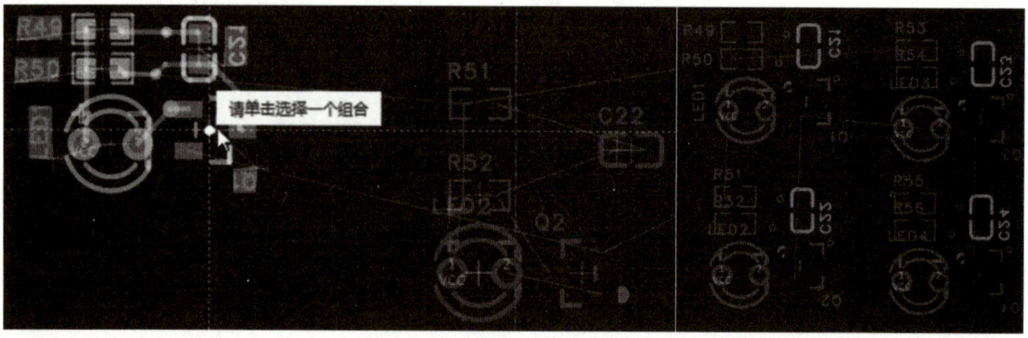

图 2.6.100　点击选择组合

（8）其他组电路按照上面的操作重复进行，就可以快速进行电路的布局布线复用，减少布局布线的工作量。

完成后如不需要组合，手动解散组合即可。

15. 属性位置

属性位置操作可修改器件名称、位号的摆放位置。

操作入口：选择器件→顶部菜单→布局→属性位置；选择器件→鼠标右键→属性位置。

在窗口中选择封装文本的属性位置，点击“确定”，即可把器件的属性位号摆放到选择的位置上，如图 2.6.101 所示。

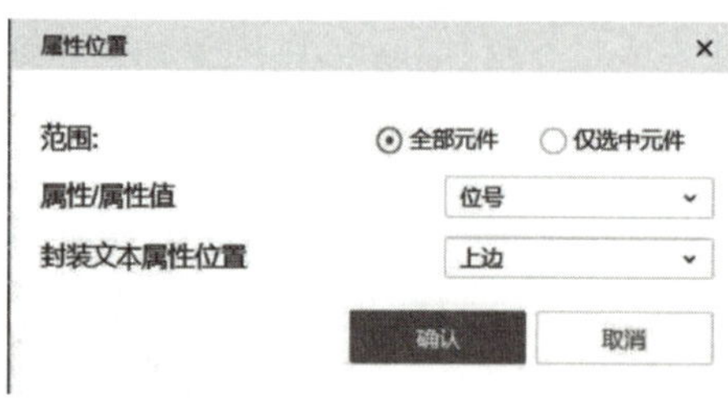

图 2.6.101　属性位置修改

16. 互换位置

将两个器件的位置互换，导线不跟随器件互换。

操作步骤：选择两个需要互换的器件→顶部菜单→布局→互换位置；或者选择两个需要互换的器件→鼠标右键→互换位置。

17. 翻面

如果需要把图元翻转到对面层，例如顶面翻转到底面去，可以使用翻面功能。

操作入口：布局→翻面。

选中画布的图元后，点击“翻面”菜单，会把可以翻转的图元自动翻转到对面层去，并会自动镜像，如果是顶层 + 内层 1 的图元翻面，会翻面到内层 2 + 底层。

18. 偏移

偏移功能是将器件沿 X/Y 轴进行偏移。

（1）绝对偏移是会将需要偏移的器件坐标设为零，进行偏移。输入想要偏移的坐标值，点击“确定”即可偏移到输入的坐标位置。

操作方法：选择需要偏移的器件→顶部菜单→布局→偏移→绝对偏移；或者是选择需要偏移的器件→鼠标右键→偏移→绝对偏移。

（2）相对偏移则需要选择参考点来进行偏移操作，操作方法与绝对偏移类似。

19. 对齐、分布和旋转

对齐、分布和旋转和一般软件相似，在原理图、复用图块、符号、封装、PCB 都会有这些功能，且操作方式一致。

对齐操作方法：选择需要对齐的器件→顶部菜单→布局或顶部快捷栏。

（1）选择参考对象：左对齐、右对齐、顶部对齐、底部对齐共用一个选择参考对象配置，左右居中、上下居中共用一个选择参考对象配置。

（2）对齐网格：是选择需要对齐的器件，将选中的器件对齐 PCB 编辑器的网格。

（3）元件区域分布：当 PCB 的元件布局比较乱的时候，可以使用元件区域分布功能把所选的元件自动排列到一个区域内，方便手动移动布局。

（4）参考点旋转：选择一个地点为参考点，旋转的时候就会以选择的参考点来旋转，不会脱离选择参考点的区域。

20. 测量距离

操作步骤：顶部菜单→工具→测量距离，或按快捷键“Alt + M”；点击后鼠标变成 I 字光标，然后选择需要测量的两点；测量的信息将会在底部面板的日志里显示出来。

演示视频 13　测量距离工具

21. 命令

软件可以使用系统命令来快速绘图，目前只支持 PCB 和封装的命令使用，原理图与符号的暂时不支持。

使用方法：在 PCB 界面或封装界面点击顶部菜单→工具→命令。

点击后在界面左下角会弹出命令输入框。点击导线，快捷键调出命令输入框，在命名输入框内输入“IX 300”（注意 IX 后要隔一个空格才能输入坐标）。

（1）换层命令。

调出命令输入框，在输入框内输入“L2”即可换到底层。

① 输入“L1”即可切换到顶层；

② 输入“L2”即可切换到顶层；

③ 输入“L3”即可切换到顶层丝印层。

对应层的数字在右侧的属性面板图层可以看到。

（2）查找元件命令。

调出命令输入框，输入“S”+器件的位号，即可在编辑器里找到器件并且高亮。

（3）修改线宽。

点击导线，调出命令输入框，输入“W”+需要改的线宽。

22. 泪滴

泪滴的作用：避免电路板受到巨大外力的冲撞时，导线与焊盘或者导线与导孔的接触点断开；也可使 PCB 电路板显得更加美观；焊接上，可以保护焊盘，避免多次焊接时焊盘的脱落；生产时可以避免蚀刻不均匀出现的裂缝、过孔偏位等；还可以在信号传输时平滑阻抗，减少阻抗的急剧跳变，避免高频信号传输时由于线宽突然变小而造成反射，可使走线与元件焊盘之间的连接趋于平稳过渡化。

添加泪滴流程：顶部菜单→工具→泪滴；选中导线→鼠标右键→泪滴。

点击“确定”，即可生成泪滴，如图 2.6.102 所示。

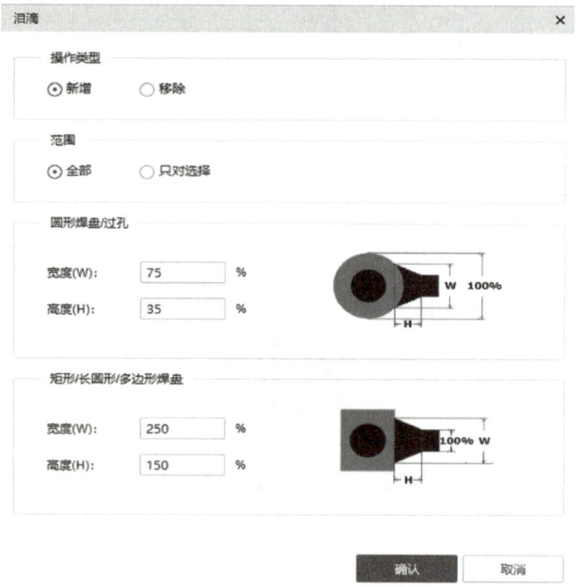

图 2.6.102　添加泪滴设置

添加泪滴成功后效果图，如图 2.6.103 所示。

设置范围：选择“全部”之后，会将整个 PCB 添加上泪滴。而选择“只对选择”后只对选择上的焊盘添加泪滴。

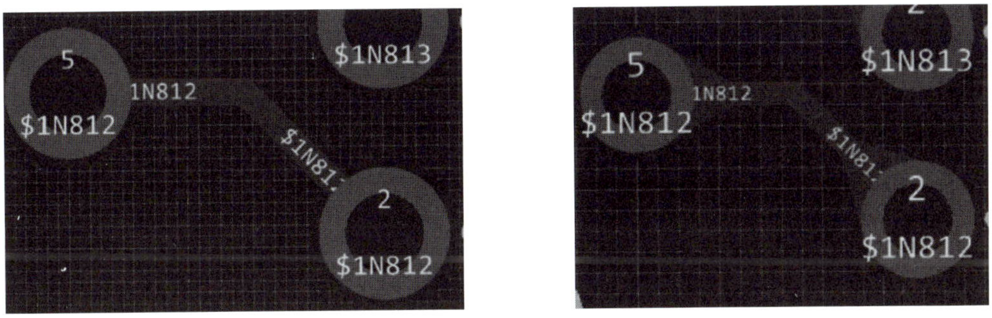

（a）添加泪滴前　　（b）添加泪滴后

图 2.6.103　添加泪滴前后比较

23. 拼版

软件提供了一个强大的拼版功能，可以很方便进行拼版操作。编辑器自带的拼板功能只支持拼当前单板，不支持拼多个不同的板子，如果需要拼接多个不同的板子需要使用手动拼板功能。

1）自动拼版

PCB 画好后，确定板子的边框已经绘制完成，并且已经闭合后，可以使用拼板功能。

操作入口：顶部菜单→工具→拼板。

2）拼板类型

（1）V 割拼板：根据板子的设计需要采用 V 割拼板，在拼板时会根据边框/板框产生阵列，再根据设置的其他参数生成拼板预览，如图 2.6.104 所示。

在生产的时候会根据边框线条进行 V 割，往板子 V 字形割开一条细槽，完成后，需要手动掰断分离板子。

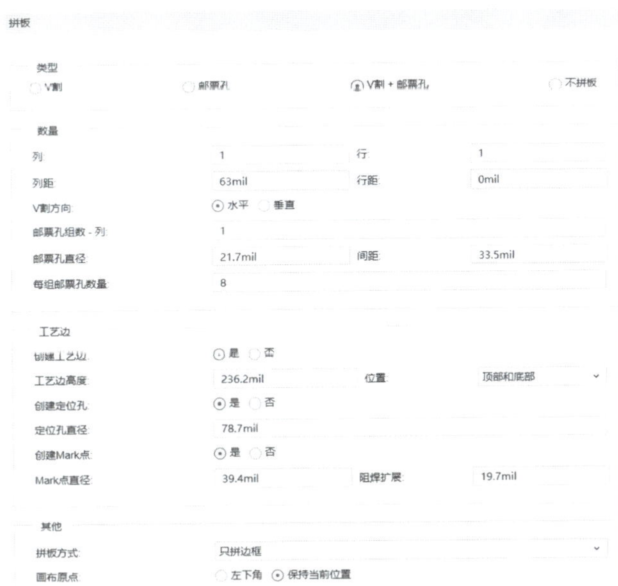

图 2.6.104　拼板设置界面

（2）邮票孔拼版：通过多组通孔，把需要拼接的板子连接起来，在生产完成后，手动掰断链接的地方。可以根据需要设置邮票孔的数量和尺寸等参数。

（3）V 割 + 邮票孔拼板：V 割和邮票孔的组合拼板，比较适合不规则外形的板子和有器件需要突出板子边框的场景。

3）工艺边

工艺边界面支持设置工艺边的高度和定位孔和定位点（mark 点）尺寸。

工艺边通常用于 SMT 贴片时进行板子进入贴片轨道，也方便 SMT 贴片定位。如果在嘉立创贴片的可以不需要该选项。

4）其他选项

拼板方式支持拼接全部对象和只拼边框两种：

（1）只拼边框：推荐该方式。只拼边框时，支持 2D 和 3D 预览，Gerber 和坐标文件仅包括单板数据，Gerber 文件体积小，大部分板厂支持该拼板方式。

（2）拼接全部对象：拼接全部图元时，Gerber 和坐标文件包含全部拼板数据，Gerber 文件体积大，部分板厂需要该方式。

演示视频 14　自动拼版

5）手动拼版

当自动拼板无法满足需要时，例如拼不同的板子，需要进行阴阳拼板（如太极图形），此时只能使用手动拼板。

需要注意，如果 PCB 比较大，手动拼板会导致 PCB 卡顿，并且不好对位，建议使用自动拼板功能。

手动拼版步骤：

（1）打开需要拼板的 PCB，或其他不同的 PCB。

（2）通过框选或快捷键“Ctrl + A”，全选 PCB 内容，“Ctrl + C”复制。

（3）切换到需要拼板的 PCB，通过“Ctrl + Shift + V”进行粘贴。这个快捷键粘贴会自动把飞线层隐藏，并且保持位号不会递增。

（4）可以在粘贴的时候对位，或者放置后批量框选再对位，也可以把板子组合后再移动对位。

（5）如果需要工艺边和 V 割线，则在边框层（板框层）绘制边框线条。

（6）如果需要邮票孔，放置圆形挖槽区域，设置好大小和间距，放在边框线上。邮票孔直径 0.55 mm，间距 0.85 mm。

（7）如果需要定位孔和定位点，可以放置圆形挖槽区域（定位孔），加单层焊盘（定位点）。定位点需要在顶层和底层信号层均放置，定位孔直径 2 mm，定位点焊盘直径 1 mm，阻焊扩展 0.5 mm。

定位孔和定位点需要在对角放置，并且上边和下边距离、左右边界的距离不能一样，否则 SMT 无法准确定位。

演示视频 15　手动拼板

24. 铺铜管理器

铺铜管理器可以对铜皮批量管理，如图 2.6.105 所示，可以给铺铜设置优先级、名称、图层、颜色和网络等。

操作流程：在顶部菜单→工具→铺铜管理器。

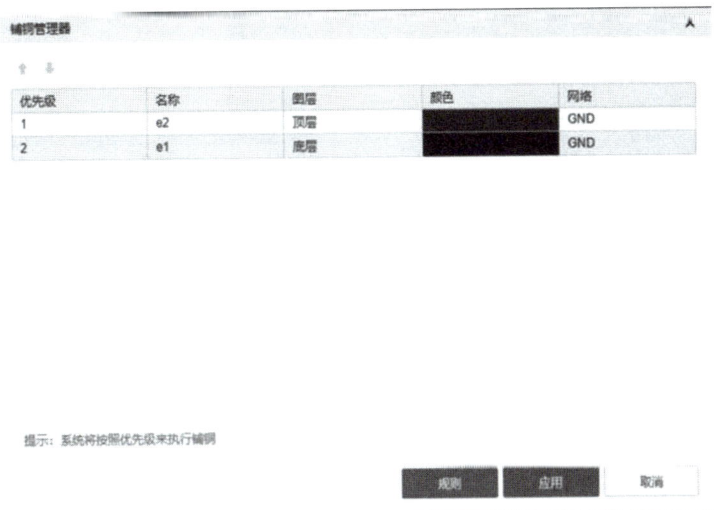

图 2.6.105　铺铜管理器界面

注意：铺铜的顺序是根据铺铜的优先级进行，优先级越高，越先铺。

25. 图层管理器

图层管理器可以对编辑器右侧图层的层叠进行修改和编辑，如图 2.6.106 所示。

操作步骤：顶部菜单→工具→图层管理器；在右侧的图层属性栏点击右上方的图层管理器图标。

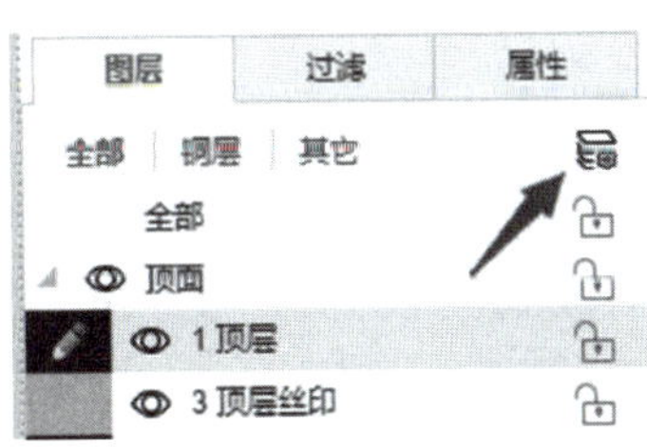

图 2.6.106　右侧图层属性栏图层管理器入口

在图层管理器的窗口可以设置图层的透明度、名称和类型，还能添加图层，如图 2.6.107 所示。

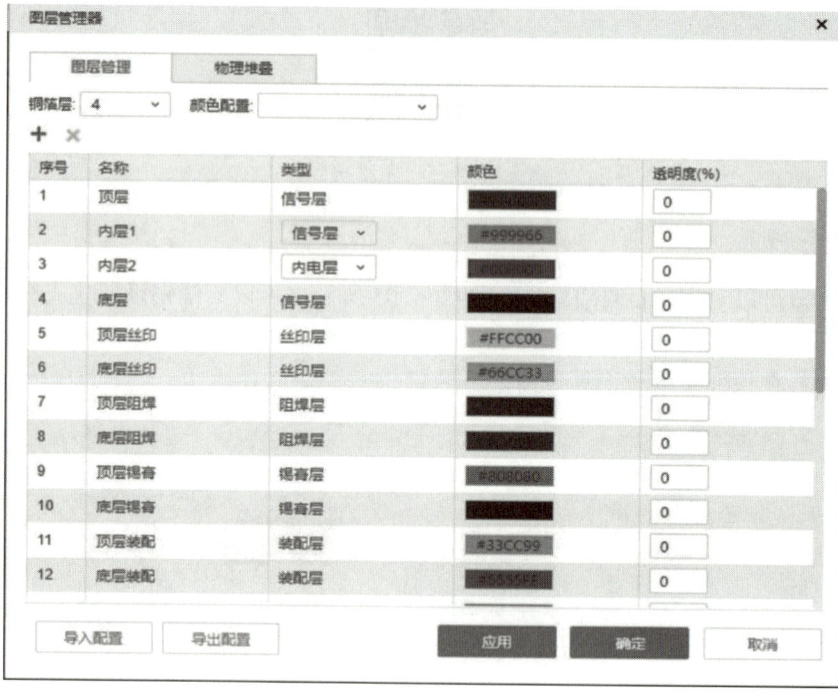

图 2.6.107　图层管理器界面

1）添加图层

添加铜箔层：选择需要的铜箔层数量，铜箔层是信号传输层，可以进行布线、铺铜等操作。生成后图层管理器页面会多出两个层。可对新增的图层类型进行修改，可修改为信号层和内电层。

负片效果是指：凡是画线的地方印刷板的铜被保留，没有画线的地方敷铜被清除，如顶层、底层的信号层就是正片。PCB 信号层是同顶层、底层布线相同的铜导电层，只不过是夹在顶层和底层之间的布线层。

负片效果是指：凡是画线条的地方印刷板的敷铜被清除，没有画线条的地方敷铜反而被保留。内电层也叫平面层或负片层，是内部电源和地层（并通过通孔与各层贯通的层）。内电层使用“线条”图元进行分割，放置在这些层面上的走线或其他对象是无铜的区域，也即这个工作层是负片的。软件的内电层在绘制时是负片方式绘制，但在输出制造文件 Gerber 时是正片输出，需要留意。

2）分割内电层

分割内电层需要用折线来分割，不能使用导线，且分割完成之后需要手动重建一次内电层或快捷 Shift + B 重建所有铺铜。分割的内电层可设置多个网络。注意：分割内电层绘制的导线须是一个完整的闭合回路。

3）添加自定义层

软件支持创建多达 30 个自定义层，自定义层一般用于额外的信息记录用，作用和文档层、机械层、装配层类似。自定义层默认不导出 Gerber，不参与实物生产；在导出 Gerber 的时候可以使用自定义导出，也可以选择“是/否”导出。点击层列表上面的“+”图标，创建自定义层，点击“名称”，可以自定义层的名称。

演示视频 16　内电层绘制

4）颜色配置

用户可以在此处选择一些预置的不同图层的颜色配置，以适应使用习惯，或者自定义后进行保存。

5）非激活层透明度

此处可以设置非激活层的内容的透明度，可以改善显示效果。

6）PCB 类型

此处可以设置 PCB 的类型为普通板材或者 FPC 软板。设置为 FPC 软板后，FPC 专属的补强层将会开放出来。

7）物理堆叠

可以设置板子的物理堆叠参数，目前该参数只做记录，暂不参与阻抗计算等。后续 PCB 布线可能会使用该参数。

该物理堆叠设置不影响导出 Gerber，在下单的时候需要重新选择堆叠参数进行下单，但该设置可以影响 3D 预览的基板介质厚度，如图 2.6.108 所示。

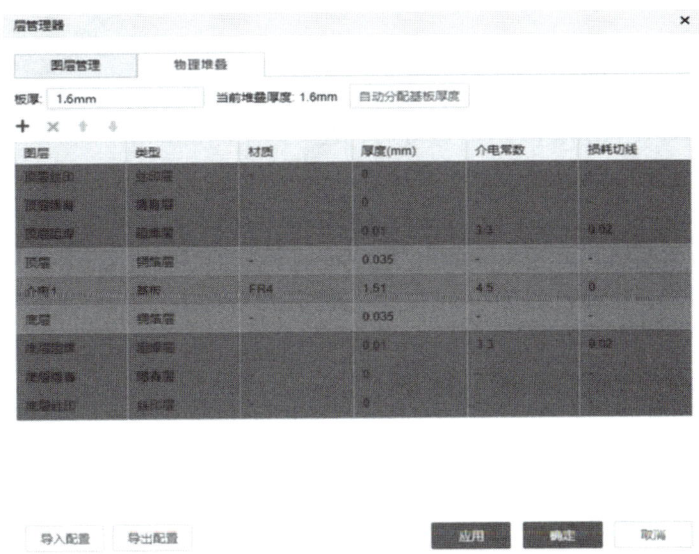

图 2.6.108　物理堆叠设置

8）绘制单层 PCB

软件的铜箔层都是双数，不支持直接绘制单层 PCB，可以通过两种方法达到绘制单层的目的。方法：

（1）直接在单层（顶层或底层）进行布局布线，不要放置过孔。

（2）导出 Gerber 的时候选择“自定义配置”，不需要的层不勾选，如图 2.6.109 所示。

（3）在生成 Gerber 之后，再用 Gerbv 检查 Gerber 是否符合设计需要。

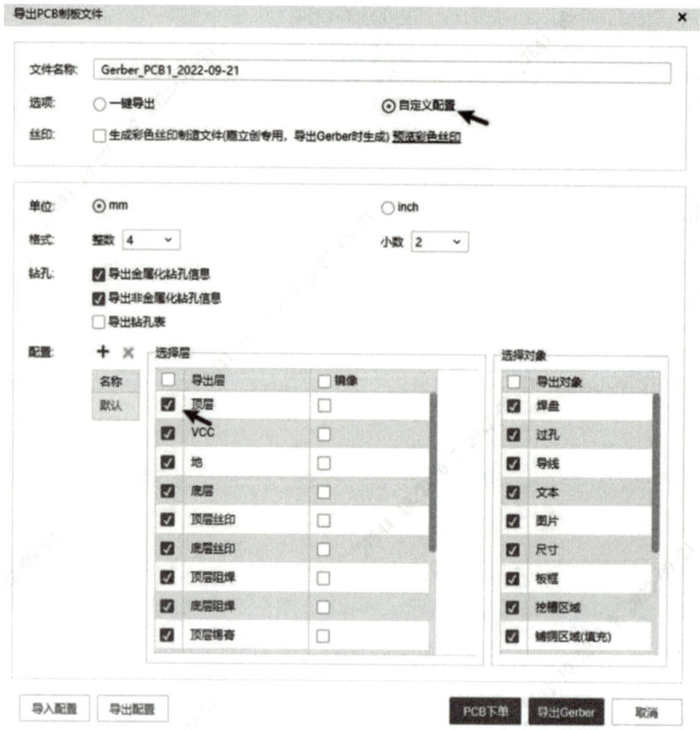

图 2.6.109　导出 PCB 制版文件界面

26. DRC 检查

DRC 检查的目的是在所有的 PCB 画好后，进行的总体检查。

1）检查 DRC

设计完一个 PCB 后，需要将 PCB 进行规则检查。DRC 检查是依据自行设置的规则进行的，例如自己设置的最小间距是 8 mil，那么实际 PCB 中，出现小于 6 mil 的间距就会报错。并不是 DRC 有错误的板子就不能使用，有些规则则是可以忽略的，例如丝印的错误不会影响电气属性。

操作入口：选择顶部菜单→设计→检查 DRC。

检查的 DRC 结果在底部的 DRC 面板显示，对应的 PCB 也会有一个“×”的符号。鼠标选择单击错误点可在 PCB 高亮定位，双击会放大并定位错误点。检查 DRC 后，DRC 面板可以展示 DRC 错误类型，和每个错误具体信息，如图 2.6.110 所示。

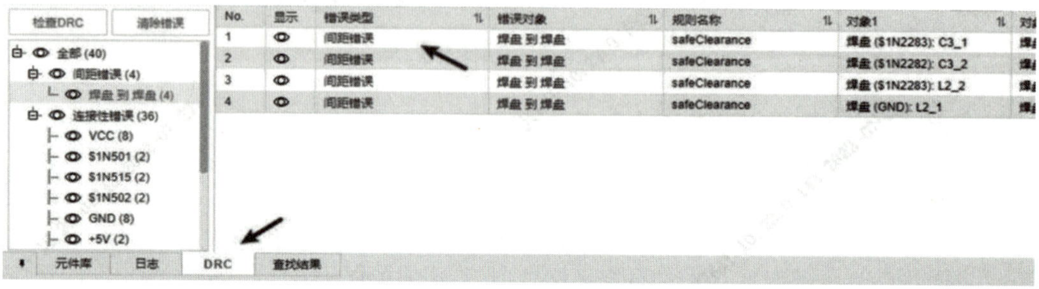

图 2.6.110　DRC 结果的底部面板显示

支持定位对应的对象和打开对应设计规则名称，方便快速修改规则。

连接性错误：这个是检测相同网络的对象没有完成导线等连接的错误。和画布的飞线检测一样，当铺铜孤岛时，铺铜填充也会参与显示在连接性错误，如果不影响使用，可进行忽略。

2）实时 DRC

开启实时 DRC 时，能在绘制 PCB 过程中实时报告错误，显示黄色的“×”标识。目前不同的 DRC 错误标识均是“×”标识，暂不支持其他不同错误样式。

操作步骤：顶部菜单→设计→实时 DRC。

开启实时 DRC 选项时，会窗口提示是否执行一次 DRC 检查。

在违反了规则绘制 PCB 时，实时 DRC 会在 PCB 中会提示错误“×”标记，如图 2.6.111 所示。

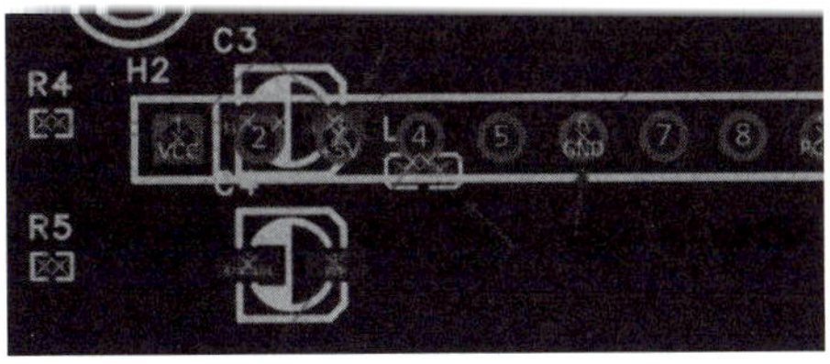

图 2.6.111　DRC 会在 PCB 中实时提示错误标记

DRC 线圈：当绘制导线时接触到其他网络图元，图元会显示一圈安全间距的轮廓线圈，可以方便识别间距是多少。

提示：在开启实时 DRC 时，布线导线和铺铜区域不会提示 DRC 错误标识。

3）清除 DRC 错误

将 DRC 检查复位，清空画布的 DRC 错误标识。

入口：顶部菜单→设计→清除错误，或底部面板→DRC→清除错误，即可把检查后的 DRC 清除复位。

演示视频 17　DRC 检查

27. 交叉选择

当选中一个元件或元件焊盘，可以使用交叉选中功能，进行定位原理图的元件位置。

入口：快捷键“Shift + X”；或元件右键菜单进行交叉选中；当原理图和 PCB 均单独打开了窗口，也可以进行交叉选中。

如果直接用鼠标点击 PCB 元件，原理图窗口的元件也会进行定位，但不会移动画布，使用快捷键进行交叉选中可以自动移动画布，使元件在画布中央。

演示视频 18　交叉选择

28. 网络类管理器

网络类是将不同类型的网络组合成一个分组，方便对规则的设置。

操作入口：设计→网络类管理器，或者左侧网络树→网络类；在网络分支下通过鼠标右键→新建分类或点击新建小图标，如图 2.6.112 所示。

图 2.6.112　新建网络

或者在上面“网络”列表直接网络名右键创建“网络类”。

在网络类窗口设置好名称和对应的网络即可，如图 2.6.113 所示。

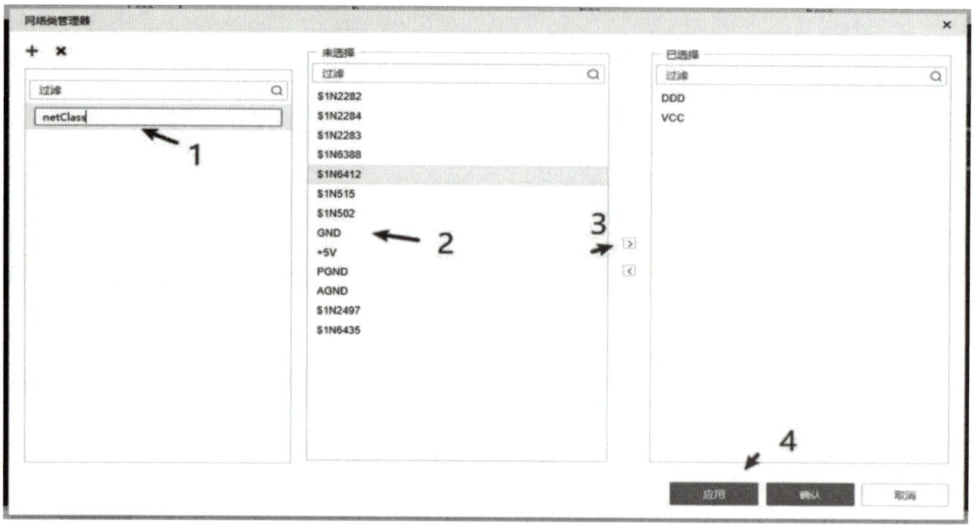

图 2.6.113　网络类管理器界面

已加入网络类的网络名会在对话框里面显示出来。

创建完毕后，刷新左侧网络类，可以看到新建的网络类，如图 2.6.114 所示。

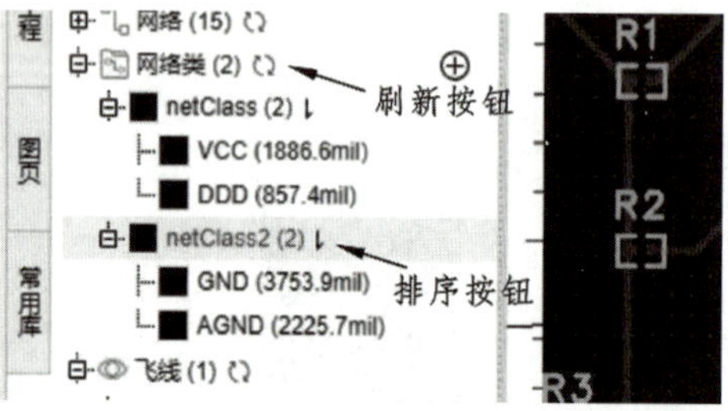

图 2.6.114　网络类相关操作

点击“排序”按钮，可以对网络类里面的网络进行排序，方便按网络类查看网络，可以根据网络名、网络长度进行排序。

在设计规则里面，可以通过给网络类设置规则，方便批量设置规则，如图 2.6.115 所示。

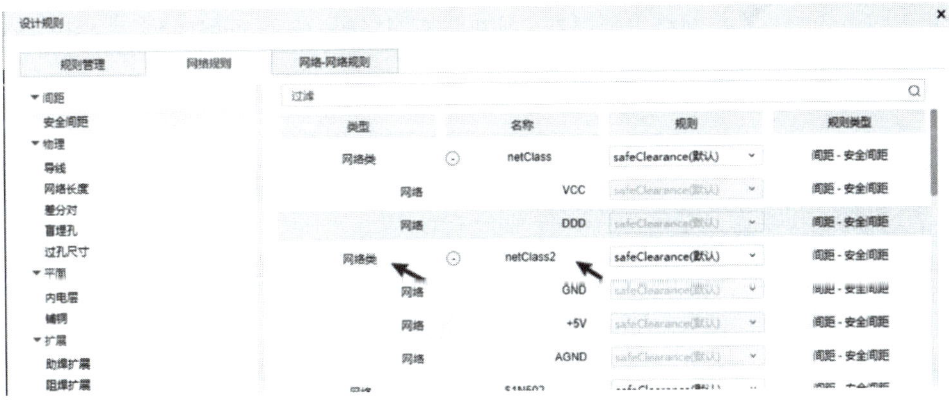

图 2.6.115　网络类规则设置

29. 差分对管理器

当需要差分对布线时，需要先创建差分对，并设置设计规则。

操作入口：设计→差分对管理器；或者在左侧网络树→差分对组；点击差分对的新建图标，可以创建新的差分对，如图 2.6.116 所示。

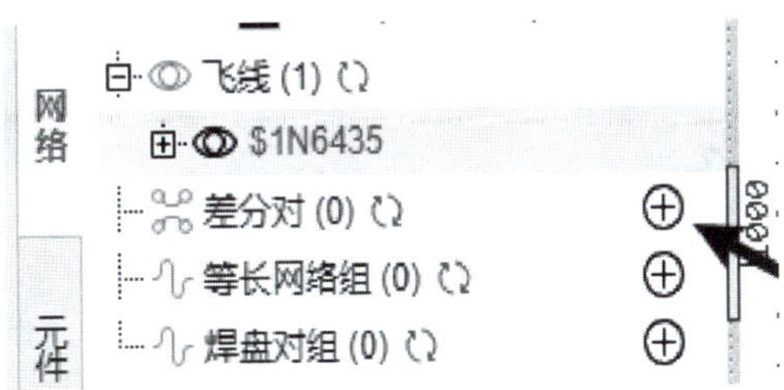

图 2.6.116　创建新的差分对

设置好差分对名称，添加正负网络后点击“应用”。

也可以使用自动生成差分对功能，会根据网络名前缀相同，但后缀不同的进行匹配，如图 2.6.117 所示。

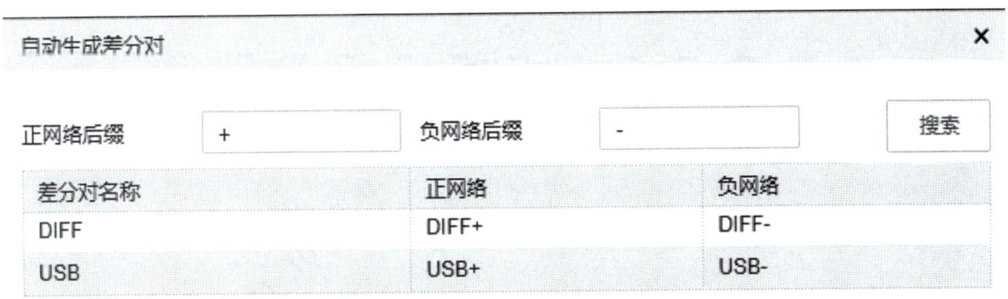

图 2.6.117　自动生成差分对界面

然后进行差分对布线时，选择差分对组内的网络，即可开始差分对布线。

30. 网络组管理器

在需要等长控制的布线时，设置等长网络组可以很方便对比两个网络或多个网络之间的网络长度，方便在设计规则里面对整个网络组进行网络规则设置。

设置入口：设计→等长网络组管理器；或在左侧网络树→等长网络组创建。和前面新建网络类似，点击“新建”按钮后创建。

31. 焊盘对组管理器

创建焊盘对组可以很方便进行差分对长度控制，可以直观查看两个焊盘之间的导线网络长度，利于进行等长调整。

操作入口：设计→焊盘对组管理器；或者左侧网络树→焊盘对组进行创建。设置焊盘对名称，关联焊盘对即可，如图 2.6.118 所示。

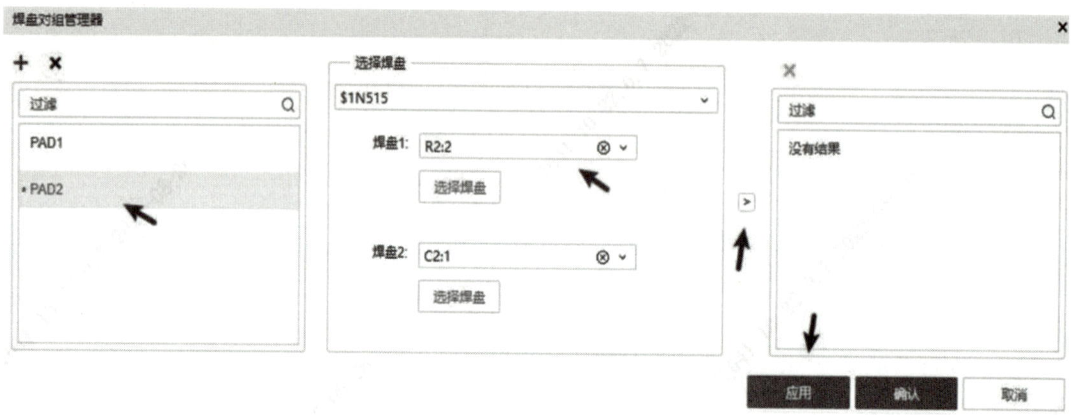

图 2.6.118　焊盘对组管理器界面

在左侧网络树可以很方便查看两个焊盘之间的导线长度，方便进行导线等长调整等操作时做对照。

演示视频 19　焊盘对组管理器

模块七　后期处理及综合设置

一、后期处理

1. 嘉立创 SMT 选型工具

嘉立创 EDA 提供了 SMT 选型工具，可以方便查找 SMT 器件并生成 BOM。该工具选择的 SMT 器件只对当前界面的导出 BOM 生效，不支持直接更新到工程数据里面保存，如图 2.7.1 所示。

操作入口：顶部菜单工具→嘉立创 SMT 选型。

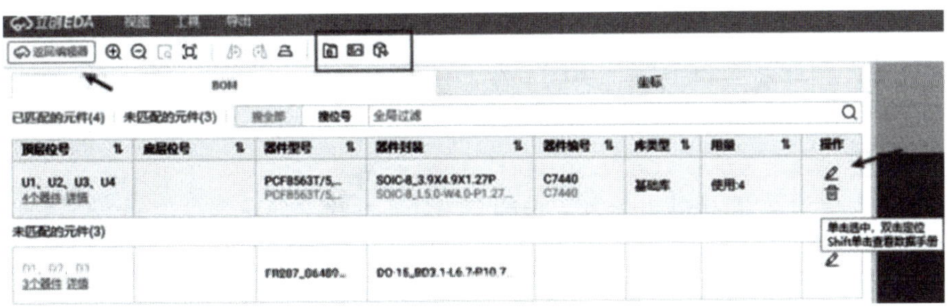

图 2.7.1　SMT 选型

顶部工具栏可以对右侧的 3D 模型进行旋转定位，支持导出当前预览图为 PNG 格式，支持导出 3D 模型 step 文件和 BOM 文件。

在 BOM 列表支持点击铅笔图标，打开器件选项界面，选择需要贴片的器件。对每个型号都选择了需要贴的器件编号后，可以在左侧 BOM 列表点击行进行查看，如图 2.7.2 所示。

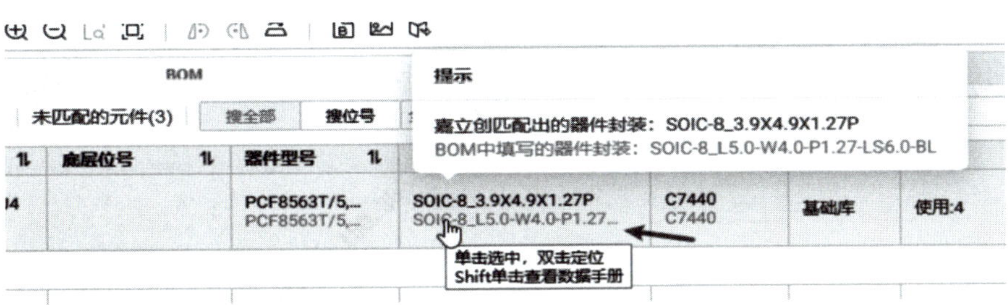

图 2.7.2　BOM 列表查看选型结果

确保无误后导出 BOM，进行 PCB 和 SMT 下单即可。上传 SMT 的 BOM 时直接使用，不需要再次手动选型。

2. 焊接辅助工具

嘉立创 EDA 专业版提供一个简单的焊接辅助工具，方便在焊接的时候进行元件定位，如图 2.7.3 所示。其操作入口：工具→焊接辅助工具。

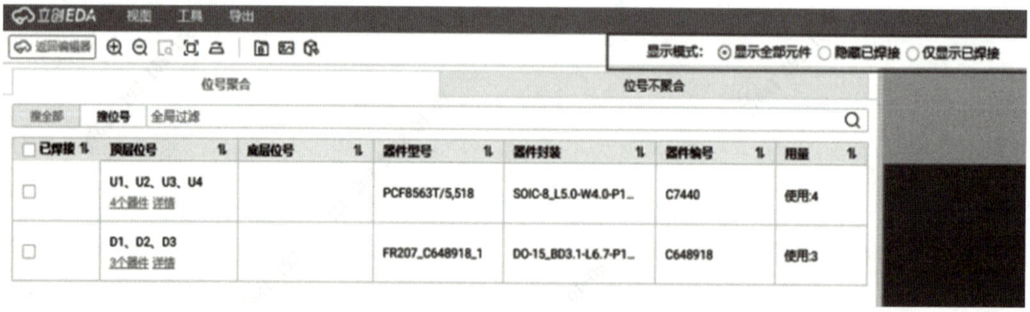

图 2.7.3 焊接辅助工具

在左侧元件列表勾选已焊接部分，支持元件位号聚合或不聚合。移动鼠标经过元件列表时，右侧的 3D 预览会同时高亮元件的模型，方便定位。顶部支持按分类显示全部元件或显示需要焊接的元件等。

3. 导出 BOM

嘉立创 EDA 支持单独 PCB 导出 BOM 表（物料清单），以便于购买所需的零件。

使用入口：顶部菜单→文件→导出→物料清单 BOM，或者顶部菜单→制造→物料清单 BOM。

如图 2.7.4 所示，左侧是基本配置，中间是 BOM 表的类型或器件的属性，右侧是可以选择导出 BOM 表的内容。

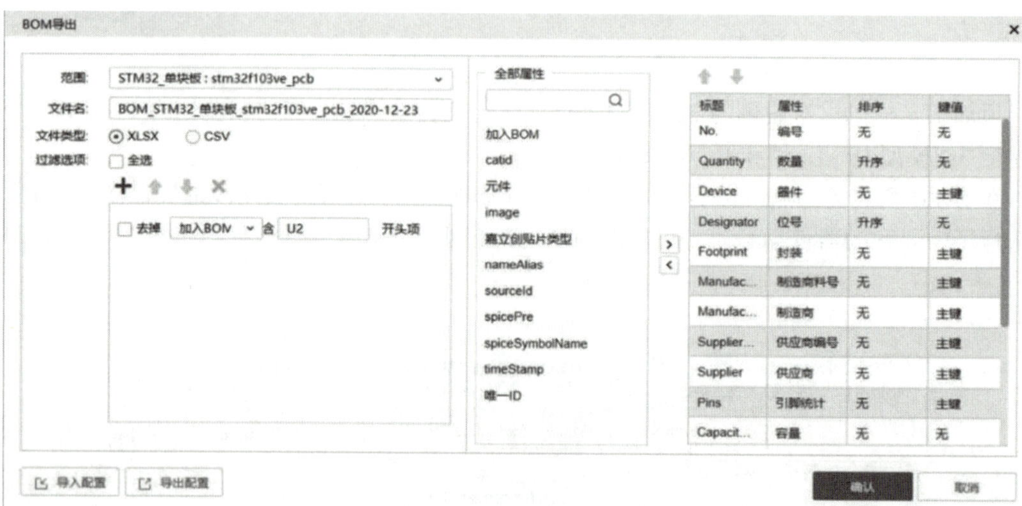

图 2.7.4 BOM 导出界面

1）导出 BOM 表

图 2.7.5　导出 BOM 表（物料清单）

导出 BOM 表界面如图 2.7.5 所示：

（1）范围：选择导出工程的 PCB 还是原理图的 BOM 表。

（2）文件名：导出 BOM 的文件名。

（3）文件类型：只支持 XLSX 和 CSV 格式。

（4）过滤规则：支持添加过滤规则，把不需要的元件进行过滤。过滤配置会保存在个人偏好，云端同步。

（5）全部属性：中间列是 BOM 表的类型或器件的属性，可以根据需要勾选需要导出的属性。

2）BOM 设置

BOM 表头设置：右侧可以选择导出 BOM 表的内容。

选择需要导出的内容，点击勾选或往右移动按钮，即可添加进入 BOM 表。移除也是同样的操作，只需要在右侧选中需要移除的分类，点击小箭头或顶部的移除图标，就能将选择的属性给移出 BOM。

添加类型的排序则需要双击右侧需要改的内容，或者选择类型点击顶部的上下箭头改变 BOM 列的顺序。

功能说明如图 2.7.6 所示：

（1）标题：导出 BOM 的标题，双击可修改 BOM 的表头名称。

（2）属性：导出器件的属性名。

（3）排序：导出 BOM 表属性的排列顺序，体现在 BOM 里面单元格内部的排序。

（4）键值：设置该属性是否需要合并在一行。主键是将相同的属性导出 BOM 表时合并导出，合并在一行；次键是将相同的属性导出 BOM 表时分开导出，各自一行。

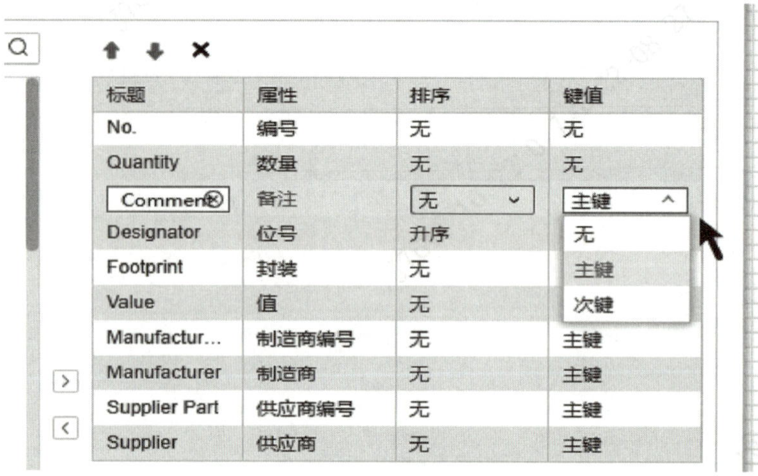

图 2.7.6　修改键值

导出的 BOM 表如图 2.7.7 所示。

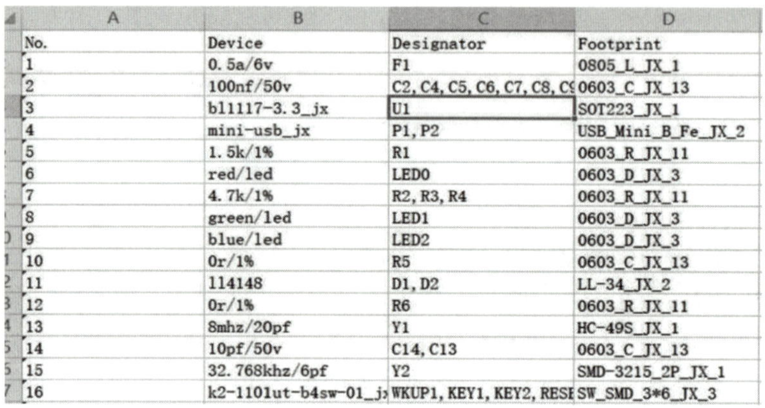

No.	Device	Designator	Footprint
1	0. 5a/6v	F1	0805_L_JX_1
2	100nf/50v	C2, C4, C5, C6, C7, C8, C	0603_C_JX_13
3	bl1117-3. 3_jx	U1	SOT223_JX_1
4	mini-usb_jx	P1, P2	USB_Mini_B_Fe_JX_2
5	1. 5k/1%	R1	0603_R_JX_11
6	red/led	LED0	0603_D_JX_3
7	4. 7k/1%	R2, R3, R4	0603_R_JX_11
8	green/led	LED1	0603_D_JX_3
9	blue/led	LED2	0603_D_JX_3
10	0r/1%	R5	0603_C_JX_13
11	114148	D1, D2	LL-34_JX_2
12	0r/1%	R6	0603_R_JX_11
13	8mhz/20pf	Y1	HC-49S_JX_1
14	10pf/50v	C14, C13	0603_C_JX_13
15	32. 768khz/6pf	Y2	SMD-3215_2P_JX_1
16	k2-1101ut-b4sw-01_j	WKUP1, KEY1, KEY2, RESE	SW_SMD_3*6_JX_3

图 2.7.7　导出的 BOM 表

3）上传到立创 ERP

嘉立创 EDA 专业版支持把工程使用的 BOM 清单上传至立创 ERP 系统上，方便管理和查看。只需在导出 BOM 页面中选择上传 ERP 系统即可，如图 2.7.8 所示。

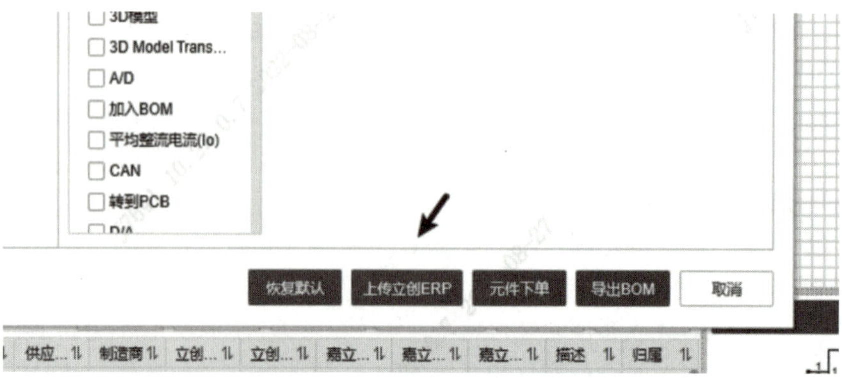

图 2.7.8　上传至立创 ERP 系统

4）元件下单

嘉立创 EDA 专业版支持 BOM 下单，在导出 BOM 的界面上选择元件下单，系统就会生成 BOM 数据，点击“确定”就可以跳转到立创商城 BOM 匹配界面上。

4. 导出网表

嘉立创 EDA 专业版目前只支持导出部分 EDA 工具的网表文件格式，可导出单一文档网表，也可导出整个工程的网表。

操作入口：顶部菜单→文件→导出→导出网表；顶部菜单→导出→网表。

在弹出窗口可以修改导出网表类型以及需要导出网表的页面范围。目前支持导出嘉立创 EDA、Allegro、PADS9.5 版本的网表。

5. 导出 PCB 生产文件 Gerber

1）导出 Gerber

操作入口：顶部菜单→文件→导出→PCB 制板文件（Gerber）；顶部菜单→导出→PCB 制板文件（Gerber）。

点击后系统会检测 PCB 中是否还存在飞线，如果存在，会弹出提示窗口。

选择“是”检查飞线，会自动定位到第一个飞线，在左侧面板切换到飞线树帮助核对。如果点击“否”，下一步后，会提示是否检查 DRC，建议先检查 DRC 后再导出 Gerber。

如果不希望每次导出 Gerber 时提示检测飞线或 DRC，可以在系统设置→PCB→常用，取消勾选“生成制造文件前检查网络连接”和“生成制造文件前检查 DRC”，以关闭对应操作。

导出 Gerber 窗口里可以选择“一键导出”，也可以自定义配置，如图 2.7.9 所示，设置项目有：

（1）文件名：可以修改文件名再导出。

（2）单位：导出的 Gerber 文件和钻孔文件的单位，默认是 mm。

（3）格式：导出的钻孔文件的数值格式，分别表示整数位和小数位的数字个数，可影响数值精度的表达（传统的钻孔文件坐标数字只有 6 位，所以一般是 3:3，4:2 的格式）。该设置可能会影响 Gerber 查看器查看钻孔文件的对位。如果在 Gerber 查看器预览 Gerber 和钻孔文件发现钻孔文件对位不准，可以在 Gerber 查看工具重新设置钻孔文件的数值格式为 3:3 或 4:2 等其他格式。

（4）一键导出：根据默认设置，可以把全部的层和图元都导出，但不包含钻孔表和独立的钻孔信息文件。

（5）自定义配置：根据自行的需要进行修改配置。支持导出钻孔信息和钻孔表；支持新增不同的配置在左侧列表；支持选择导出的图层、图层镜像；支持选择导出的图元对象。导出的时候选择一个配置进行 Gerber 导出；最多支持创建 20 个配置；双击可修改配置名。

（6）导出/导入配置：支持导入、导出 Gerber 自定义配置，方便配置复用。配置信息会存储在个人偏好中，进行云同步。

注意：PCB 下单按钮不会被自定义配置里面的参数影响，会默认使用一键导出的文件上传下单，如果需要自定义导出 Gerber 配置，需要导出 Gerber 后下单。

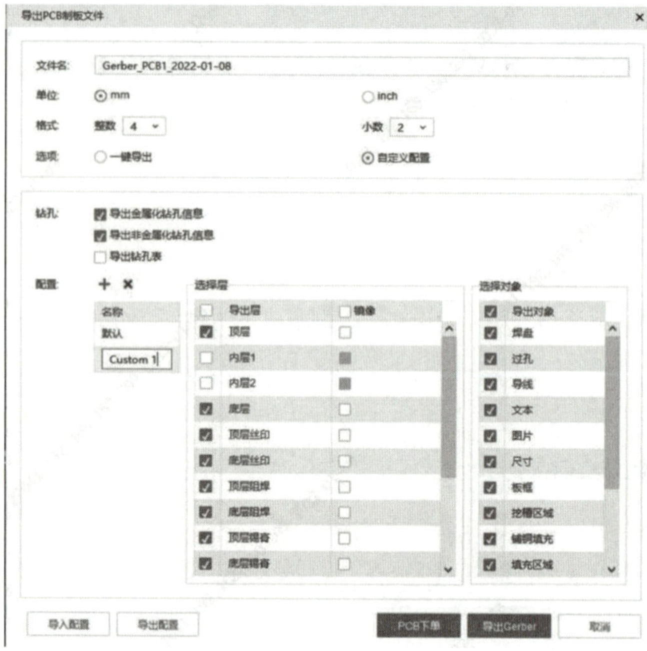

图 2.7.9　导出 PCB 制版文件自定义界面

2）Gerber 说明

Gerber 压缩包：导出 Gerber 后是一个 ZIP 压缩包，在板厂进行下单的时候直接上传该压缩包即可。有编辑需求的（如 CAM 工程师），可以解压后用第三方 CAM 工具编辑 Gerber。

生成后的 Gerber 文件是一个压缩包，解压后可以看到有如下文件：

（1）Gerber_BoardOutline.GKO：边框文件。PCB 板厂根据该文件进行切割板形状。软件绘制的挖槽区域在生成 Gerber 后在边框文件进行体现。

（2）Gerber_TopLayer.GTL：PCB 顶层，即顶层铜箔层。

（3）Gerber_BottomLayer.GBL：PCB 底层，即底层铜箔层。

（4）Gerber_InnerLayer1.G1：内层铜箔层，即信号层类型。

（5）Gerber_InnerLayer2.GP2：内层铜箔层，即内电层类型。

（6）Gerber_TopSilkLayer.GTO：顶层丝印层。

（7）Gerber_BottomSilkLayer.GBO：底层丝印层。

（8）Gerber_TopSolderMaskLayer.GTS：顶层阻焊层，也可以称之为开窗层，默认板子盖油，在该层绘制的元素对应到顶层的区域则不盖油。

（9）Gerber_BottomSolderMaskLayer.GBS：底层阻焊，也可以称之为开窗层，默认板子盖油，在该层绘制的元素对应到底层的区域则不盖油。

（10）Gerber_TopPasteMaskLayer.GTP：顶层助焊层，开钢网用。

（11）Gerber_BottomPasteMaskLayer.GBP：底层助焊层，开钢网用。

（12）Gerber_TopAssemblyLayer.GTA：顶层装配层，仅做读取，不影响 PCB 制造。

（13）Gerber_BottomAssemblyLayer.GBA：底层装配层，仅做读取，不影响 PCB 制造。

（14）Gerber_MechanicalLayer.GME：机械层。记录在 PCB 设计里面在机械层记录的信息，仅做信息记录用。生产时默认不采用该层的形状进行制造。该层仅做文字标识用，如工艺参数、V 割路径等。

（15）Gerber_DocumentLayer.GDL：文档层，用于记录 PCB 的备注信息，不参与制造生产。

（16）Gerber_CustomLayer1.GCL：用户自定义层。用户自定义层一般不属于生成所需的层，如果需要生产使用，可以和板厂进行沟通。

（17）Gerber_DrillDrawingLayer.GDD：钻孔图层。该层不参与制造，对生成过孔的位置以做对照标识用。

（18）Drill_PTH_Through.DRL：金属化多层焊盘的钻孔层。这个文件显示的是内壁需要金属化的钻孔位置。

（19）Drill_PTH_Through_Via.DRL：金属化通孔类型过孔的钻孔层。这个文件显示的是内壁需要金属化的钻孔位置。

（20）Drill_PTH_Inner1_to_Inner2.DRL：金属化盲埋孔类型过孔的钻孔层。这个文件显示的是内壁需要金属化的钻孔位置。Inner1 和 Inner2 根据盲埋孔的层类型自动变化。

（21）Drill_NPTH_Through.DRL：非金属化钻孔层。这个文件显示的是内壁不需要金属化的钻孔位置，例如通孔（圆形挖槽区域）。

（22）Fabrication_ColorfulTopSilkscreen.FCTS：顶层彩色丝印文件。仅导出 Gerber 时勾选“彩色丝印”工艺时才有此文件。

（23）Fabrication_ColorfulBottomSilkscreen.FCBS：底层彩色丝印文件。仅导出 Gerber 时勾选“彩色丝印”工艺时才有此文件。注意：在生成制造文件之前，需要务必进行 2D 或 3D 预览，查看设计管理器的 DRC 错误项，避免生成有缺陷的 Gerber 文件。

Gerber 文件通过浏览器生成，所以必须通过浏览器自身的下载功能进行下载，不能使用任何第三方下载器。Gerber 文件的坐标跟随画布坐标。导出 Gerber 时，钻孔文件坐标格式精度默认 3:3，当尺寸超出范围时自动用 4:2 格式，如果在 CAM350 等查看工具发现钻孔偏移，需要调整钻孔坐标格式。也可以导出时选择自定义输出，设置格式精度。

3）Gerber 预览

在发送 Gerber 文件给制造商前，需要使用 Gerber 查看器再次检查 Gerber 是否满足设计需求，是否具有设计缺陷。Gerber 查看器有：Gerbv、FlatCAM、CAM350、ViewMate、GerberLogix 等一系列 DFM 检查工具。推荐免费的 Gerbv，解压后的 Gerber 文件如图 2.7.10 所示。

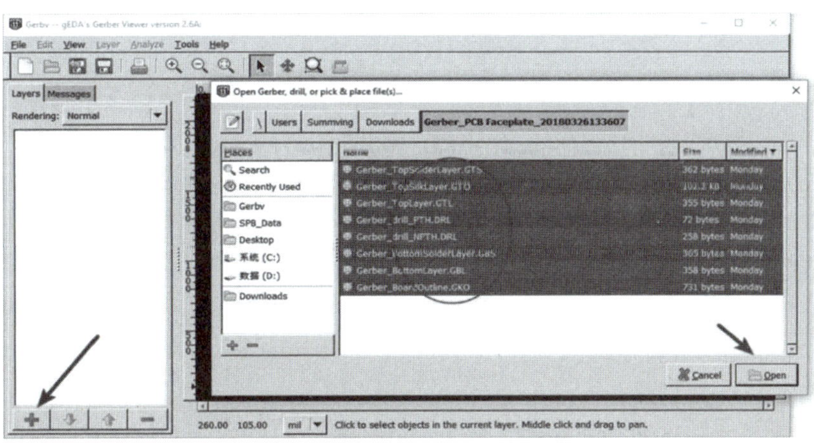

图 2.7.10　Gerbv 查看 Gerber 界面

演示视频 20　Gerber 预览

6. 导出坐标文件

软件支持导出 SMT 坐标信息，以便于工厂进行 SMT 贴片。坐标文件只能在 PCB 中导出。

操作入口：顶部菜单→文件→导出→坐标文件；顶部菜单→导出→坐标文件。

点击坐标文件后，弹出导出坐标文件对话框，说明如下：

（1）文件名：支持自定义导出的文件名。

（2）导出文件类型：支持 XLSX 和 CSV 两种类型的文件。

（3）坐标：支持封装中心、封装原点、1 号焊盘三种类型的坐标文件，分别对应表头为 MidX/Y、RefX/Y 和 PadX/Y。

（4）导出引脚：勾选后，导出的坐标文件包含 pins 列，含义为元件的封装焊盘数量。

（5）镜像底层元件坐标：有部分贴片厂商需要底层元件镜像后的坐标，可以勾选该选项，一般不需要勾选。在嘉立创打样不需要勾选。

（6）导出的坐标文件的单位会跟随导出时 PCB 画布的单位。

导出的坐标文件表头说明：

（1）Designator：位号。

（2）Comment：器件。器件的名称，一般是元件的制造商编号。

（3）Footprint：封装，器件绑定的封装名。

（4）MidX、MidY：封装的中心坐标。

（5）RefX、RefY：封装的原点坐标。

（6）PadX、PadY：封装第一个焊盘的坐标。

（7）Layer：封装所在的层。

（8）Rotation：封装的旋转角度。

（9）SMD：封装是否属于全贴片。

7. 导出 3D 文件

嘉立创 EDA 专业版目前只支持导出两种格式的 3D 文件。

导出方法：顶部菜单→导出→3D 文件。

（1）STEP 格式：导出 STEP 格式必须是 PCB 器件绑定的 3D 模型也是 STEP 格式的，否则导出的 STEP 将不带模型。

（2）OBJ 格式：导出 OBJ 格式是一个压缩包，里面包含材质文件。可以使用 Window10 及以上系统自带的 3D 查看器预览。

8. 导出 3D 外壳文件

嘉立创 EDA 专业版目前支持导出简单的 3D 外壳文件，导出外壳文件之前需要先在“放置”菜单绘制 3D 外壳图元。推荐导出 STL 进行 3D 打印，因为通常 3D 打印厂商大都用 STL 进行生产。

如果在嘉立创 EDA 设计的简单 3D 外壳不满足需要，可以导出 STEP 或者 OBJ 格式，并用其他专业 3D 设计工具继续进行设计。

导出 STL 后会获得一个压缩包，里面包含上盖和下盖两个 STL 文件。

9. 导出测试点报告

嘉立创 EDA 专业版支持导出测试点报告，导出测试点报告前，需在放置菜单放置对应的测试点。操作入口：顶部菜单→导出→测试点报告。

支持自定义文件名和文件类型（XLSX、CSV）。

10. 导出 PDF/图片

原理图和 PCB 的导出 PDF 功能有所不同，但操作相似。可单独支持导出图层和对象，设置导出镜像以及透明度。操作入口：顶部菜单→导出→PDF/图片。

导出文档设置如图 2.7.11 所示。

图 2.7.11　导出界面设置

（1）窗口：窗口的上边是导出 PDF 的文件名称。

（2）菜单属性：选择后，导出的 PDF 在 PDF 阅读器里打开，单击器件可查看器件的属性。

（3）仅显示轮廓：选择后，导出的 PDF 的焊盘、导线、轮廓图元都只显示轮廓。

（4）单个多页 PDF：导出单个文件多页图纸，并且可以选择导出的图层。

（5）多个单页 PDF：将单个的图层单独文件导出，导出为一个压缩包，可选择需要导出的图层、镜像以及透明度调整。

（6）单个单页 PDF：将所有的图层导出为一个图纸页，同样可选择导出的图层、透明度调节。

（7）可选择导出的 PDF 图片颜色包括：白底黑图、黑底白图和全彩。

11. 导出 DXF

嘉立创 EDA 专业版支持强大的导出 DXF 功能。可以根据需要创建多个配置，按配置导出，每个配置可以设置导出的层、是否层镜像、透明度、需要导出的对象。

操作入口：顶部菜单→导出→DXF；顶部菜单→文件→导出→DXF。

弹出导出 DXF 对话框，勾选要导出的层和对象，点击“导出 DXF”即可完成。导出的 DXF 会根据选择的层进行分层，如图 2.7.12 所示。

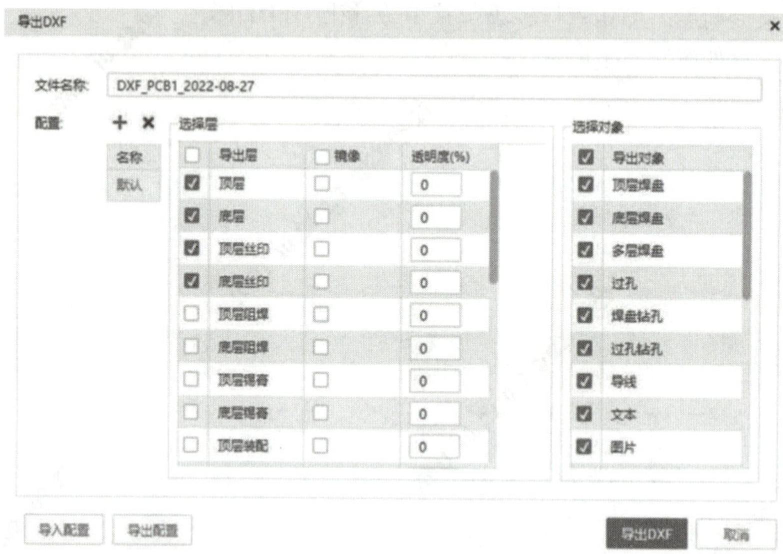

图 2.7.12　导出 DXF 界面

12. 导出 Altium Designer

嘉立创 EDA 专业版支持导出 Altium Designer。由于文件格式的差异性和图元的种类和属性等不同，导出 Altium Designer 无法确保完全一致，需要打开 Altium Designer 文件后自行检查细节。默认导出整个工程到一个压缩包内。

操作入口：顶部菜单→导出→Altium Designer；文件→导出→Altium Designer。

13. 自动布线文件

自动布线文件是给第三方自动布线工具使用的。

如果内置的自动布线器无法满足自动布线需求，软件支持导出自动布线文件（dsn）和导入自动布线会话文件（ses），可以通过导出自动布线文件使用第三方自动布线工具进行布线，再导入自动布线会话文件即可。

操作方法：打开 PCB 导出自动布线文件，建议把不需要的过孔和导线先移除。

入口：顶部菜单→导出→自动布线（DSN）；或者顶部菜单→文件→导出→自动布线（DSN）。

14. PCB 信息

支持查看当前 PCB 的相关统计参数，如焊盘数量、铜层数量等。

操作入口：顶部菜单→导出→PCB 信息。

15. 元件下单

点击后会根据当前 PCB 的元件上传 BOM 到立创商城，点击窗口的“确定”按钮可打开商城页面下单元件。

16. PCB 下单

软件会根据当前打开的 PCB 生成 Gerber 文件，并上传服务器。上传成功后，点击窗口的“确定”按钮，打开嘉立创的下单页面进行下单。

17. 导出文件源码

软件支持导出或编辑文件的源码。操作入口：顶部菜单→文件夹→文件源码。

点击“下载”后即可下载工程的文件源码，然后可以通过文本编辑器或浏览器打开该文件；也可以复制对话框内的代码在编辑器中进行编辑。

编辑后点击“应用”按钮应用到画布。如果不清楚源码的对应关系，则不可编辑，否则会导致数据出错丢失。

注意：单独导出原理图和 PCB 的文件源码，是无法被编辑器导入打开的，需要导出整个工程才可以。

18. 绘制无原理图 PCB

有些 PCB 制作可以不需要绘制原理图。软件允许直接进行 PCB 绘制，步骤为：

（1）新建工程。

（2）新建 PCB。

（3）在底部元件库或左侧常用库，选择器件进行放置。

（4）点击器件焊盘添加网络。

（5）对每个器件添加自定义属性，以便于导出 BOM 表。

注意：绘制无原理图 PCB 只能放置器件，不能放置符号和封装。

19. 绘制彩色丝印

得益于嘉立创 PCB 的工艺支持，软件可以非常方便地绘制彩色丝印。

导入彩色图片，对字符设置颜色，导出制造文件后在嘉立创下单。

1）开启彩色丝印

需要先在 PCB 设置里面开启“使用嘉立创彩色丝印工艺”选项。

操作入口：设置→PCB→常用→使用嘉立创彩色丝印工艺。

2）导入彩色图片

软件支持导入彩色图片，预览图片时，选择放置原图将会自动放在顶层丝印层，也可以切换到文档层或底层丝印层。

3）设置元件丝印颜色

选中元件后，可以在右边属性面板进行设置丝印颜色、元件的内部线条文本、位号等属性，在制造时均会使用该颜色进行生产。

4）设置板子丝印颜色

点击画布空白处后，在右侧属性面板可以对彩色丝印设置。

（1）顶面/底面板子颜色：默认白色。因为板子需要彩色印刷，所以需要先打印一层底色，该颜色设置就是该底色的颜色。

（2）顶面/底面丝印颜色：默认的丝印颜色，例如位号、元件的外形丝印的颜色。如果元件有单独设置丝印颜色，则会优先使用单独的颜色。

5）预览彩色丝印

在顶部菜单→视图→2D/3D 预览，可以对彩色丝印和图片进行预览。

在预览界面右边属性面板，修改丝印工艺为彩色丝印，就可以看到彩色打印的效果。

6）导出制造文件

完成彩色丝印的设置和编辑后，输出彩色丝印制作文件。

入口：顶部菜单→导出→PCB 制板文件（Gerber），勾选“导出彩色丝印”选项，导出 Gerber 即可。

二、综合设置

1. 常用字体

软件支持设置常用字体。这些字体需要均已经安装在本地电脑才可以被编辑器调用，否则编辑器会自动使用浏览器提供的默认字体进行渲染。

添加自定义字体：

（1）先安装自己需要的字体在本地电脑，如果已经有字体可以忽略这步。

（2）以 Windows 系统为例，在系统设置里面找到字体设置，获取字体名称。

（3）根据字体名称添加一个字体。

（4）在原理图的或者 PCB 的文本字体切换中就可以看到这个字体，此时可以进行字体切换。

该添加的字体可以被原理图、面板、PCB 等使用。文本切换字体的时候可以看到新的字体。

2. 图纸

设置新建工程时的默认图纸的基本信息，如图 2.7.13 所示。可以设置新建工程时所应用的图纸模板和图纸里面默认设置的属性值。

这个设置只对新建工程有效。如果需要修改工程内的图纸，需要查看工程图纸设置章节。

图 2.7.13　图纸属性值设置

3. 属性

对器件、封装、符号等的自定义属性进行添加或删除，如图 2.7.14 所示。

图 2.7.14　属性添加或删除界面

设置对象：新增的属性，需要设置适用的对象范围，有些属性是不需要出现在非元件属性下面的，如图 2.7.15 所示。

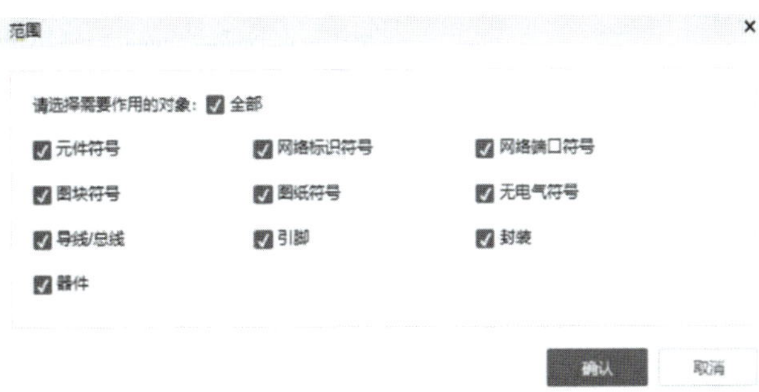

图 2.7.15　属性作用的对象范围设置

显示设置：当放置一个器件在画布时，可以设置这个器件的相关属性或属性值是否显示在画布中，如电阻值，如图 2.7.16 所示。

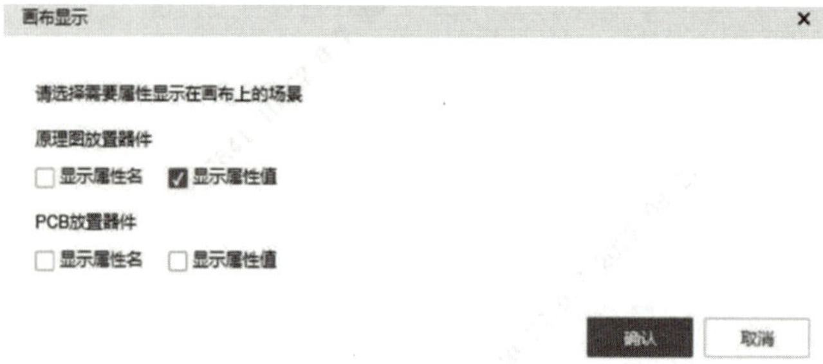

图 2.7.16　属性显示场景设置

4. 顶部工具栏设置

对顶部工具栏的快捷按钮进行添加和删除设置，如图 2.7.17 所示。选中对应工具，点击“》”或者“《”，即可对其添加或者删除。

图 2.7.17　顶部工具栏设置

5. 保存

可设置文档自动保存、自动备份及其间隔时间设置等。自动备份会将当前工程自动备份到云端，当工程删除后云端备份也会一起删除。工程备份恢复在顶部文件菜单→恢复备份找回。如果使用的是客户端在线模式，会自动备份在线工程在本地，备份路径可在客户端设置。

6. 常用快捷键设置

嘉立创 EDA 专业版提供了多种快捷键供用户使用，每一个快捷键均可以进行配置；支持自定义快捷键和命令的查看和修改；提供了包括 Altium Designer 在内的多个快捷键风格，可以根据自己习惯切换。

修改的自定义快捷键应用后会保存到个人偏好，并同步到云端。

进入快捷键配置选项：顶部菜单→设置→快捷键。

1）修改快捷键

双击快捷键编辑器，然后双击按下相应修改的快捷键，点击“确认”即可修改。

嘉立创 EDA 支持切换快捷键风格，能够尽量兼容 Altium Designer 快捷键。后续会支持更多快捷键风格。

2）共用快捷键

相同的快捷键可以使用在不同的文档中，默认的快捷键列表 2.7.1 所示。

表 2.7.1　共用快捷键

功　能	快捷键	备　注
取消绘制状态（默认）/关闭窗口	鼠标右键（单击），ESC	
打开工程	Ctrl + O	
新建工程	Shift + N	
保存	Ctrl + Shift + S	
保存全部	Ctrl + S	
撤销	Ctrl + Z	
重做	Ctrl + Y	
剪切	Ctrl + X	
复制	Ctrl + C	
粘贴	Ctrl + V	
交叉选择	Shift + X	
局传递	Ctrl + Shift + X	
根据中心移动	M	
删除所选	Delete	
上一页	PageUp	
下一页/新建图页	PageDown	
上一个部件	PageUp	
下一个部件/新建部件	PageDown	
全屏	F11	
全选	Ctrl + A	
查找替换	Ctrl + F	
查找相似对象	Ctrl + Shift + F	
放大	A	v1.8开始不默认设置，需自行设置，预留单键给顶部菜单使用
缩小	Z	v1.8开始不默认设置，需自行设置，预留单键给顶部菜单使用
适应全部	K	
视图向左滚动	Left	
视图向右滚动	Right	

续表

功　能	快捷键	备　注
视图向上滚动	Up	
视图向下滚动	Down	
高亮网络	H	
取消高亮网络	Shift + H	
单位	Q	
展开/收起底部面板：元件库、DRC、查找结构、日志	S	
左向旋转	Space	
左对齐	Ctrl + Shift + L	
左右居中	Shift + Alt + E	
右对齐	Ctrl + Shift + R	
顶部对齐	Ctrl + Shift + O	
上下居中	Shift + Alt + H	
底部对齐	Ctrl + Shift + B	
对齐网格	Ctrl + Shift + G	
水平等距分布	Ctrl + Shift + H	
垂直等距分布	Ctrl + Shift + E	
左移所选图形	Left	
右移所选图形	Right	
上移所选图形	Up	
下移所选图形	Down	
放置元素时显示属性对话框	Tab	
选中对象时切换选中范围	Tab	
绘制矩形时，保持为正方形；绘制导线时鼠标横向或纵向走向	Shift（长按）	
移动画布（默认）	鼠标右键（长按）	
重复到光标	Ctrl + D	
重复到其他层	Ctrl + Shift + D	
组合选中	Ctrl + G	
取消组合	Shift + G	
新窗口打开文档	Ctrl + Shift + 左键	
关闭当前标签	Shift + W	
关闭所有标签	Shift + Alt + W	
打开帮助文档	F1	

3）原理图/符号快捷键（见表 2.7.2）

表 2.7.2　原理图/符号快捷键

功　能	快捷键
绘制导线	W
绘制总线	B
绘制引脚	P
绘制圆弧	Alt + A
绘制矩形	R
绘制圆形	Alt + C
绘制折线	Alt + L
绘制文本	T
放置网络标签	N
高亮/取消高亮网络导线	H
放置器件对话框	Shift + F
放置引脚元素时显示引脚属性对话框	Tab
放置网络标签时显示网络标签信息对话框	Tab
放置网络端口时显示网络端口名称信息对话框	Tab

4）PCB/封装快捷键（见表 2.7.3）

表 2.7.3　PCB/封装快捷键

功　能	快捷键
布线	W
布线时切换常用线宽	Shift + W
布线/放置过孔时切换常用过孔	Shift + V
差分对布线	Alt + D
等长调整布线	Shift + A
等长调节时增大间隙	Num +
等长调节时减小间隙	Num-
高亮/取消高亮网络导线	H
显示/隐藏所选飞线	Ctrl + R
取消全部高亮	Shift + H
切换图层亮度	Shift + S
翻转板子	F
放置过孔	V
放置单个焊盘	P

续表

功　能	快捷键
组合选中	Ctrl + G
取消组合	Shift + G
左右翻转	X
上下翻转	Y
单路布线	W
布线拐角	L
距离	Alt + M
命令	C
切换单位	Q
切换到顶层	T
切换到底层	B
切换到内层 1	1
切换到内层 2	2
切换到内层 3	3
切换到内层 4	4
切换到下一个铜层	Num*
切换到上一个铜层	Shift + Num*
隐藏/显示铺铜区域	Shift + M
重建所有铺铜	Shift + B
完成	Enter
取消	Esc
回退	Backspace
选择重叠图元	G
绘制时翻转路径	Space
显示全部图层	Ctrl + L
临时显示/隐藏网络名	Ctrl + Q
吸附	Alt + S

7. 面板的设置及其使用

1）面板的常规设置

入口：顶部菜单设置→面板/面板库，包括通用和主题设置。

2）左侧面板——对象

如图 2.7.18 所示，左侧面板的对象选项卡可以查看当前面板文件里面的全部对象，点击可以选中，也可以点击眼睛图标隐藏图元。

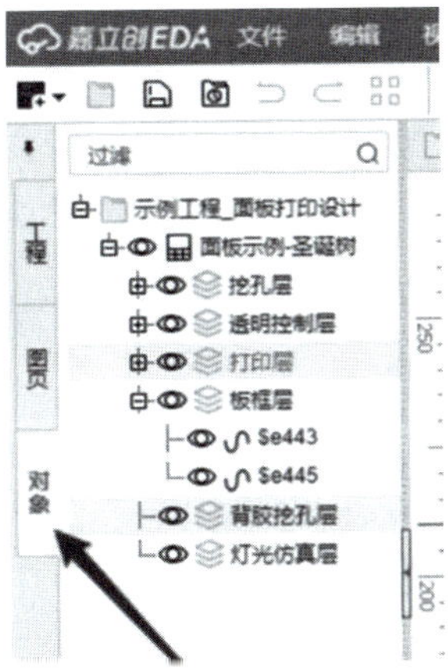

图 2.7.18　左侧面板——对象

在对象列表的右键菜单可以方便进行上移、下移等其他操作。支持按“Ctrl”或“Shift”多选对象。

3）右侧面板——属性

（1）名称：设计图的名称，需要修改可以在左侧的工程中直接修改名称即可同步在右侧面板中。

（2）图层：设计图的图层显示，默认不可修改，只有选中图形才能修改，如图 2.7.19 所示。

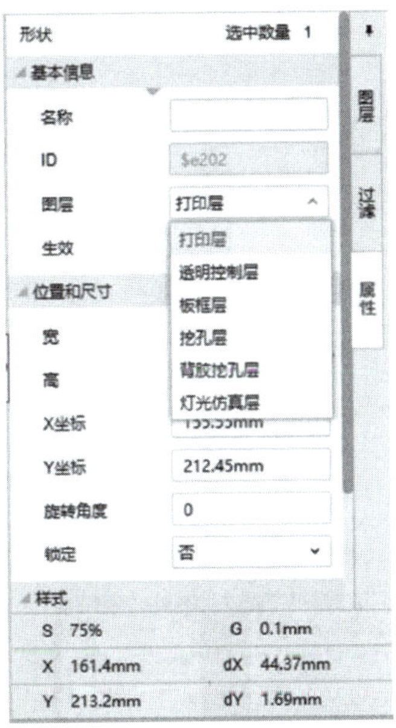

图 2.7.19　属性面板修改

（3）方向：设计图框的方向，可设置设计图画布的纵向或横向。

（4）备注：用于备注设计图的说明信息，方便给协助者或其他工程师做说明。

（5）对象属性：当在画布选中一个图元时，可以在右边属性面板设置其属性。

对于属性面板的数值输入框，支持简单的四则运算输入，会自动计算结果。例如在宽输入：5 + 3，回车后会自动计算出“8”并应用。

4）右侧面板——过滤

在右侧面板可以很方便过滤所需要的对象，如图 2.7.20 所示。

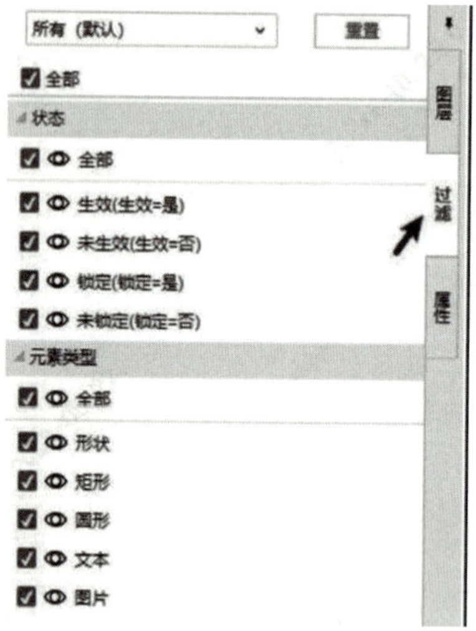

图 2.7.20　过滤面板

支持过滤状态：是否生效、是否锁定。支持过滤元素类型。

取消类型名称前面的勾选项后，在画布将无法通过鼠标选中或框选，点击眼睛图标可以批量隐藏画布对应的图元。

5）右侧面板——图层

面板设计需要知道几种层的概念，这些层的设置在图元的属性中，右侧面板有图层 Tab 展示界面，如图 2.7.21 所示。

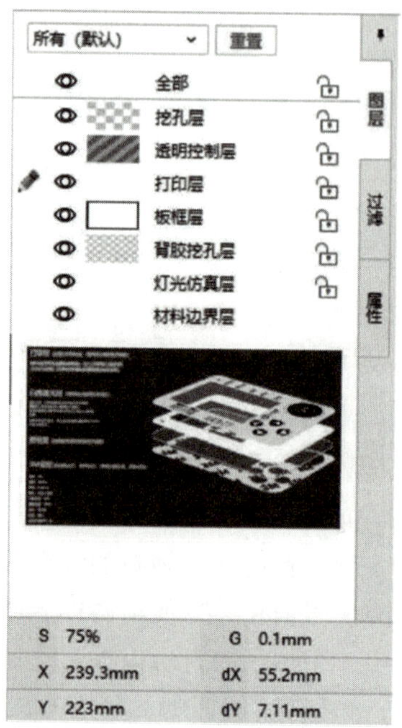

图 2.7.21　图层面板

相关图层定义解析如下：

（1）挖孔层：放在挖孔层的图形代表此处开通孔，整个面板打通。

（2）透明控制层：透明控制层的图形会影响到所在区域的打印层和白底遮盖层的透明度。数值越高越透明，（100，100）为全透明，（0，0）为不透明。具体设置可以参考色卡。白色的半透明和其他颜色的半透明设置不同：白色半透明是通过白色遮盖层打出来的，所以需要将遮盖层设置到 80%效果最好，打印层的透明度随意，如白色半透明（80%，80%）。其他颜色的半透明，需要将白底遮盖层去掉，打印层全打效果最佳，彩色半透明（0%，100%）。假如太过透明了，可以稍微增多一点白底，可以设置为（0%，90%），颜色不同，效果不同。

（3）打印层：用来打印油墨的图层，无绘制默认不打印，只是原材料本色。在打印层绘制的图形默认带有白底遮盖，常规遮光，如果想调不透明度需要通过透明控制层来实现。

（4）板框层：用来绘制需要切割的外形图，可以切割异型、波浪形，路径需要闭合。位于板框层以外的内容不能导出。

（5）背胶挖孔层：用来另外绘制要去掉背胶的地方。系统默认会挖掉透明控制区域和开孔区域的背胶。

（6）灯光仿真层：用来模拟仿真灯光效果，可在 3D 预览的时候查看效果，但是实际不对图纸造成影响。

（7）材料边界层：代表选用的材料面积，不能超出该区域，否则无法打印切割。

（8）图层说明：点击图层下面的缩略图可以查看图层说明，如图 2.7.22 所示。

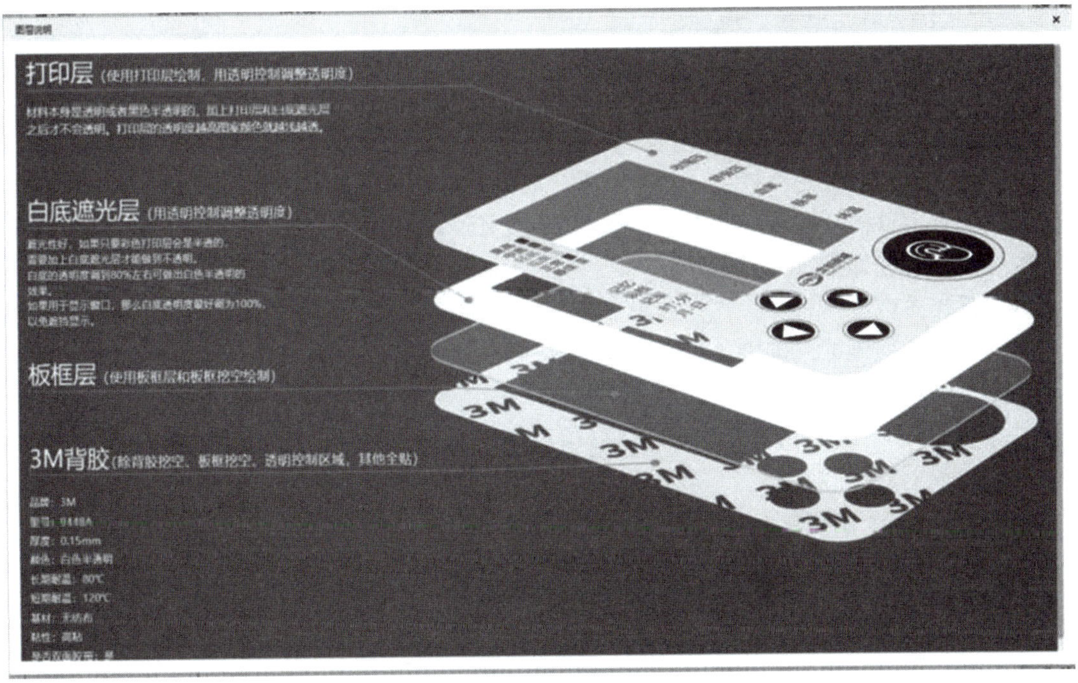

图 2.7.22　图层说明

如果常规遮光无法满足需要，透光周围要更加遮光，那么可以在下单的时候选择强遮光，会在非透明、非半透明区域打印黑色油墨来遮光。无需自己画图，而是通过图元设置不同的图层和不同属性参数，可以得到最终需要的生产效果。

6）转换

在多选图元后，右键可以转换图元形状类型。

功能说明：

（1）转换描边为填充形状：根据外轮廓生成一个填充图形。

（2）转换矩形和椭圆为路径：默认的矩形和椭圆是一个独立的图形，非路径组成，转为路径后成为形状。

（3）形状合并：类似组合功能，把不同的图元或形状组合在一起。

（4）形状打散：打散形状合并后的图元。

7）2D 预览

面板设计支持 2D 预览查看效果，可避免一些设计上的错误，也能看到面板最终的设计样图。

操作步骤：顶部菜单→视图→2D 预览。

8）3D 预览

面板设计支持 3D 预览查看效果，可避免一些设计上的错误，也能看到面板最终的设计样图。

操作步骤：顶部菜单→视图→3D 预览。

因为预览需要接近实际生产的效果，所以会涉及图形的计算。图越复杂，预览需要一定的时间计算和渲染加载。

点击上面的按钮可以控制预览的方向、导入变更、刷新视图等。在右边属性面板可以设置 3D 预览的属性参数和隐藏显示图层。

9）导出面板制造文件

嘉立创 EDA 专业版面板编辑器支持一键导出格式为.epanm 的面板制造文件。

导出步骤：顶部菜单→文件→导出→面板制造文件；顶部菜单→文件→导出→面板制造文件预览没有问题后，设置文件名，点“导出”按钮，会得到面板制造文件。

导出制造文件前会进行文件规则检查，如果没有绘制必需的板框等图元，会在日志里面提示，根据提示绘制即可。

10）导出 SVG

可缩放矢量图形（Scalable Vector Graphics，SVG）是基于 XML 标记语言，用于描述二维的矢量图形。作为一个基于文本的开放网络标准，特点是能够优雅而简洁地渲染不同大小的图形。其导出步骤：顶部菜单栏→导出→SVG。

11）面板下单

嘉立创 EDA 专业版面板编辑器支持一键下单和导出面板文件下单，如使用的是一键下单的流程，那就无需再次导出上传文件到立创商城。

注意：导出的下单文件.epanm 手动上传至立创商城下单，需要文件大小在 8 MB 以下。一键下单无需顾虑此问题，建议使用一键下单功能。

12）一键下单

下单步骤：顶部菜单栏→下单→面板下单。

预览没有问题后，点“确认”按钮。

待下单数据生成完成后点击“确认”，即可跳转至立创商城面板的下单页面，将工艺选择好后即可下单。

8. 导入导出

1）导入嘉立创 EDA 标准版

目前嘉立创 EDA 专业版只支持从标准版的“工程导入”导入，不支持专业版导出标准版格式。注意：因格式和图元设计不一致，图元导入后可能会有一定差异，需要仔细检查。

（1）下载文件导入：下载标准版的工程，在标准版编辑器的工程列表→右键→工程管理→下载，会打开工作区页面，自动下载一个压缩包，解压得到工程压缩包，进行导入。注意：如果有 PCB 的，务必把原理图和 PCB 一起压缩后导入，否则单独导入原理图需要全部元件重新绑定封装。

（2）迁移方式导入：直接在专业版开始页，使用迁移功能导入。如果是需要同时导入符号和器件库，使用迁移的时候，只选择符号进行迁移，会自动根据符号库创建对应的器件库、符号库，以及导入符号绑定封装，自动关联到器件上。如果只导入封装库，则不会自动创建器件库，只会单独导入封装库。

2）导入嘉立创 EDA 专业版

在导入专业版前，需要先在专业版的编辑器导出专业版的工程。导出流程：顶部菜单→文件→另存为（本地），点击后即可将工程里面的文件压缩到本地。压缩包里包括放置在工程原理图的器件库和封装。

导入嘉立创 EDA 专业版步骤如下：

（1）在专业版未打开工程时，在嘉立创 EDA 专业版开始页→导入嘉立创 EDA（标准版），选择 ZIP 压缩包导入即可。

（2）文件→导入→嘉立创 EDA（标准版），选择文件的操作类型，点击“导入”即可完成标准版的导入。

如果是库文件，则在嘉立创 EDA 标准版先导出嘉立创 EDA 格式，再导入即可。导入原理图库的时候可以选择导入时生成器件还是符号，还是同时生成。

在专业版已打开工程时，可以选择导入嘉立创 EDA 标准版的单个 JSON 文件，导入后会插入在当前已打开的工程里面。

注意：因为使用的字体不同，标准版导入后 PCB 的文本字体可能有轻微差异，位置也会出现轻微偏移。因为铺铜逻辑不同，PCB 的铺铜填充也会有轻微差异。

3）导入 Altium Designer

嘉立创 EDA 专业版支持导入 Altium Designer、EAGLE、KiCad、OrCad、PADS、Protel 和 LTspice。操作方法类似，鉴于篇幅，下面仅以导入 Altium Designer 为例介绍。

软件支持多个版本的 Altium Designer，支持明文的 ASCII 格式。因格式和图元设计不一致，图元导入后可能会有一定差异，需要仔细检查。

导入 Altium 工程文件步骤：

（1）在 Altium Designer 打开原理图和 PCB，在“文件→另存为”，选择“Advanced Schematicascii（*.SchDoc）”，或“PCBASCIIFile（*.PcbDoc）”。

（2）把导出原理图和 PCB 文件打包成 ZIP 压缩包格式。也可以单独把原理图或者 PCB 导入，但是单独原理图导入无法自动绑定封装，需要导入后手动绑定。

（3）在专业版开始页→导入 Altium 进行导入。点击“确定”后选择导入的文件。导入的时候可以根据需要选择不同的选项，如图 2.7.23 所示。

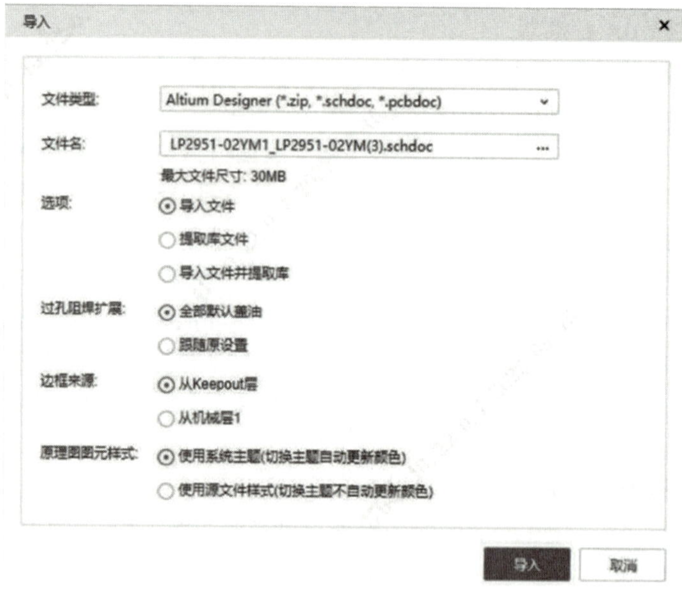

图 2.7.23　导入界面举例

导入文件过程中，可以选择是否提取库文件。

界面说明：

（1）过孔阻焊扩展："全部默认盖油" 会强制把全部过孔都设置为盖油（阻焊扩展设置为 -1000）；"跟随原设置" 会根据原本 AD 文件里面过孔的阻焊参数设置。

（2）边框来源：很多用户使用 Keepout 层绘制边框，所以默认该层作为边框；选择机械层 1 时，闭合的 Keepout 层将转为禁止区域，未闭合的将转到机械层。

注意事项：格式转换的前后差异如表 2.7.4、2.7.5 所示。

表 2.7.4　原理图/元件库

图元/图层	导入后	备　注
总线/总线分支	不支持导入	专业版的总线和总线分支和AD的设计不同，不能直接导入使用
图片	不支持导入	AD的图片存储的是本地文件路径，ASCII文件里面不包含图片
离图连接器	转为圆形网络标识符	专业版不支持离图连接器
页面符	导入为层次图符	页面符的引脚样式不支持
图纸入口	不支持导入	专业版不支持图纸入口
器件页面符	不支持导入	专业版不支持器件页面符
线束	不支持导入	专业版不支持线束图元
指示	不支持导入	专业版支持NoERC标号，暂不支持其他指示图元（差分对、参数设置、覆盖区、编译屏蔽）

续表

图元/图层	导入后	备　注
文本/文本框/注释	导入为普通文本	专业版暂不支持注释，如果操作系统没有安装对应的字体，文本导入后会使用默认字体，因文本的字体不同位置可能会有轻微偏移；在AD文件另存为ASCII时，中文可能会乱码，导入后乱码的字符会自动转为下划线
贝塞尔曲线/椭圆弧/椭圆	导入为多段折线	专业版暂不支持贝塞尔曲线、椭圆弧、椭圆
元件位号	多部件位号 U1A、U1B 导入后为 U1.1、U1.2	专业版不支持AD那种多部件的位号方式
引脚类型	不支持的类型统一转为输入类型	专业版暂只支持三种引脚电气类型
隐藏引脚	导入后显示	专业版不支持隐藏引脚
元件封装	导入后会生成“原封装 1，原封装 2 等”	专业版不是根据封装名关联封装，是根据封装的uuid，所以导入时会把原来关联的多个封装名作为普通属性添加，如果导入的原理图和PCB一起压缩导入时，会自动关联封装
主题样式	导入对话框默认使用专业版默认主题	默认主题圆角矩形转为直角，填充颜色不做保留，图元颜色不做保留，以便切换原理图主题，使用原文件主题则跟随原文件样式，切换主题时颜色不会变化
IEEE 符号	部分 IEEE 符号暂未支持导入	AD新版本有新的IEEE符号，部分暂不支持导入

表 2.7.5　PCB/封装库

图元/图层	导入后	备　注
铺铜	导入后会重新铺铜	因为铺铜逻辑不同，PCB的铺铜填充也会有轻微差异，不支持直接导入铺铜填充，会自动重建铺铜。例如热焊生成方式、热焊宽度、热焊是否生成（会优先避让DRC间距错误的图元不生成热焊），可能会产生飞线；横向和纵向铺铜会转为网格铺铜；AD网格铺铜会给过孔单独加热焊连接，专业版不支持，可能部分过孔在重建铺铜后没有和铺铜连上（网格比较大的时候）；专业版不支持非信号层的铺铜，所以AD其他层的铺铜会转为顶层铺铜
设计规则	部分设计规则不支持导入	例如自定义高级设计规则，专业版不支持的设计规则，常见的安全间距等支持，导入后的PCB文件规则相关参数需要自行调整
文本/文本框	字体变化和位置会有轻微偏移	如果操作系统没有安装对应的字体和专业版字体设置没有添加对应字体，文本导入后会使用默认字体（Arial和宋体），因文本的字体不同位置可能会有轻微偏移；如果是相同字体，因为字体显示的逻辑不同，无法完全和原文件一致，会有位置偏移和大小差异；笔画和条形码均会转为普通文本

续表

图元/图层	导入后	备　注
内电层	导入后区块的网络可能改变	AD和专业版的内电层实现方式不同，当有多个内电区块的时候，其区块的网络可能无法完全保持一致，需要仔细检查；导入后内电层会重建区块，内电层区块划分可能也有差异
Keep out 层	默认转为板框层	在导入窗口支持设置板框来源是Keep out层还是机械层1；部分板子内部的Keep out闭合线条，根据作用对象，会自动转为对应的禁止区域；非闭合的Keep out图元会导入到机械层，专业版不支持独立线条等作为禁止区域
板子形状 Board Shape	默认转为文档层	专业版没有Board Shape但是有边框层，由于大部分人使用Keep out和机械层1作为板框，所以Board Shape转到机械层
定义板切割 Board Cut out	转到边框层或转为挖槽区域	该功能对应专业版的挖槽区域
铺铜挖空 Polygon Cut out	转为禁止区域	转为多层的禁止区域，禁止内容为铺铜
机械层	机械层 1 默认转到机械层，其他机械层转到用户自定义层	专业版使用用户自定义层实现AD的其他机械层的功能
飞线	导入后出现飞线	可能是导入后重建铺铜导致有些地方断开了连接，如无网络图元、热焊因DRC间距不能生成等
Room	不支持导入	专业版不支持Room图元
层堆栈设置	暂不支持导入	待后续支持
3D 体/3D 模型库	不支持导入	专业版的3D绑定设计与AD不同
钻孔表	导入到钻孔图层	专业版有单独的钻孔图层
图元阻焊助焊扩展	仅焊盘过孔的支持导入	其他的导线，圆弧等图元的阻焊助焊扩展不支持导入，如果是独立图元会在阻焊或助焊层（锡膏层）生成一个扩展后的图元
焊盘	导入到底层或顶层或多层	专业版的焊盘不支持设置在任意层，不支持的层的焊盘会转为对应层的填充区域；矩形钻孔不支持，会转为槽型钻孔
元件/封装	导入到顶层或底层	如果在AD里面绘制的封装属性在顶层，但整体在底层（属于错误数据），导入后会自动修正层属性在底层；如果有多个同名但不同尺寸的封装，导入会默认取其中一个作为模板进行关联其他元件
坐标	导入为文本和线条	专业版不支持坐标图元
尺寸	部分支持导入	支持导入线性尺寸、角度、尺寸，不支持部分导入为文本和线条
来自文件的对象	不支持导入	这种调用文件外部的对象，不包含在文件中，不支持导入
工作向导	不支持导入	专业版不支持这个图元

其他注意事项：

（1）不要反复将原理图或 PCB 导出 AD 格式后又导入，这个操作可能会导致细节丢失。

（2）导入 Altium 文件时，如果有不支持的字符（如乱码）将自动转为下划线，所以导入后可能会发现有网络标签、器件名称、封装名、属性等多了一个下划线，需要手动修改。

（3）AD 目前的版本在另存为 ASCII 文件的时候，中文会变为乱码，所以在导入的时候也是乱码，需要用记事本等文本编辑器打开 ASCII 文件修正后再导入。

（4）导入的 AD 文件最大支持 100 MB，文件越大会导致导入时间越长或导入失败，建议手动减小文件体积，如先删除铺铜填充后（设置铺铜为无填充类型）再导入。

常见问题：

（1）导入 AD 原理图出现中文乱码。

在 AD17 以下的版本，另存为的 ASCII 文件编码可能是 GBK2312，需要把 ASCII 文件的编码由 GBK2312 转为 UTF-8，可以使用文本编辑器另存为 UTF-8 编码的文件。

方法：用 AD17 另存为 ASCII 文件，其默认是 UTF-8 编码；或者用系统的记事本打开 ASCII 文件，“另存为”时选择 UTF-8 编码。其他文本编辑器也有相应的编码转换功能。如果文本编码转为 UTF-8 后，用文本编辑器查看内容仍有乱码字符，那么导入后也会是乱码，需要先在文本编辑器修正后再导入。

（2）导入 AD 文件后存在导线和器件引脚没有对齐格点，或者引脚偏了。

解决方法：先在 Altium Designer 设置原理图的单位为英制 mil，再查看菜单→切换单位；然后画布右键菜单或系统设置：选项→网格→设置显示网格，电气网格、吸附网格为 100 mil，切换网格为 100 mil；全选原理图，使用编辑菜单：编辑→对齐→对齐网格功能，检查断开或者不对的地方修正；另存为 ASCII 再导入。

（3）导入后封装尺寸会变。

这是因为导入的 PCB 有同名的封装，但是封装尺寸是不一样的，导入的时候会在底部日志提示封装重名，只取其中一个作为模板导入。

解决方法：建议手动在 AD 修改掉同名不同尺寸的封装名，确保封装名不重复。

4）导出 Altium Designer

因为格式设计和图元的不一样，无法保证导出的 Altium Designer 文件是完全一致（特别是文本大小与位置），需要务必在 Altium Designer 打开后仔细检查，需要勿未经检查直接下单。

（1）导出工程：软件支持导出 Altium Designer 文件，ASCII 5.0 格式，根据当前工程的全部文档导出 Altium Designer 的文件格式，并打包在一个压缩包里面。

入口：顶部菜单→文件→导出→Altium Designer；顶部菜单→导出→Altium Designer。

已知问题：原理图的图片不支持导出；PCB 的图片不支持导出；PCB 的规则暂不支持导出；PCB 的铺铜填充不支持导出，导出后需要在 Altium Designer 手动重建全部铺铜；PCB 的内电层区域导出不能完全一致，需要手动调整重建；PCB 的一些图层无法准确找到 Altium 对应的图层，会导出在更多机械层中。

（2）导出库文件：软件支持直接在符号库和封装库直接导出 Altium Designer 格式。但是可以通过导出工程的方式导出。

步骤：① 在底部库，快捷键“S”，搜索需要导出的原理图库或封装库。如果是直接在立创商城打开的元件库界面，可以直接在文件菜单导出 Altium Designer。② 在右侧库列表右键

“编辑××（器件、元件、封装）”打开。③ 然后在文件菜单→导出菜单，选择 Altium Designer 即可。④ 如果是系统库，可以新建一个工程，把对应的库放在原理图或 PCB 中，再导出 Altium Designer 格式。⑤ Altium Designer 打开原理图或 PCB 后，在：顶部菜单→设计→提取库文件，即可完成库提取。

5）导出嘉立创 EDA（专业版）

嘉立创 EDA 专业版支持把工程文件另存到本地文件中。创建工程默认在云端保存的，需要存在本地时，由用户自行操作。

导出流程：顶部菜单→文件→另存为（本地）。

点击后即可将工程里面的文件压缩到本地，压缩包里包括放置在工程原理图的器件库和封装。在开始页快速开始栏，点击“导入专业版”，可以导入保存在本地的工程压缩包。

9. 3D 模型库

1）创建 3D 库

在绑定器件库之前需要先创建 3D 库文件才能进行绑定，操作步骤：顶部菜单→文件→新建→3D 模型，在窗口中输入相关的信息。

（1）归属：创建 3D 模型库的归属为用户或团队。

（2）模型单位：单位可选择 cm、mm、mil、inch。根据绘制 3D 模型的尺寸选择，尺寸默认为 mm。

（3）3D 文件：选择导入的 3D 文件，可选择 zip、step、stp、obj 格式文件。3D 模型可批量导入，只需要把 3D 文件压缩成 zip 格式文件包导入即可。

（4）分类：对创建的 3D 模型进行分类。

（5）模型列表：选择导入好 3D 文件后，列表会显示成功导入 3D 模型的文件。

具体步骤为：

（1）选择模型的归属用户。

（2）模型在创建时默认是 mm，在这里就不需要再次进行修改，直接选择默认单位即可。

（3）点击选择文件，选择一个 step 格式文件的 3D 模型文件。

（4）点击分类，给模型进行一个分类，方便后期进行查找，没有分类的可选择管理分类进行创建。

（5）在模型列表里面点击刚刚选择好的模型，点击勾选，不勾选则无法创建 3D 模型文件。

（6）最后点击“确定”，在底部面板中“日志”中显示 3D 模型导入成功，即可在个人元件库中查看到。

2）编辑 3D 库

嘉立创 EDA 专业版支持替换 3D 库的 3D 模型。在底部元件库，找到 3D 模型后，点击个人的 3D 模型列表，右键选择“替换 3D 模型”即可编辑。也可以通过右键修改 3D 模型标题等信息。

3）3D 模型管理器

3D 模型管理器和封装管理器、符号管理器很像，支持单个和批量添加 3D 模型和调整。

操作入口：顶部菜单→工具→3D 模型管理器；或者选中一个元件，在右边属性面板，点击属性 3D 模型可以打开。

3D 模型管理器界面如图 2.7.24 所示。

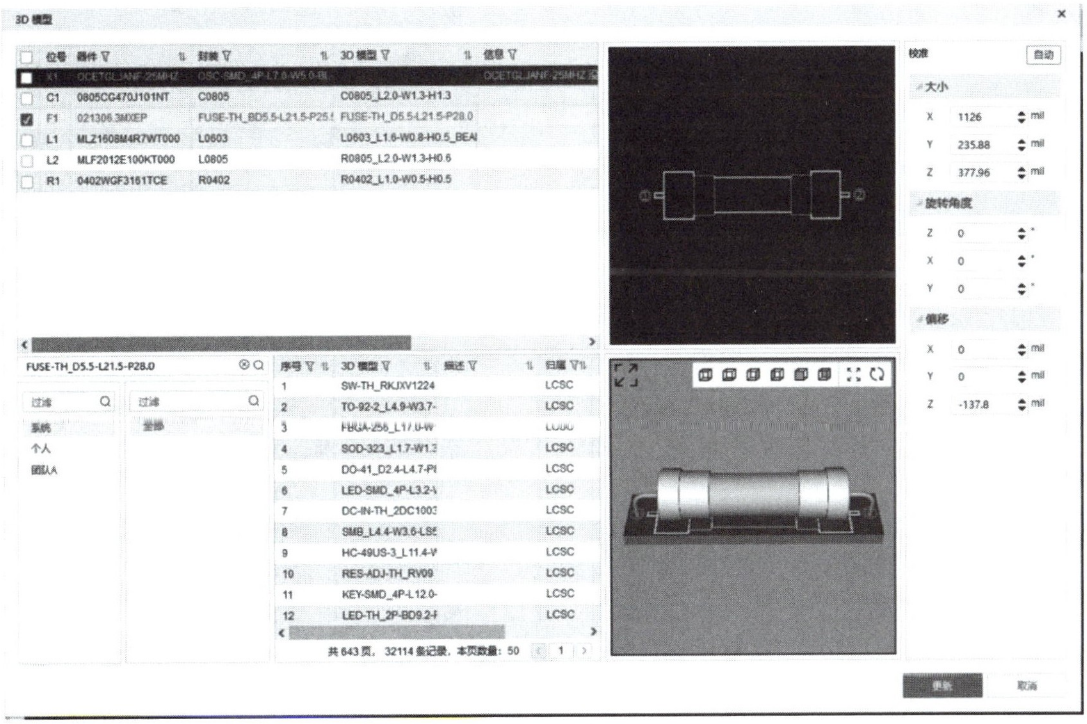

图 2.7.24　3D 模型管理器界面

（1）器件列表：器件列表展示当前 PCB 的全部器件，绑定 3D 模型时会给所选定的器件进行绑定。

（2）搜索和选择列表：左下角的库列表，可以很方便地进行搜索 3D 模型和通过分类点击选择。

（3）预览区：上面预览封装，下面预览封装和 3D 模型，均支持滚动缩放，右键长按移动。3D 模型预览区还可以放大进行预览和操作，支持按住快捷键“Alt”后进行调整。

（4）校准区：通过调整参数控制 3D 模型和封装的相对位置与角度。自动按钮是根据 3D 模型的俯视图大小和封装的占用区域大小，自动调整模型的尺寸和位置，点击“自动”后仍需要手动微调。

参考文献

[1] 深圳嘉立创科技集团股份有限公司. 嘉立创 EDA 专业版使用教程[EB/OL]. [2024-08-01]. https://prodocs.lceda.cn/cn/introduction/introduction/

[2] 郑振宇. Altium Designer 22（中文版）电子设计速成实战宝典[M]. 3 版. 北京：电子工业出版社，2022.

[3] David A.Weston. 电磁兼容原理与应用——方法 分析 电路 测量[M]. 北京：机械工业出版社，2022.

[4] 顾海洲，马双武. PCB 电磁兼容技术——设计实践[M]. 北京：清华大学出版社，2004.

[5] 王守三. PCB 的电磁兼容设计技术、技艺和工艺[M]. 北京：机械工业出版社，2008.

[6] 崔岩松. 电路设计、仿真与 PCB 设计——从模拟电路、数字电路、射频电路、控制电路到信号完整性分析[M]. 2 版. 北京：清华大学出版社，2024.

[7] 安维. 通信产品 PCB 基础知识及其应用[M]. 北京：电子工业出版社，2021.